丛书主编 谭浩强

高等院校计算机应用技术规划教材

基础教材系列

大学计算机应用基础

（第2版）

姬秀荔 张涵 主编

周晏 王璐 吴静松 副主编

清华大学出版社

北京

内 容 简 介

本书从教学实际需求出发,合理安排知识结构,从零开始、由浅入深、循序渐进地讲解计算机的基础知识和基本技能。

全书共分 8 章,主要内容包括计算机的产生与发展,计算机系统,计算机中的数据表示与编码,操作系统基础,办公软件 Word 2010、Excel 2010、PowerPoint 2010 的基本操作,网络基础与 Internet 应用,多媒体基础及应用,数据库技术基础等。

本书面向非计算机专业的计算机基础教育,内容丰富,层次清晰,深入浅出,图文并茂,突出教材的基础性、应用性和创新性,旨在提高学生的计算机应用能力,为后续课程的学习打下良好基础。

为便于教学,本书配有《大学计算机应用基础实验指导(第 2 版)》。本书配套电子教案可从清华大学出版社网站中本书相应的页面下载。

图书在版编目(CIP)数据

大学计算机应用基础/姬秀荔,张涵主编. —2 版. —北京:清华大学出版社,2014(2017.7 重印)
高等院校计算机应用技术规划教材·基础教材系列
ISBN 978-7-302-38093-1

Ⅰ. ①大… Ⅱ. ①姬… ②张… Ⅲ. ①电子计算机-高等学校-教材 Ⅳ. ①TP3

中国版本图书馆 CIP 数据核字(2014)第 219490 号

责任编辑:汪汉友
封面设计:常雪影
责任校对:焦丽丽
责任印制:宋　林

出版发行:清华大学出版社
　　　　　网　　　址:http://www.tup.com.cn,http://www.wqbook.com
　　　　　地　　　址:北京清华大学学研大厦 A 座　　　　邮　　编:100084
　　　　　社　总　机:010-62770175　　　　　　　　　　邮　　购:010-62786544
　　　　　投稿与读者服务:010-62776969,c-service@tup.tsinghua.edu.cn
　　　　　质　量　反　馈:010-62772015,zhiliang@tup.tsinghua.edu.cn
　　　　　课　件　下　载:http://www.tup.com.cn,010-62795954
印　刷　者:北京富博印刷有限公司
装　订　者:北京市密云县京文制本装订厂
经　　　销:全国新华书店
开　　　本:185mm×260mm　　　　印　　张:23.75　　　　字　　数:546 千字
版　　　次:2009 年 10 月第 1 版　　2014 年 10 月第 2 版　　印　　次:2017 年 7 月第 4 次印刷
印　　　数:10101~15200
定　　　价:49.00 元

产品编号:052341-01

编辑委员会

《高等院校计算机应用技术规划教材》

序

《高等院校计算机应用技术规划教材》

进入 21 世纪,计算机成为人类常用的现代工具,每一个人都应当了解计算机,学会使用计算机来处理各种事务。

学习计算机知识有两种不同的方法:一种是侧重于理论知识的学习,从原理入手,注重理论和概念;另一种是侧重于应用的学习,从实际应用入手,注重掌握其应用的方法和技能。不同的人应根据其具体情况选择不同的学习方法。对多数人来说,计算机是作为一种工具来使用的,应当以应用为目的、以应用为出发点。对于应用型人才来说,显然应当采用后一种学习方法,根据当前和今后的需要,选择学习的内容,围绕应用进行学习。

学习计算机应用知识,并不排斥学习必要的基础理论知识,要处理好这二者的关系。在学习过程中,有两种不同的学习模型:一种是金字塔模型,亦称为建筑模型,强调基础宽厚,先系统学习理论知识,打好基础以后再联系实际应用;另一种是生物模型,植物并不是先长好树根再长树干,长好树干才长树冠,而是树根、树干和树冠同步生长。对计算机应用型人才教育来说,应该采用生物模型,随着应用的发展,不断学习和扩展有关的理论知识,而不是孤立地、无目的地学习理论知识。

传统的理论课程采用以下三部曲:提出概念→解释概念→举例说明,这适合前面第一种侧重于理论知识的学习方法。对于侧重应用的学习者,我们提倡新的三部曲:提出问题→解决问题→归纳分析。传统的方法是:先理论后实际,先抽象后具体,先一般后个别。我们采用的方法是:从实际到理论,从具体到抽象,从个别到一般,从零散到系统。实践证明这种方法是行之有效的,减少了初学者在学习上的困难。这种教学方法更适合于应用型人才培养。

检查学习好坏的标准,不是"知道不知道",而是"会用不会用",学习的目的主要在于应用。因此希望读者一定要重视实践环节,多上机练习,千万不要满足于"上课能听懂、教材能看懂"。有些问题,别人讲半天也不明白,自己一上机就清楚了。教材中有些实践性比较强的内容,不一定在课堂上由老师讲授,而可以指定学生通过上机掌握这些内容。这样做可以培养学生的自学能力,启发学生的求知欲望。

全国高等院校计算机基础教育研究会历来倡导计算机基础教育必须坚持面向应用的正确方向,要求构建以应用为中心的课程体系,大力推广新的教学三部曲,这是十分重要的指导思想,这些思想在《中国高等院校计算机基础课程》中作了充分说明。本丛书完全符合并积极贯彻全国高等院校计算机基础教育研究会的指导思想,按照《中国高等院校计算机基础教育课程体系》组织编写。

这套《高等院校计算机应用技术规划教材》是根据广大应用型本科和高职高专院校的迫切需要而精心组织的,其中包括4个系列:

(1) 基础教材系列。该系列主要涵盖了计算机公共基础课程的教材。

(2) 应用型教材系列。适合作为培养应用型人才的本科院校和基础较好、要求较高的高职高专学校的主干教材。

(3) 实用技术教材系列。针对应用型院校和高职高专院校所需掌握的技能技术编写的教材。

(4) 实训教材系列。应用型本科院校和高职高专院校都可以选用这类实训教材。其特点是侧重实践环节,通过实践(而不是通过理论讲授)去获取知识,掌握应用。这是教学改革的一个重要方面。

本套教材是从1999年开始出版的,根据教学的需要和读者的意见,几年来多次修订完善,选题不断扩展,内容日益丰富,先后出版了60多种教材和参考书,范围包括计算机专业和非计算机专业的教材和参考书;必修课教材、选修课教材和自学参考的教材。不同专业可以从中选择所需要的部分。

为了保证教材的质量,我们遴选了有丰富教学经验的高校优秀教师分别作为本丛书各教材的作者,这些老师长期从事计算机的教学工作,对应用型本科的教学特点有较多的研究和实践经验。由于指导思想明确、作者水平较高,教材针对性强,质量较高,本丛书问世7年来,愈来愈得到各校师生的欢迎和好评,至今已发行了240多万册,是国内应用型高校的主流教材之一。2006年被教育部评为普通高等教育“十一五”国家级规划教材,并向全国推荐。

由于我国的计算机应用技术教育正在蓬勃发展,许多问题有待深入讨论,新的经验也会层出不穷,我们会根据需要不断丰富本丛书的内容,扩充丛书的选题,以满足各校教学的需要。

本丛书肯定会有不足之处,请专家和读者不吝指正。

全国高等院校计算机基础教育研究会会长
《高等院校计算机应用技术规划教材》主编　　谭浩强

2008年5月1日于北京清华园

前言

“大学计算机应用基础”是高等学校各专业第一门必修的计算机基础课程,强调基础性和先导性,重点在于培养学生的信息能力和信息素养。通过本课程的学习,学生不仅可以理解和掌握计算机学科的基本原理、技术和应用,而且可以为学习其他计算机类课程,尤其是与本专业结合的计算机类课程打下良好基础。

本书从教学实际需求出发,合理安排知识结构,从零开始、由浅入深、循序渐进地讲解了计算机的基础知识和基本技能。

全书共分为 8 章: 第 1 章主要讲述计算机的发展史、计算机的特点与分类、计算机与人类社会及电子计算机今后的发展趋势;第 2 章主要讲述计算机软、硬件系统和工作原理,并将计算机硬件设备以知识扩充的形式加入;第 3 章主要讲述数制及转换和计算机中各类数据表示的基本方法;第 4 章主要以现时流行的 Windows 7 操作系统为蓝本,介绍操作系统的使用方法;第 5 章主要讲述 Word 2010、Excel 2010、PowerPoint 2010 的基本操作;第 6 章主要讲述网络概述、局域网基础、Internet 基础、信息安全及网页制作基础;第 7 章主要讲述多媒体基础知识和 Photoshop、Flash 的基本应用;第 8 章主要讲述数据库系统概述、Access 数据库基础、数据库查询、窗体与报表的创建等。

本书在第 1 版基础上做了较大的改动。首先,大胆调整章节结构。为突出应用性,操作系统基础及办公软件章节作为核心内容提前。其次,内容的更新。按最新的计算机等级考试要求,将内容更新为 Windows 7 操作系统、Word 2010、Excel 2010 和 PowerPoint 2010。同时,计算机系统、网络基础、多媒体基础、数据库技术基础等内容均与时俱进更新为现时下较为主流的版本。最后,保留并更新阅读材料。每章课后精心安排相关的阅读材料,可进一步提高学生的学习兴趣,激发大家探索的热情。讲解方式上力求深入浅出,以图、例形式讲解,注重内容的基础性、应用性和创新性。本书既可以作为高等院校非计算机专业计算机基础课程教材,也可以作为计算机爱好者的自学用书。

本书由姬秀荔、张涵担任主编。其中第 1 章和第 2 章由周晏编写,第 3 章和第 4 章由王璐编写,第 5 章由张涵编写,第 6 章和第 7 章由吴静松编写,第 8

章由姬秀荔编写。全书由姬秀荔、张涵统稿,本书的编写也得到了学校各级领导的关心和支持,在此一并表示感谢。

由于作者水平有限,本书的不妥或疏漏之处在所难免,敬请广大读者批评指正。

作　者
2014 年 7 月

第1版前言

高等学校计算机基础教育是高等教育的重要组成部分,大学计算机基础课是高校各专业学生的公共必修课,是学生将来从事各种职业的工具和基础,在培养学生技术应用方面有着重要的作用。为了进一步推动高校计算机基础教育的发展,中国高等院校计算机基础教育改革课题研究组 2008 年编制了《中国高等院校计算机基础教育课程体系》(简称《CFC2008》),提出了从"能力—知识结构"出发构建课程体系的方案。

本书根据《CFC2008》提出的新课程体系要求组织教材内容,由教学经验丰富的教师对大学计算机基础课程进行较深入的研究之后组织编写的。全书共分 9 章,主要内容包括:第 1 章计算机概述,主要讲述计算机的产生与发展、计算机的分类、特点与应用和信息技术等;第 2 章计算机系统,主要讲述计算机硬件系统、计算机的软件系统、计算机中的信息表示和计算机系统安全防护;第 3 章微型计算机操作系统及应用,主要讲述操作系统基础知识、Windows XP 基本操作;第 4 章网络基础 Internet 基本应用,主要讲述网络基础知识和 Internet 应用如浏览器、电子邮件、搜索引擎、文件上传下载、网络交流工具等;第 5 章文字处理软件,讲述 Word 2003 基本操作;第 6 章电子表格软件的应用,讲述 Excel 2003 基本操作;第 7 章演示文稿制作软件 PowerPoint 2003;第 8 章多媒体基础及应用,主要讲述多媒体基础知识、图像处理软件 Photoshop、动画制作软件 Flash 等;第 9 章数据库技术基础,主要讲述数据库系统概述、Access 数据库基础、数据库查询、窗体与报表的创建等。

本书的主要特点有:符合《CFC 2008》的最新指导思想;实践性较强的章节配有综合实例;每章课后精心安排有相关阅读材料,可进一步提高学生的学习兴趣;配有相应实验教材和教学课件,实验教材每个实验都有详细的操作指导步骤。本书内容丰富、结构清晰,叙述深入浅出,多以图、例形式讲解,注重内容的基础性、应用性和创新性。本书可作为高等院校非计算机专业计算机基础课程教材,也可以作为计算机爱好者的自学用书。

本书第 3、4 章由孙高飞编写,第 2、5 章由冯慧玲编写,第 1、6 章由李爱玲编写,第 7、8、9 章由吴静松、姚玉钦编写。全书由姬秀荔、李爱玲主编。本书的编写也得到了学校各级领导的关心和支持，在此一并表示感谢。

由于作者水平有限，本书的不妥或疏漏之处在所难免，敬请读者批评指正。

作　者
2009 年 7 月

目 录

第1章

计算机的产生与发展

计算机是 20 世纪人类最伟大的发明之一,计算机的出现和应用延伸了人类的大脑,提高和扩展了人类脑力劳动的效能,发挥和激发了人类的创造力。计算机的诞生标志着人类文明的发展进入了一个崭新的阶段。在现代生活中,计算机无处不在,计算机技术及其应用已渗透到科学技术、国民经济、社会生活等各个领域,改变了人们传统的工作生活方式。可以说,当今世界是一个丰富多彩的计算机世界,计算机文化被赋予了更深刻的内涵。在进入信息社会的今天,学习和应用计算机知识,掌握和使用计算机已成为每一个人的迫切需求。

本章主要介绍计算机的基础知识,包括计算机的产生和发展、计算机的特点、计算机应用与分类以及计算机与信息化社会。

1.1 计算机史概述

计算机是信息处理的工具,俗称电脑。对于计算机,人们从不同的角度提出了许多不同的描述,例如:"计算机是一种可以自动进行信息处理的工具";"计算机是一种能快速而高效地自动完成信息处理的电子设备";"计算机是一种能够高速运算、具有内部存储能力、由程序控制其操作过程的自动电子装置"等。

从本质上讲,可以这样简单地理解计算机:计算机是一种由电子器件构成的、具有计算能力和逻辑判断能力以及自动控制和记忆功能的信息处理机。它可以自动、高速和精确地对数据、文字、图像、声音等信息进行存储、加工和处理。

1.1.1 计算机的产生

计算工具的发展有着悠久的历史。人类为了适应社会生产发展的需要,发明了各种计算工具。远在商代,中国就创造了十进制计数方法,领先于世界千余年。到了周代,发明了世界上最早的计算工具——算筹。中国唐末发明的算盘,是世界上第一种手动式计算工具。直到现在,算盘在中国仍被广泛应用。许多人认为算盘是最早的数字计算机,而珠算口诀则是最早的体系化的算法。

随着社会生产力的发展,计算工具也在不断地发展。法国数学家帕斯卡(Blaise Pascal)

于 1642 年发明了齿轮式加、减计算器。德国著名数学家莱布尼茨（Gottfried Leibniz）对这种计算器非常感兴趣，在帕斯卡的基础上，提出了进行乘、除法的设计思想，并用梯形轴做主要部件，设计并制作了一种能够进行四则运算的机械式计算器。

以上的这些计算工具都是手动式或机械式的。英国数学家查尔斯·巴贝奇（Charles Babbage）于 1822 年和 1834 年先后设计出了以蒸汽机为动力的差分机和分析机模型。虽然由于受当时技术条件的限制而没有成功，但是，分析机已具有输入、存储、处理、控制和输出 5 个基本装置的思想，这是现代计算机硬件系统组成的基本部分。因此，巴贝奇设计的分析机从结构及设计思想上初步体现了现代计算机的结构及设计思想，可以说是现代通用计算机的雏形。

随着电工技术的发展，科学家和工程师们意识到可以用电器元件来制造计算机。德国工程师楚泽（K. Zuse）于 1938 年设计了一台纯机械结构的计算机（Z1）。其后他用电磁继电器对其进行改进，并于 1941 年研制成功一台机电式计算机（Z3），这是一台全部采用继电器的通用程序控制的计算机。事实上，美国哈佛大学的艾肯（H. Aiken）于 1936 年就提出了用机电方法来实现巴贝奇分析机的想法，并在 1944 年制造出 MARK Ⅰ 计算机。

1. 第一台电子计算机的诞生

1946 年 2 月 15 日美国宾夕法尼亚大学莫尔学院举行了人类历史上第一台通用电子数字计算机的揭幕典礼。这台机器名为 ENIAC（Electronic Numerical Integrator And Calculator，电子数字积分计算机），音译为埃尼阿克，如图 1-1 所示。它看上去完全是一个庞然大物，它采用穿孔卡输入输出数据，每分钟可以输入 125 张卡片，输出 100 张卡片。在 ENIAC 内部，总共安装了 17468 只电子管，7200 只二极管，70000 多只电阻器，10000 多只电容器和 6000 只继电器，电路的焊接点多达 50 万个。在机器表面则布满了电表、电线和指示灯。机器被安装在一排 2.75m 高的金属柜里，占地面积达 170m²，质量达 30t，耗电量也很惊人，功率为 150kW，共使用了 18000 多只电子管，1500 多个继电器以及其他器件。

图 1-1　世界上第一台通用数字电子计算机 ENIAC

这台机器还非常不完善,比如,它的耗电量超过 140kW;电子管平均每隔 7min 就要被烧坏一只,必须不停地更换。尽管如此,ENIAC 的运算速度也已经达到每秒做 5000 次加法运算,可以在 3/1000s 时间内做完两个十位数乘法。一条炮弹的轨迹 20s 就能被算完,比炮弹本身的飞行速度还要快。

ENIAC 最初是专门用于火炮弹道计算的专用机,后经多次改进而成为能进行各种科学计算的通用计算机。这台完全采用电子线路执行算术运算、逻辑运算和信息存储的计算机,运算速度是 Mark Ⅰ 的 1000 倍。ENIAC 在莫尔学院的地下室运行了几个月,就被送到马里兰州的阿伯丁武器试验场,1955 年才停止使用。ENIAC 是世界上第一台真正意义上的通用电子数字计算机。它的问世,标志着人类计算工具发生了历史性的变革人类从此进入了电子计算机的新时代。

2. 第一台具备"存储程序"思想的计算机

ENIAC 虽然是第一台正式投入运行的电子计算机,但它不具备现代计算机"存储程序"的思想。

1945 年,一组工程师开始为美国军方的一个秘密项目工作,他们研制出第二台电子计算机 EDVAC(The Electronic Discrete Variable Automatic Computer,电子离散变量自动计算机)。其中,被称为现代计算机之父的美籍匈牙利数学家冯·诺依曼(John von Neumann,如图 1-2 所示)在一个报告中对 EDVAC 计划进行了描述,这个报告被视为"计算机科学的历史上最具影响力的论文",是最早对计算机部件明确给出定义,并描述了它们功能的文献之一。冯·诺依曼在这篇报告中使用了术语"自动计算系统",今天称之为"计算机"、"电脑"或"计算机系统"。1952 年

图 1-2 冯·诺依曼

EDVAC 正式投入运行,其运算速度是 ENIAC 的 240 倍。此后,冯·诺依曼提出的 EDVAC 计算机结构为人们普遍接受,这种计算机结构又称冯·诺依曼型计算机。

冯·诺依曼设计思想可以简要地概括为以下 3 点。

(1) 计算机应包括运算器、控制器、存储器、输入和输出设备 5 大基本部件。

(2) 计算机内部应采用二进制来表示指令和数据。每条指令一般具有一个操作码和一个地址码。其中操作码表示运算性质,地址码指出操作数在存储器中的地址。

(3) 将编写好的程序送入内存储器中,然后启动计算机工作,计算机无须操作人员干预,能自动逐条取出指令和执行指令。

冯·诺依曼设计思想最重要之处在于明确地提出了"程序存储"的概念,他的全部设计思想实际上是对程序存储概念的具体化。

冯·诺依曼对计算机所做的定义仍然适用于今天的计算机。迄今为止,虽然计算机系统从性能指标、运算速度、工作方式、应用领域等方面与当时的计算机有了很大差别,但基本结构没有变,都属于冯·诺依曼型计算机。

3. 图灵机

在计算机科学的奠基和发展中,英国数学家阿伦·图灵(Alan Mathison Turing,如

图 1-3 所示)做出了杰出的贡献。1936 年,年仅 24 岁的英国人图灵向伦敦权威的数学杂志投了一篇论文,题为《论数字计算在决断难题中的应用》。在这篇开创性的论文中,图灵

提出著名的"图灵机"(Turing Machine,TM)的设想,为可计算理论奠定了基础。

图灵把人在计算时所做的工作分解成简单的动作,与人的计算类似,机器需要以下动作。

(1) 存储器,用于存储计算结果。

(2) 一种语言,表示运算和数字。

(3) 扫描。

(4) 计算意向,即在计算过程中下一步打算做什么。

图 1-3 阿兰·图灵　　(5) 执行下一步计算。每一步计算又分成 3 步:改变数字和符号;改变扫描区,如往左或往右添位等;改变计算意向等。

这样,就把人的工作机械化了。这种理想中的机器被称为"图灵机"。图灵机不是一种具体的机器,而是一种抽象计算模型。图灵机由一个控制器、一条可以无限延伸的带子和一个在带子上左右移动的读写头组成。这个概念如此简单的机器,理论上却可以计算任何直观的可计算函数。图灵在设计了上述模型后提出,凡可计算的函数都可用这样的机器来实行,这就是著名的图灵论题。现在图灵论题已被当成公理使用,它已成为数学的基础之一。几十年来,数学家提出的各种各样的计算模型后来都被证明是和图灵机等价的。当今计算机科学中再常用不过的程序语言、代码存储和编译等基本概念,就是来自图灵的原始构思。

一般认为,现代计算机的基本概念源于图灵。因此,图灵也被称为现代计算机之父。冯·诺依曼生前曾多次谦虚地说,如果不考虑巴贝奇等人早先提出的有关思想,现代计算机的概念当属于阿伦·图灵。冯·诺依曼能把"计算机之父"的桂冠戴在比自己小 10 岁的图灵头上,足见图灵对计算机科学影响之巨大。

图灵去世后 12 年,美国计算机协会(Association for Computing Machinery,ACM)为纪念图灵对计算机科学的贡献,创立了"图灵奖",每年颁发给在计算机科学领域做出杰出贡献的研究人员,被誉为计算机业界和学术界的诺贝尔奖。

1.1.2 计算机的发展

1946 年第一台电子计算机问世以来,计算机技术得到了突飞猛进的发展,在制作工艺与元件、应用领域等各方面都得到了巨大发展,其体积日益减小,速度愈来愈快,功能日臻强大。而计算机的发展,从一开始就和电子技术,特别是微电子技术密切相关。因此,人们通常按照构成计算机所采用的电子器件及其电路的变革,来划分计算机的发展阶段。

1. 计算机的发展阶段

从 1946 年至今,根据计算机采用的电子器件的不同,将计算机的发展分为 4 个阶段,即电子管时代、晶体管时代、中小规模集成电路时代、大规模和超大规模集成电路时代。随着计算机的不断发展,其运算速度的大幅度提升,各种软件的层出不穷,使得计算机的应用渗透到各个领域。计算机发展中各阶段的对比情况,如表 1-1 所示。

表 1-1　各代电子计算机比较

特点 阶段	电子元件	运算速度	软　件	主要应用
第一代计算机 (1946—1958 年)	电子管	几千次/秒	使用机器语言和汇编语言	科学计算
第二代计算机 (1958—1964 年)	晶体管	几十万次/秒	使用高级语言、操作系统(FORTRAN、 ALGOL 60、COBOL)	数据处理、 事务处理
第三代计算机 (1965—1970 年)	集成电路	几百万次/秒	结构化程序设计(BASIC)	文字、图像 处理
第四代计算机 (1971 年至今)	大规模和超大 规模集成电路	几亿次/秒	个人计算机和友好的程序界面;面向 对象的程序设计语言(OOP)	各个领域

(1) 第一代计算机:电子管时代。第一代计算机主要特点是逻辑元件采用电子管,主存储器采用磁鼓、磁心,辅助存储器采用磁带、纸带、卡片等;软件主要使用机器语言和汇编语言;主要以科学计算为主。第一代计算机运算速度很慢,每秒只有几千次到几万次,其体积大、耗电多、价格昂贵且可靠性低,但它奠定了计算机发展的技术基础。其代表机型有 IBM650(小型计算机)、IBM709(大型计算机)。

(2) 第二代计算机:晶体管时代。第二代计算机主要特点是逻辑元件采用晶体管,主存储器采用磁心,辅助存储器已开始使用磁盘;软件开始使用操作系统及 FORTRAN 等高级程序设计语言;其用途除科学计算外,还用于数据处理及工业生产的自动控制方面。第二代计算机的运算速度比第一代计算机更快,速度达到 100 万次/秒,内存容量扩大到几十万字节。由于使用了晶体管,计算机的体积也有所减小、价格也相应降低,但可靠性有明显提高。其代表机型有 IBM 7090。

(3) 第三代计算机:中小规模集成电路时代。第三代计算机特点是逻辑元件采用中小规模集成电路,主存储器开始逐渐采用半导体元件;随着计算机硬件技术的不断发展,系统软件和应用软件也有了较大发展,同时出现了结构化、模块化程序设计方法;其应用领域不断扩大,已可以处理文字和图像等数据形式。第三代计算机的运算速度已达到 1000 万次/秒,它的体积更小,功能更强大,可靠性进一步提高。典型机型有 IBM 360 系统、PDP 11 系列等。

(4) 第四代计算机:大规模和超大规模集成电路时代。第四代计算机特点是计算机的逻辑元件和主存储器都采用了大规模集成电路甚至超大规模集成电路;微型计算机蓬勃发展,它的体积更小、耗电量更低、可靠性更高、其价格大幅度下降;其应用领已经发展到社会各个领域,并迈入了崭新的网络时代。第四代计算机无论从硬件还是软件来看,比第三代计算机都有很大发展。典型机种有 IBM 370、CRAY Ⅱ 等。

从 20 世纪 80 年代开始,日、美等国家开展了新一代称为“智能计算机”的计算机系统的研究,并将其称为第五代电子计算机。目前,各国正加紧研制和开发第五代“非冯·诺依曼”计算机和第六代“神经”计算机。

2. 计算机在中国的发展

1958 年,中科院计算所研制成功了我国第一台小型电子管通用计算机 103 机(八一型),标志着我国第一台电子计算机的诞生。

1965 年,中科院计算所研制成功第一台大型晶体管计算机 109 乙,之后推出 109 丙机,该机在两弹试验中发挥了重要作用。

1974 年,清华大学等单位联合设计、研制成功采用集成电路的 DJS-130 小型计算机,运算速度达每秒 100 万次。

1983 年,国防科技大学研制成功运算速度每秒上亿次的银河-Ⅰ巨型计算机,这是我国高速计算机研制的一个重要里程碑。

1985 年,原电子工业部计算机管理局研制成功与 IBM PC 兼容的长城 0520 CH 微型计算机。

1992 年,国防科技大学研制出银河-Ⅱ通用并行巨型机,峰值速度达 4 亿次浮点运算每秒(相当于每秒进行 10 亿次基本运算操作),为共享主存储器的四处理机向量机,其向量中央处理机是采用中小规模集成电路自行设计的,总体上达到 20 世纪 80 年代中后期国际先进水平。它主要用于中期天气预报。

1993 年,国家智能计算机研究开发中心(后成立北京市曙光计算机公司)研制成功曙光一号全对称共享存储多处理机,这是国内首次以基于超大规模集成电路的通用微处理器芯片和标准 UNIX 操作系统设计开发的并行计算机。

1995 年,曙光公司又推出了国内第一台具有大规模并行处理机(MPP)结构的并行机曙光 1000(含 36 个处理机),峰值速度为 25 亿次浮点运算每秒,实际运算速度上了 10 亿次浮点运算每秒这一高性能台阶。曙光 1000 与美国 Intel 公司 1990 年推出的大规模并行机体系结构的实现技术相近,与国外的差距缩小到了 5 年左右。

1997 年,国防科技大学研制成功银河-Ⅲ百亿次并行巨型计算机系统,采用可扩展分布共享存储并行处理体系结构,由 130 多个处理结点组成,峰值速度为 130 亿次浮点运算每秒,系统综合技术达到 20 世纪 90 年代中期国际先进水平。

1997—1999 年,曙光公司先后在市场上推出具有机群结构(Cluster)的曙光 1000A、曙光 2000-Ⅰ、曙光 2000-Ⅱ超级服务器,峰值速度已突破每秒 1000 亿次浮点运算,规模已超过 160 个处理机。

1999 年,国家并行计算机工程技术研究中心研制的神威Ⅰ计算机通过了国家级验收,并在国家气象中心投入运行。系统有 384 个运算处理单元,峰值运算速度达 3840 亿次每秒。

2000 年,曙光公司推出 3000 亿次浮点运算每秒的曙光 3000 超级服务器。

2001 年,中科院计算所研制成功我国第一款通用 CPU——龙芯芯片。

2002 年,曙光公司推出完全自主知识产权的龙腾服务器,龙腾服务器采用了龙芯-1 CPU,曙光公司和中科院计算所联合研发的服务器专用主板,曙光 Linux 操作系统。该服务器是国内第一台完全实现自有产权的产品,在国防、安全等部门将发挥重大作用。

2003 年,百万亿次数据处理超级服务器曙光 4000L 通过国家验收,再一次刷新国产超级服务器的历史记录,使得国产高性能产业再上新台阶。

2004 年,由中科院计算所、曙光公司、上海超级计算中心三方共同研制的曙光 4000A 速度实现了 10 万亿次运算每秒。

2008 年,"深腾 7000"是国内第一个实际性能突破百万亿次每秒的异构机群系统,Linpack 性能突破 106.5 万亿次每秒。

2008 年 9 月 16 日,曙光 5000A 在天津下线,实现峰值速度 230 万亿次每秒、Linpack 值 180 万亿次每秒。作为面向国民经济建设和社会发展的重大需求的网格超级服务器,曙光 5000A 可以完成各种大规模科学工程计算、商务计算。2009 年 6 月,5000A 正式落户上海超算中心。

2009 年 10 月 29 日,中国首台千万亿次超级计算机"天河一号"诞生。这台计算机 1206 万亿次每秒的峰值速度和 563.1 万亿次每秒的 Linpack 实测性能,使中国成为继美国之后世界上第二个能够研制千万亿次超级计算机的国家。

2010 年 5 月 31 日,曙光公司和中科院共同研制的曙光"星云"以 Linpack 值 1271 万亿次每秒的速度,在第 35 届全球超级计算机五百强排名中,列第二位。

2010 年 11 月 15 日,经过一年时间全面的系统升级后,"天河一号"在第 36 届全球超级计算机五百强排名中夺魁。升级后的"天河一号"实测运算速度可达 2570 万亿次每秒。

1.2   计算机的特点与分类

计算机发展的"分代"代表计算机在时间轴上纵向的发展历程,而"分类"可用来说明计算机横向的发展。不同类别的计算机有不同的特点,其主要应用领域也有所不同。

1.2.1   计算机的特点

计算机是现代社会最高级的计算工具,它具有任何其他计算工具无法比拟的特点,正是由于这些特点,使得计算机的应用范围不断扩大,已经进入人类社会的各个领域,发挥着越来越大的作用,成为信息社会的科技核心。其特点主要包括以下几点。

1. 运算速度快、计算精度高

由于电子元器件的发展,计算机硬件的体积虽然不断减小,但集成度、可靠性和性能大幅度提高。因此,计算机的运算速度和计算精度也得到了极大改善。计算机的运算速度已从几千次每秒发展到现在高达几万亿次每秒。即使是处理像天气预报这样的大数据量的计算,计算机也可以在很短的时间内完成。

要提高计算机的计算能力,计算精度也是必备条件。当计算机内表示数值的位数越多时,运算精度就越高,计算速度也越高。一般的计算工具只有几位有效数字,而计算机的有效数字可以精确到十几位、几十位,甚至数百位,这样就能精确地进行数据计算和表示数据的计算结果。

2. 存储功能强

冯·诺依曼提出了"存储程序"的思想,使计算机区别与任何传统计算工具。当计算机具有存储功能,即使计算机过程中产生的中间结果也可以保存下来;可以将大量数据和程序长期保存在外存储器中,当需要这些数据时又可准确无误地读取出来。

3. 具有逻辑判断能力

计算机既可以进行算术运算,也可以进行逻辑运算。具有可靠的逻辑判断能力是计算机能实现信息处理自动化的必要条件。能进行逻辑判断,使计算机不仅能对数值数据进行计算,也能对非数值数据(文字或符号等)进行处理,使计算机能广泛应用于任何领域。

4. 高度自动化

由于计算机具有存储功能,可以将事先编写好的程序存储在计算机中,计算机就会自上而下地逐一读取各条指令,分析并执行每一条指令,直到得出结果,整个过程不需要人工干预计算、处理和控制,实现了高度自动化。

1.2.2 计算机的分类

计算机的分类方法有多种。按功能与用途,计算机可分为通用计算机与专用计算机;按组成原理,计算机可分为数字电子计算机、模拟电子计算机和混合电子计算机;按性能和规律,计算机又可分为巨型计算机、大型计算机、中小型计算机、微型计算机和工作站。

当前,较普遍的分类方法是按性能分为 5 类,它们的功能及特点如表 1-2 所示。

表 1-2 计算机按性能分类特征表

类别 \ 特点	主 要 特 点	主要应用领域	代 表 机 型
巨型计算机	性能最好,功能最强,运算速度最快,存储容量最大,价格昂贵	航天、气象、军事	如美国 CDC 公司的 Cray 系列机、我国的银河系列机、曙光 3000 等
大型计算机	通用性、综合处理能力强、性能覆盖面广	大公司、大银行、大科研机构	美国 Convex 公司的 C 系列计算机
中小型计算机	与大型计算机相比,结构简单、成本较低,经短期培训就可维护和使用,易于推广和普及	广大中小用户	美国 DEC 公司的 PDP 系列计算机、VAX 系列计算机
微型计算机	也称个人计算机,更新速度快,性能/价格比最高,功能齐全,使用方便	应用于家庭、社会各领域	PC 系列
工作站	介于小型计算机和微型计算机之间的一种高档微型计算机,具有较强的数据处理能力、高性能的图形功能和内置的网络功能	科学计算、软件工程、CAD/CAM 和人工智能等领域	Sun 系列工作站
嵌入式计算机	它体积小,结构紧凑,可作为一个部件安装于所控制的装置中	家电产品、工业智能测量仪表、办公设备及医用电子设备	

1. 巨型计算机

巨型计算机(Super Computer)又称为超级计算机,是一种超大型电子计算机。它具有很强的计算和处理数据的能力,主要特点表现为高速度和大容量,配有多种外部和外围设备及丰富的、高功能的软件系统,其平均运算速度 1000 万次每秒以上;存储容量在 1000 万位以上。主要用于数据量巨大的高科技研究、国防尖端技术等领域。如大范围天气预报,整理卫星照片等。美国的 ILLIAC-Ⅳ、日本的 NEC、我国的"银河"计算机都属于巨型计算机。

目前,一些发达国家正在研制运算速度达几百亿次每秒的超级计算机。新一代的超级计算机采用涡轮式设计,每个刀片就是一个服务器,能实现协同工作。2012 年 6 月国际超级计算机组织公布,美国最新研制的超级计算机"红杉"(Sequoia),其运算速度最高可达每秒 20132 万亿次,成为全球最快的超级计算机;日本的超级计算机"京"排名第二;中国的"天河一号"超级计算机名列第五。

2. 大型计算机

大型计算机(Mainframe Computer)又称大型主机,最初是指装在非常大的带框铁盒子里的大型计算机系统,以用来同小一些的中小型计算机和微型计算机有所区别。大型计算机使用专用的处理器指令集、操作系统和应用软件。大型计算机运行速度低于巨型计算机,典型的大型计算机的速度一般在 50～100MIPS 之间。一般用于中等复杂问题的处理,由于大型计算机仍具有高速度、高容量的特点,因此主要用于政府、银行、保险公司和大型制造企业。不过随着微型计算机的迅速发展和网络技术的不断更新,大型机正在逐步被一些高档微型计算机机群所代替。

3. 中小型计算机

中小型计算机(Mini Computer)相对大型计算机,软硬件系统规模较小,开发成本较低,易于维护和使用。其中部分小型计算机运行速度甚至不到 10MIPS,同时容纳的用户在几十个之间,价格便宜,因此,普遍用于工业自动控制、大型分析仪器、高等学校和科研机构等。此外,中小型机通常会作为大型与巨型计算机系统的辅助计算机。

随着微型计算机的蓬勃发展,部分微型计算机的处理能力和计算能力已经远远超过传统的小型计算机。

4. 微型计算机

微型计算机(Micro Computer)简称微机,也称个人计算机(Personal Computer,PC),俗称电脑。它具有小巧灵活、通用性强、价格低廉等优点。微型计算机的出现,形成了计算技术发展史上的又一次革命。它使计算机进入了几乎所有的行业,极大地推动了计算机的普及。

其中,微型计算机中最重要的部件就是微处理器。按照微处理器的字长和功能,微型计算机先后经历了 4 位、8 位、16 位、32 位和 64 位等发展阶段。

第一阶段(1971—1973 年):4 位或 8 位的微型计算机阶段。Intel 公司于 1971 年推出了第一个微处理器芯片 Intel 4004,又于 1974 年生产了 8 位微处理器芯片 Intel 8080。该阶段计算机工作速度较慢,微处理器的指令系统不完整,存储器容量很小,只有几百字节,没有操作系统,只有汇编语言。主要用于工业仪表、过程控制。

第二阶段(1974—1977 年):4 位或 8 位的微型计算机阶段。典型的微处理器有 Intel 8080/8085,Zilog 公司的 Z80 和 Motorola 公司的 M6800。与第一代微处理器相比,集成度提高了 1~4 倍,运算速度提高了 10~15 倍,指令系统相对比较完善,已具备典型的计算机体系结构及中断、直接存储器存取等功能。

第三阶段(1978—1984 年):16 位微型计算机阶段。1978 年和 1989 年,Intel 公司先后生产出了 16 位 8086 和 8088 微处理器,其后的 Intel 80286 微处理器装配了 286 微型计算机。同期的代表产品还有 Zilog 公司的 Z 8000 和 Motorola 公司的 MC 68000。16 位微型计算机已能够替代部分小型机的功能,特别在单任务、单用户的系统中。

1981 年,美国 IBM 公司将 8088 芯片用于其研制的 IBM PC 中,从而开创了全新的微型计算机时代。也正是从 8088 开始,个人计算机的概念开始在全世界范围内发展起来。从 8088 应用到 IBM PC 上开始,个人计算机真正走进了人们的工作和生活之中,它也标志着一个新时代的开始。

第四阶段(1985—1992 年):32 位微型计算机阶段。1985 年和 1989 年,Intel 公司发布了划时代的产品 80386 和 80486 微处理器。由于 32 位微处理器的强大运算能力,PC 的应用扩展到很多的领域,如商业办公和计算、工程设计和计算、数据中心、个人娱乐。

第五阶段(1993—2005 年):32 位微型计算机阶段。这个阶段称为奔腾(Pentium)系列微型计算机时代。典型产品是 Intel 公司的奔腾系列及与之兼容的 AMD 的 K6 系列。Intel 公司于 1993 年生产出了 32 位微处理器,其正式名称为 Pentium(也称"奔腾"),其后 Intel 公司又相继研制出了 Pentium Ⅱ、Pentium Ⅲ 和 Pentium 4。

第六阶段(2005 年至今):64 位微型计算机阶段。这个阶段称为酷睿(Core)系列微型计算机时代。至此,Intel 公司结束了使用长达 12 年之久的"奔腾"处理器而推出了 Core 2 Duo 和 Core 2 Quad 品牌,以及最新出的 Core i7、Core i5 和 Core i3 这 3 个系列的 CPU。酷睿的服务器版开发代号为 Woodcrest,桌面版开发代号为 Conroe,移动版开发代号为 Merom。其分双核、四核、八核 3 种。2012 年 Intel 正式发布了 ivy bridge(IVB) 处理器,该处理器支持 USB 3.0。

目前微型计算机的种类较多,可以分为 4 类:台式计算机、一体机、笔记本计算机和掌上计算机。

(1) 台式计算机(Desktop Computer)。也称作桌面计算机,主要由主机、显示器等设备组成,它们相对独立,一般需要放置在计算机桌或者专门的工作台上。因此称为台式计算机。同等价位的台式计算机的性能相对于笔记本计算机要强,所以,家用和商用的计算机多为台式计算机。由于台式计算机的主要部件放在主机箱内,机箱内空间大、通风好,可以防尘防水,硬件升级方便,因此,它具有散热好、扩展性和保护性强等特点。此外,机箱前置面板明确了一些常规操作,方便用户使用。

(2) 一体机。随着电子技术的不断发展,出现了一种将主板与显示器集成在一起的计算机,称为一体机。它只需要一台显示器、一个键盘和一个鼠标就组成的一台计算机。而键盘和鼠标连接到显示器上就能使用。随着无线键盘和无线鼠标的出现,一体机只需要一根电源线就可以操作了,避免了台式机缆线多的问题。有的一体机还具有电视接收、AV 功能。

（3）笔记本计算机（Notebook Computer）。笔记本计算机也称手提计算机，是一种小型、可携带的个人计算机，通常为 1～3kg。其主要优点是体积小、重量轻、携带方便。与台式计算机相比，笔记本计算机有着类似的结构组成（显示器、键盘/鼠标、CPU、内存和硬盘），但是便携性是笔记本相对于台式机最大的优势。目前，主要品牌有苹果、联想、戴尔和惠普等。

（4）掌上计算机（PDA）。掌上计算机是一种运行在嵌入式操作系统和内嵌式应用软件之上的，具有小巧、轻便、易带、实用、价廉的手持式计算设备。它无论在体积、功能和硬件配备方面都比笔记本计算机简单轻便，但在功能、容量、扩展性、处理速度、操作系统和显示性能方面又远远优于电子记事簿。掌上计算机除了用来管理个人信息，而且还可以上网浏览页面，收发 E-mail，甚至还可以当作手机来用外，还具有录音机、英汉/汉英词典、全球时钟对照、提醒、休闲娱乐、传真管理等功能。掌上计算机的电源通常采用普通的碱性电池或可充电锂电池。掌上计算机按使用来分类，分为工业级 PDA 和消费品 PDA。工业级 PDA 主要应用在工业领域，常见的有条码扫描器、RFID 读写器、POS 机等都可以称作 PDA；消费品 PDA 包括的比较多，例如智能手机、平板计算机（Tablet PC）、手持的游戏机等。

在掌上计算机基础上加上手机功能就成了智能手机。智能手机除了具备手机的通话功能外，还具备了 PDA 的功能，特别是个人信息管理以及基于无线数据通信的浏览器和电子邮件功能。智能手机为用户提供了足够的屏幕尺寸和带宽，既方便随身携带，又为软件运行和内容服务提供了广阔的舞台，很多增值业务可以就此展开，如股票、新闻、天气、交通、商品、应用程序下载、音乐图片下载等。近几年，智能手机正在逐步取代传统手机。

平板计算机是一种小型、方便携带的个人计算机，以触摸屏作为基本的输入设备。它拥有的触摸屏允许用户通过触控笔或数字笔来进行作业而不是传统的键盘或鼠标。平板计算机由比尔·盖茨提出，支持来自 Intel、AMD 和 ARM 的芯片架构，从美国微软公司提出的平板计算机概念产品上看，平板计算机就是一款无须翻盖、没有键盘、小到放入女士手袋，但却是功能完整的 PC。目前，苹果公司的 iPad 系列和三星公司的平板计算机占主流市场。

5. 工作站

工作站（Workstation）是一种结合分布式网络计算的高档个人计算机。它介于小型计算机和 PC 之间，但又区别于 PC，其主要特点是拥有大屏幕、高分辨率的显示器，大容量的存储器，具有较强的信息处理能力和联网功能，主要应用于计算机辅助设计及制造、动画设计、GIS 地理信息系统、平面图像处理、模拟仿真等专业领域。目前，生产各类工作站的厂商主要有 IBM、联想等。

工作站根据体积和便携性，可分为台式工作站和移动工作站；根据软、硬件平台的不同，一般分为基于 RISC 架构的 UNIX 系统工作站和基于 Windows、Intel 的 PC 工作站。

6. 嵌入式计算机

从使用角度讲，前面介绍的微型计算机、工作站等都是独立使用的计算机系统，而嵌入式计算机(Embedded Computer)是作为其他应用系统的组成部分而使用的。嵌入式计算机指嵌入于各种设备及应用产品内部的计算机系统。它一般由嵌入式微处理器、外围硬件设备、嵌入式操作系统以及用户的应用程序 4 个部分组成。嵌入式计算机具有体积小、结构紧凑、智能化等特点,可作为一个部件安装于所控制的装置中,它提供用户接口、管理有关信息的输入输出、监控设备工作,使设备及应用系统有较高智能和性价比。它是计算机市场中增长最快的领域,也是种类繁多、形态多种多样的计算机系统。嵌入式系统几乎包括了生活中的所有电器设备,如电视机顶盒、多媒体播放器、微波炉、数字照相机、工业自动化仪表与医疗仪器等。

1.3 计算机与人类社会

计算机的产生和发展极大地提高了人类处理信息的能力,促进了人类对世界的认识以及人类社会的发展,使人类逐步进入围绕信息存在发展的信息社会。当今社会信息同物质、能源一样重要,是人类生存和社会发展的三大基本资源之一,是社会发展水平的重要标志。信息社会泛指这样一种社会:信息产业高度发达且在产业结构中占据优势,信息技术高度发展且在社会经济发展中广泛应用,信息资源充分开发利用且成为经济增长的基本资源。

1.3.1 现代信息技术概述

21 世纪被称之为信息时代,每个人都需要学会使用计算机收集、处理信息,而能否迅速有效地获取、处理和利用信息已经成为一个国家发展经济、发展科研、提高综合能力的关键,也是判断一个国家的经济实力及其国际能力的重要标志。

1. 信息与数据

信息描述的是事物运动的状态或存在方式而不是事物本身,因此,它必须借助于某种形式表现出来,即数据。数据是可以计算机化的一串符号序列,是对事实、概念或指令的一种特殊表达形式,如数值、文字、声音、图形、图像、视频等都是数据。可以说,数据是信息的载体。最常用的数据有数值型数据和字符型数据两种,如成绩、价格、工资、数量等为数值型数据;姓名、声音、图形等称为字符型数据。在计算机中,数据均以二进制编码形式("0"和"1"组成的字符串)表示。

信息和数据是两个相互联系、相互依存又相互区别的概念。数据是信息的表示形式,信息是数据所表达的含义;数据是具体的物理形式,信息是抽象出来的逻辑意义。简单地说,数据是原料,信息是产品。例如,"10%"是一项数据,但这一数据除了数字上的意义外,并不表示任何内容,而"股票涨了 10%"对接收者是有意义的,它不仅仅有数据,更重要的是对数据有一定的解释,从而使接收者得到了股票信息。

2. 信息处理

信息是对人们有用的数据,这些数据将可能影响到人们的行为与决策。信息应经过组织、加工、提炼处理后才能为人们所利用。信息处理就是对原始信息进行加工,使之成为适用的信息。信息处理过程包括信息获取、信息加工、信息转换、信息反馈及信息输出5个阶段。

长期以来,人类主要用人脑、手工进行信息处理工作的。电子计算机的诞生,使信息处理技术出现了飞跃,开创了信息处理工具发展的新纪元。在信息化社会,信息处理实质上就是由计算机进行数据处理的过程。即通过将数据输入到计算机中,再由计算机系统对数据进行相应的转换、合并、加工、分类、计算、统计、汇总、存储、传送等操作,经过对数据的加工处理,向人们提供有用的信息。

采用计算机进行信息处理有以下几个优点:能高速、高质量地完成各种数据加工任务;提供友好的使用方式和多种多样的信息输出形式;具有庞大的信息存储容量和极快的信息存取速度;方便快速地进行信息传播;高效率的计算机辅助开发手段。以上特点决定了计算机在信息处理中具有最重要、最核心的突出地位。计算机技术已成为信息技术的核心技术。没有计算机,就不会有现代信息处理技术的形成和发展。

信息要充分地发挥它的作用必须对其进行有效的管理。如果没有信息管理,信息也带来许多意想不到的问题。因此,对信息及其相关活动进行科学的计划、组织、控制和协调,实行信息资源的充分开发、合理配置和有效利用,是信息系统所要解决的问题。信息系统(Information System)是一个复合系统,它由人、硬件、软件和数据资源组成,目的是及时、正确地收集、加工、存储、传递和提供信息,实现组织中各项活动的管理、调节和控制。而且,它还可以对各种数据进行采集、处理、传播,产生能解决某方面问题的数据和信息,并按一定的要求产生决策信息。主要有3种类型的信息系统。

(1) 事务处理系统(Transaction Processing System,TPS)。事务处理系统是记录完成商业交易中的人员、过程、数据以及设备的人机系统。

(2) 管理信息系统(Management Information System,MIS)。管理信息系统是以人为主导,利用计算机、网络通信设备和其他办公设备,对数据进行收集、传输、加工、存储、更新和维护,支持企业中高层的决策、中层的控制、基层的运作的集成化的人机系统。

(3) 决策支持系统(Decision Support System,DSS)。决策支持系统是以计算机为工具,应用决策科学和有关学科的理论和方法,以人机交互的方式辅助决策者做出判断的一种信息系统。

3. 信息技术

信息技术(Information Technology,IT)主要是指应用信息科学的原理和方法、对信息的获取、加工、存储、传输、表示和应用信息的技术。信息技术是在计算机、通信、微电子等技术基础上发展起来的现代高新技术,它的核心是计算机和通信技术的结合。

通信技术是快速、准确传递与交流信息的重要手段,它包括信息检测、信息变换、信息处理、信息传递及其信息控制等技术。它是人类信息传递系统功能的延伸和扩展。通信技术总是信息技术的先导。在古代,人类除了用语言传递信息外,还用"击鼓"、"烽火"和"书信"等手段来传递信息。在近代,"电"、"激光"引入信息技术后,有线通信、无线通信、卫星通信和激光通信等新的信息传递方式的迅速发展,为人类提供了种类更多、传递距离更远、速度更快、容量更大、效率和可靠性更高的通信手段。通信技术也已成为现代信息技术的核心技术。

信息技术的发展历史源远流长,两千多年的中国历史上著名的周幽王烽火戏诸侯的故事,讲的就是烽火通信。至今人类历史上已经发生了五次信息技术革命。

(1) 语言的使用。在远古时期,人类仅能用眼、耳、鼻、舌等感觉器官来获取信息,用眼神、声音、表情和动作来传递和交流信息,用大脑来存储、加工信息。人类经过长期的生产、生活活动,逐步产生和形成了用于信息交流的语言。语言的产生是人类历史上的第一次信息革命。它使人类信息交流的范围、能力和效率都得到了飞跃式的发展,使人类社会生产力得到了跳跃式发展。

(2) 文字的使用。纯语言信息交流在时间和空间上都存在很大的局限性。由于人类不满足仅仅用语言方式进行信息的传递,逐步创造了各种文字符号来表达信息。信息的符号化(文字)使信息的传递和保存发生了革命性的变化。人们使用文字可以使信息的交流、传递冲破时间和空间的限制,将信息传递得更远,保存的时间更长。文字的使用为人类信息活动的第二次信息技术革命。

(3) 印刷术的发明。公元 1040 年,我国宋朝的毕昇发明了活字印刷术。活字印刷术的应用使文字、图画等信息交流更加方便、传递范围更加广泛。通过书、报刊等印刷品的流通,信息共享进一步扩大。活字印刷术为人类信息技术的第三次革命。

(4) 电报、电话、广播、电视的发明。继电的发明之后,1837 年莫尔斯(Morse)发明了电报,1867 年贝尔(Bell)发明了电话,1896 年马可尼(G. W. Marconi)发明了无线电发报机。这些发明奠定了电信、广播、电视产业的基础。人们使用的文字、声音、图像等信息通过电磁信号来表示、发送和接收,使信息的传递速度得到了极大的提高。电话、电视的普及与应用使人们相互传递信息、获得信息的方式更方便、更快捷。人们冲破了距离的限制,可以进行实时信息交流。电话、电报、广播、电视的发明为信息技术的第四次革命。

(5) 计算机、现代通信技术的广泛应用。计算机的发明导致了信息技术的第五次革命的开始。计算机的普及、通信技术的发展、网络技术的应用,尤其是 Internet 的兴起,使得信息的传递、存储、加工处理等实现了完全自动化。人类社会进入了一个崭新的信息化社会,现代信息技术已成为社会最重要的组成部分。

1.3.2 信息素养

信息素养(Information Literacy)的概念于 1974 年由美国信息产业协会主席保罗·泽考斯基提出,20 世纪 80 年代,人们开始进一步讨论信息素养的内涵。1989 年,美国图书馆协会下属的信息素养总统委员会给信息素养下的定义是:"知道何时需要信息,并已具有检索、评价和有效使用所需信息的能力。"信息素养是信息时代人才培养模式中出现的一个新概念,已引起了世界各国越来越广泛的重视。现在,信息素养已成为评价人才综合素质的一项重要指标。

1. 信息素养内涵

美国图书馆协会和美国教育传播与技术协会 1998 年制定的学生学习的九大信息素

养标准为：

    （1）能够有效地、高效地获取信息；

    （2）能够熟练地、批判性地评价信息；

    （3）能够精确地、创造性地使用信息；

    （4）能够探求与个人兴趣有关的信息；

    （5）能够欣赏作品和其他对信息创造性表达的内容；

    （6）能够力争在信息查询和知识创新中做得更好；

    （7）能够认识信息对民主化社会的重要性；

    （8）能够履行与信息和信息技术相关的符合伦理道德的行为规范；

    （9）能够积极地参加活动来探求和创建信息。

我国学者认为，信息素养主要包括 3 个方面的内容：信息意识、信息能力和信息品质。

信息意识就是要具备信息第一意识、信息抢先意识、信息忧患意识以及再学习和终身学习意识。

信息能力主要包括信息挑选与获取能力、信息免疫与批判能力、信息处理与保存能力和创造性的信息应用能力。

信息品质主要包括有较高的情商、积极向上的生活态度、善于与他人合作的精神和自觉维护社会秩序和公益事业的精神。

2. 信息素养的培养

在信息社会中，如果不具备计算机的基础知识和基本技能，不会利用计算机获取信息、解决问题，就像生活在工业社会中的人不会读、写、算一样，将成为新一代的文盲。因此，当代大学生应努力学习和掌握计算机与信息技术基础知识，了解和掌握本学科的新动向，以新的知识信息开阔视野、启迪思维，不断增强自身的信息素养。

大学生的信息素养如何，是信息时代衡量一个大学生是否合格的重要标志之一。而信息素养的高低取决于信息意识的强弱。要善于将网络上新的知识信息与课本上的知识信息有机结合起来，只有这样，才能不断提高自身的素质和能力。

在计算机给人类带来极大便利的同时，它也不可避免地造成了一些社会问题，同时在这样新的生活方式下也对人们提出了一些道德规范要求。如随着 Internet 的日益普及，许多负面影响也出现了。如通过网络进行"黑客"攻击、窃取情报；通过网络大肆传播反动和黄色淫秽内容；网上盗窃、诈骗、盗版、垃圾邮件以及计算机病毒等。这些情况不仅使计算机用户，特别使政府部门、科研系统、军事领域等遭受巨大损失，而且已成为网上公害，使计算机安全问题日益突出。

当代大学生，要充分认识到计算机和网络在社会中所产生的负面影响。要树立正确的道德观念，自觉抵制一切不良行为。首先，应从自我做起，不从事各种侵权行为。其次，不越权访问、窃听、攻击他人系统，不编制、传播计算机病毒及各种恶意程序。在网上，不发布无根据的消息，不阅读、复制、传播、制作妨碍社会治安和污染社会的有关反动、暴力、色情等有害信息，也不模仿"黑客"行为。另外，现代社会的人的生活和学习和计算机紧密相连,但长时间使用计算机和网络,如果不注意防范,会给人的心理造成一定的偏差。特别是青少年,正处在生长发育时期,一定要分清计算机和网络的虚拟世界与真实的现实世界之间的区别,不要迷失在计算机和网络的虚拟世界中。在网络上要养成良好的习惯,不要做违反公共道德和法律的事情,同时也要注意保护自己,不要被网络所伤害。

总之,作为一名信息化社会下的当代大学生,不仅要接受、传递数字信息,而且要创造、享受这种数字化、精确化、高速化的生活。同时,除了要遵守现实社会的秩序外,还应该遵守虚拟社会的秩序。

1.3.3 计算机在现代信息社会中的应用

目前,计算机的应用已渗透到社会的各行各业,正在改变着传统的工作、学习和生活方式,推动着社会的发展。概括起来,计算机的应用主要表现在以下几个方面。

(1) 科学计算。科学计算又称为数值计算,指用于完成科学研究和工程技术中提出的数学问题的计算。它是电子计算机的重要应用领域之一,世界上第一台计算机就是为科学计算而设计的。随着科学技术的发展,使得各种领域中的计算模型日趋复杂,人工计算已无法解决这些复杂的计算问题。例如,在天文学、量子化学、空气动力学、核物理学和天气预报等领域中,都需要依靠计算机进行高速和高精度的运算。科学计算的特点是计算量大且数值变化范围大。

(2) 数据处理。人类已从工业化社会进入信息化社会,信息已成为非常重要的资源。数据处理又称为信息处理,指对数字、字符、文字、声音、图形和图像等各种类型的数据进行收集、存储、分类、加工、排序、检索、打印和传送等工作。数据处理具有数据量大、输入输出频繁、时间性强等特点,一般不涉及复杂的数值计算。计算机的应用从数值计算到非数值计算,是计算机发展史上的一个飞跃。据统计,在计算机的所有应用中,数据处理方面的应用,约占全部应用的 3/4 以上。数据处理是现代管理的基础,广泛地用于情报检索、统计、事务管理、生产管理自动化、决策系统、办公自动化等方面。数据处理的应用已全面深入到当今社会生产和生活的各个领域。

(3) 过程控制。过程控制也称为实时控制,是指计算机对被控制对象实时地进行数据采集、检测和处理,按最佳状态来控制或调节被控对象的一种方式,如对数控机床和流水线的控制。在日常生活中,有一些控制问题是人们无法亲自操作的,如核反应堆。有了计算机就可以精确控制,用计算机来代替人完成那些繁重或危险的工作。因此,由于微型计算机具有体积小、成本低和可靠性高的特点,在过程控制中得到了广泛应用。生产过程的计算机控制,不仅可以大大提高生产率,减轻人们的劳动强度,更重要的是可提高控制精度,提高产品质量和合格率。

(4) 计算机辅助系统。计算机辅助工程是以计算机为工具,配备专用软件辅助人们完成特定任务的工作,以提高工作效率和工作质量为目标。计算机辅助系统包括 CAD、CAM、CBE 等。

① 计算机辅助设计(Computer-aided Design,CAD),就是利用计算机帮助各类设计人员进行设计。由于计算机有快速的数值计算、较强的数据处理以及模拟的能力,使CAD 技术得到广泛应用,例如飞机设计、船舶设计、建筑设计、机械设计、大规模集成电路

设计等。采用计算机辅助设计,不但降低了设计人员的工作量,提高了设计的速度,更重要的是提高了设计的质量。

② 计算机辅助制造(Computer-aided Manufacturing,CAM),是指用计算机进行生产设备的管理、控制和操作的技术。例如,在产品的制造过程中,用计算机控制机器设备的运行、处理生产过程中所需的数据、控制和处理材料的流动以及对产品进行检验等。使用CAM 技术可以提高产品的质量、降低成本、缩短生产周期、降低劳动强度。

③ 计算机辅助教育(Computer-based Education,CBE),包括计算机辅助教学(Computer-assisted Instruction,CAI),近年来由于多媒体技术和网络技术的发展,推动了 CBE 的发展,许多学校已经开展了网上教学和远程教学。开展 CBE 不仅使学校教育发生了根本变化,还可以使学生在学校里就能体验计算机的应用,为毕业后应用计算机奠定基础。

④ 电子设计自动化(EDA)技术,利用计算机中安装的专用软件和接口设备,用硬件描述语言开发可编程芯片,将软件进行固化,从而扩充硬件系统的功能,提高系统的可靠性和运行速度。

(5)人工智能(Artificial Intelligence,AI)一般是指模拟人脑进行演绎推理和采取决策的思维过程。在计算机中存储一些定理和推理规则,然后设计程序,让计算机自动探索解题的方法。人工智能是计算机应用研究的前沿学科。

(6)电子商务。电子商务源于英文 Electronic Commerce,是指利用简单、快捷、低成本的电子通信方式,买卖双方互不谋面地进行各种商贸活动,如腾讯公司的拍拍网、当当网等。电子商务可通过多种电子通信方式来完成,但目前主要是以 EDI(电子数据交换)和 Internet 来完成的。作为一种新型的商务模式,电子商务具有普遍性、方便性、整体性、安全性、协调性等特征。

(7)数据库应用。数据库是长期存储在计算机内、有组织的可共享的数据集合。数据库应用(Database Application)是计算机应用的基本内容之一。在当今的信息社会,从国家经济信息系统、科技情报系统、个人通信、银行储蓄系统到办公自动化及生产自动化等,均需要数据库技术的支持。

(8)计算机模拟。计算机模拟是用计算机模仿真实系统的技术,是计算机应用的另一崭新领域。如谷歌公司推出的虚拟地球仪软件 Google Earth,它将卫星照片、航空照相和GIS 布置在一个地球的三维模型上。Google Earth 通过访问 Keyhole 公司的航天和卫星图片扩展数据库,使用了公共领域的图片、受许可的航空照相图片、KeyHole 间谍卫星的图片和很多其他卫星所拍摄的城镇照片,可以查看全球的地理信息,如城镇、街道、房屋等。

(9)娱乐。计算机正在走向家庭,在工作之余人们可以使用计算机欣赏 DVD 影碟和音乐,进行游戏娱乐等。

1.4　电子计算机的发展趋势

现代计算机的发展表现为两个方面:一是巨型化、微型化、网络化、智能化和多媒体化 5 种趋向发展;二是向着非冯·诺依曼结构模式发展。

1. 5 种发展趋向

（1）巨型化。随着科学技术发展的需要，许多领域，比如天文、军事、仿真、科学计算等领域要求计算机有更高的速度、更大的存储容量，从而使计算机向巨型化发展。

（2）微型化。为了携带更加方便，要求计算机体积更小、重量更轻，同时价格更低、更便于应用于各个领域、各种场合。目前市场上已出现的各种笔记本计算机、膝上型和掌上型计算机都是向这一方向发展的产品。

（3）网络化。计算机网络是计算机技术和通信技术互相渗透、不断发展的产物。计算机连网可以实现计算机之间通信和资源共享。目前，各种计算机网络，包括局域网和广域网的形成，无疑将加速社会信息化的进程。

（4）智能化。智能化使计算机具有模拟人的感觉和思维过程的能力，使计算机成为智能计算机。这也是目前正在研制的新一代计算机要实现的目标。智能化的研究包括模式识别、图像识别、自然语言的生成和理解、博弈、定理自动证明、自动程序设计、专家系统、学习系统和智能机器人等。目前，已研制出多种具有人的部分智能的机器人。

（5）多媒体化。多媒体计算机是当前计算机领域中最引人注目的高新技术之一。多媒体计算机就是利用计算机技术、通信技术和大众传播技术，来综合处理多种媒体信息的计算机。这些信息包括文本、视频图像、图形、声音、文字等。多媒体技术使多种信息建立了有机联系，并集成为一个具有人机交互性的系统。多媒体计算机将真正改善人机界面，使计算机朝着人类接受和处理信息的最自然的方式发展。

2. 发展非冯·诺依曼结构模式

从第一台电子计算机诞生到现在，无论计算机怎样更新换代，各种类型计算机都以存储程序方式进行工作，仍然属于冯·诺依曼型计算机。按照摩尔定律（Moore's Law），每过 18 个月，微处理器硅芯片上晶体管的数量就会翻一番。随着大规模集成电路工艺的发展，芯片的集成度越来越高，也越来越接近工艺甚至物理的极限。人们认识到，在传统计算机的基础上大幅度提高计算机的性能必将遇到难以逾越的障碍，从基本原理上寻找计算机发展的突破口才是正确的道路。从物理原理上看，科学家们认为以光子、生物和量子计算机为代表的新技术将推动新一轮超级计算技术革命。

（1）光子计算机。光子计算机利用光束取代电子进行数据运算、传输和存储。在光子计算机中，不同波长的光代表不同的数据，可以对复杂度高、计算量大的任务实现快速的并行处理。

随着计算机芯片的处理速度愈来愈快，数据的传送速度而非处理速度成为主要问题。目前计算机使用的金属引线已无法满足大量信息传输的需要。因此，未来的计算机可能是混合型的，即把极细的激光束与快速的芯片相结合。那时，计算机将不采用金属引线，而是以大量的透镜、棱镜和反射镜将数据从一个芯片传送到另一个芯片。这种传送方式称为自由空间光学技术。

自由空间光学技术的原理非常简单。首先，将硅片内的电子脉冲转换为极细的闪烁光束,"1"表示"接通","0"表示"断开"。然后,将数据流通过反射镜和棱镜网络投射到需要数据的地方。在接收端,透镜将每根光束聚焦到微型光电池上,由光电池将闪光重新转换成一系列电子脉冲。

光子计算机有三大优势。光子的传播速度无与伦比,电子在导线中的运行速度与其相比就像蜗牛爬行那样。当今电子计算机的传送速度最高为 10^9 bps,而采用硅—光混合技术后,其传送速度可达到每秒几万亿字节。更重要的是光子不像带电的电子那样相互作用,因此经过同样窄小的空间通道可以传送更多数据。尤其值得一提的是光无须物理连接。如能将普通的透镜和激光器做得很小,足以装在微芯片的背面,那么明天的计算机就可以通过稀薄的空气传送信号了。

1990 年,美国贝尔实验室宣布研制出世界上第一台光子计算机。它采用砷化镓光学开关,运算速度达每秒 10 亿次。尽管这台光子计算机与理论上的光子计算机还有一定距离,但已显示出强大的生命力。目前,光子计算机的许多关键技术,如光存储技术、光存储器、光电子集成电路等都已取得重大突破。然而,要想研制出光子计算机,需要开发出可用一条光束来控制另一条光束变化的光学晶体管。尽管目前可以制造出这样的元件,但它庞大而笨拙,若用它们造成一台计算机,将有一辆汽车那么大。因此,要想短期内使光子计算机实用化还有很大困难。

(2)生物计算机。生物计算机是以生物界处理问题的方式为模型的计算机。生物系统的信息处理过程是基于生物分子的计算和通信过程,因此生物计算又常称为生物分子计算,其主要特点是极大规模并行处理及分布式存储。基于这一认识,通过大量生物分子的识别与自组织可以解决宏观的模式识别与判定问题。近些年受人关注的 DNA 计算也是基于这一思路。但是迄今提出的 DNA 计算模型只适合做组合判定问题,直接进行加减乘除计算还不方便。电子计算机的蓬勃发展基于图灵机的坚实基础,同样,生物计算机作为一种通用计算机,必须先建立与图灵机类似的计算模型。如果解决了计算模型问题,生物计算机将展现出令人难以置信的运算速度和存储容量。

除了 DNA 计算外,生物计算还有另一个发展方向,即在半导体芯片上加入生物分子芯片,将硅基与碳基结合起来的混合技术。例如,科学家发现,蛋白质有开关特性,可以利用蛋白质分子作元件制成生物芯片。因为这种芯片的一个存储点只有一个分子大小,所以它的存储量可以达到普通计算机的 10 亿倍。由蛋白质构成的集成电路,其大小只相当于硅片集成电路的十万分之一,而且运转速度更快,只有 10~11s,大大超过人脑的思维速度。生物计算机元件的密度比大脑神经元的密度高 100 万倍,传递信息的速度也比人脑思维的速度快 100 万倍。

生物芯片传递信息时阻抗小、耗能低,且具有生物的特点,具有自我组织、自我修复的功能。它可以与人结合起来,听从人脑指挥,从人体中吸收营养。把生物计算机植入人的脑内,可以使盲人复明,使人脑的记忆力成千万倍地提高;若是植入血管中,则可以监视人体内的化学变化,使人的体质增强。

(3)量子计算机。量子计算机是遵循量子力学规律进行高速运算、存储及处理量子信息的计算机。量子计算机也由存储器和逻辑门网络组成。但是量子计算机的存储内容和逻辑门与经典计算机却有所不同。对经典计算机来说,信息或者数据由二进制数据位存储，每一个二进制数据位由"0"或"1"表示。在量子力学中，可以利用多个现实状态下的原子构造量子计算机中的数据位。为了与经典计算机相区别，人们称之为量子比特（Quantum bit）。在经典计算机中，每一个数据位要么是"0"，要么是"1"，两者必取其一。与经典计算机数据位不同的是，量子位可以是"0"或"1"也可以同时是"0"和"1"。也就是说，在量子计算机中，数据位的存储内容可以是"0"和"1"的迭加态。在经典计算机里，一个二进制位（bit）只能存储一个数据，n 个二进制位只能存储 n 个一位二进制数或者一个 n 位二进制数，而在量子计算机里，一个量子位可以存储两个数据，n 个量子位可以同时存储 2^n 个数据，从而大大提高了存储能力。和传统的电子计算机相比，量子计算机具有存储量大、解题速度快且具有强大的并行处理能力等优点。

从理论上讲，量子计算机等价于可逆的图灵机。量子计算机具有一些近乎神奇的性质：信息传输可以不需要时间（超距作用），信息处理所需能量可以接近零。

近年来，基于量子力学效应（如量子相干、量子隧穿、库仑阻塞效应等）的固态纳米电子器件研究也取得很大进展。美国劳伦斯伯克利国家实验室的研究人员目前证实，直径为人头发的 1/50000 的中空纯碳纳米管上存在着原子大小的电子器件，这在纳米管器件理论中早有预言，但却首次证实这种器件确实存在。

目前，美国洛斯阿拉莫斯国家实验室的一个小组正在研究量子计算机的原型机。他们使用了一种量子阱激光器。这种激光器是用一层超薄的半导体材料夹在另外两层物质中构成。中间层的电子被圈闭在一个量子平面上，所以只能作二维的运动。贝尔实验室进一步发展了一维的量子导线激光器。科学家们希望进一步从量子导线激光器发展到量子点激光器以获得更好的效果。

量子计算机的另一难点还在于如何连接这些量子器件。印第安纳州圣母玛丽娅大学的研究小组提出了一个设计方案，其基础构件是一个有 4 个量子点的方块。当加进两个电子时，它们便返回到相反的角落。所以这种方块有两种可能的构形：电子或是在它的左上角和右下角，或是在它的右上角和左下角。这正是一个开关所需要的情况——通过邻近方块上电子的运动可以使它迅速地翻转。这样的方块排列起来可以成为量子计算机内部的电线，而且能够实现计算所必须具备的所有逻辑功能。迄今为止，伦特小组只设法制出了几对供测试物理现象的量子点。尽管离应用还很遥远，但初步结果是令人鼓舞的。

不管哪种技术最终被证明是制造量子芯片的最好技术，都还要面对多年艰苦的研究工作。不过，科学家们仍然预见终究将有一天，几兆的量子点会叠放在原来是硅片的层面。这个前景意味着有可能实现针尖上的超级计算机，它已使这种奇特的结构成为量子前沿最火的新兴领域的一部分。

总之，第一代至第四代计算机代表了它的过去和现在，从新一代计算机身上则可以展望到计算机的未来。虽然目前光子计算机和量子计算机都还远没有到实用阶段，到目前为止，人们也还只是搭建出以人脑神经系统处理信息的原理为基础设计的非冯·诺依曼式计算机的模型，但有理由相信，就像查尔斯·巴贝奇 100 多年前的分析机模型和图灵 60 年前的"图灵机"都先后变成现实一样，今日还在研制中的非冯·诺依曼型计算机，将来也必将成为现实。

冯·诺依曼

冯·诺依曼(John von Neumann)是 20 世纪最伟大的科学家之一,如图 1-4 所示。美藉匈牙利人,1903 年 12 月 28 日生于匈牙利的布达佩斯,父亲是一个银行家,家境富裕,

十分注意对孩子的教育。冯·诺依曼从小聪颖过人,兴趣广泛,读书过目不忘。据说他 6 岁时就能用古希腊语同父亲闲谈,一生掌握了 7 种语言。通过刻苦学习,在 17 岁那年,他发表了第一篇数学论文,不久后掌握 7 种语言,又在最新数学分支——集合论、泛函分析等理论研究中取得突破性进展。22 岁,他在瑞士苏黎世联邦工业大学化学专业毕业。一年之后,摘取布达佩斯大学的数学博士学位。转而攻向物理,为量子力学研究数学模型,又使他在理论物理学领域占据了突出的地位。

图 1-4 冯·诺依曼和 EDVAC 计算机

1928 年,美国数学泰斗韦伯伦教授聘请这位 26 岁的柏林大学讲师到美国任教,冯·诺依曼从此到美国定居。1933 年,他与爱因斯坦一起被聘为普林斯顿大学高等研究院的第一批终身教授。虽然计算机界普遍认为冯·诺依曼是"电子计算机之父",数学界却坚持说,冯·诺依曼是 20 世纪最伟大的数学家之一,他在遍历理论、拓扑群理论等方面做了开创性的工作,算子代数甚至被命名为"冯·诺依曼代数"。物理学界表示,冯·诺依曼在 20 世纪 30 年代撰写的《量子力学的数学基础》已经被证明对原子物理学的发展有极其重要的价值,而经济学界则反复强调,冯·诺依曼建立的经济增长模型体系,特别是 20 世纪 40 年代出版的著作《博弈论和经济行为》,使他在经济学和决策科学领域竖起了一块丰碑。1957 年 2 月 8 日,冯·诺依曼因患骨癌逝世于里德医院,年仅 54 岁。他对计算机科学作出的巨大贡献,永远也不会泯灭其光辉。

"电子计算机之父"的桂冠被戴在数学家冯·诺依曼头上,而不是 ENIAC 的两位实际研究者,这是因为冯·诺依曼提出了现代计算机的体系结构。

1944 年夏,戈德斯坦在阿贝丁车站等候去费城的火车,邂逅了闻名世界的大数学家冯·诺依曼教授。戈德斯坦抓住机会向数学大师讨教,冯·诺依曼和蔼可亲,耐心地回答戈德斯坦的提问。听着听着,他敏锐地从这些数学问题里察觉到不寻常。他反过来向戈德斯坦发问,直问得年轻人"好像又经历了一次博士论文答辩"。最后,戈德斯坦毫不隐瞒地告诉他莫尔学院的电子计算机项目。

从 1940 年起,冯·诺依曼就是阿贝丁试炮场的顾问,计算问题也曾使数学大师焦虑万分。他向戈德斯坦表示,希望亲自到莫尔学院看看那台正在研制之中的机器。从此,冯·诺依曼成为了莫尔小组的实际顾问,与小组成员频繁地交换意见。年轻人机敏地提出各种设想,冯·诺依曼则运用他渊博的学识,把讨论引向深入,并逐步形成电子计算机的系统设计思想。在 ENIAC 尚未投入运行前,冯·诺依曼就看出这台机器致命的缺陷,

主要弊端是程序与计算两分离。程序指令存放在机器的外部电路里,需要计算某个题目,必须首先用人工接通数百条线路,需要几十人干好几天之后,才可进行几分钟运算。冯·诺依曼决定起草一份新的设计报告,对电子计算机进行脱胎换骨的改造。他把新机器的方案命名为"离散变量自动电子计算机",英文缩写是 EDVAC。

1945 年 6 月,冯·诺依曼与戈德斯坦、勃克斯等人联名发表了一篇长达 101 页纸的报告,即计算机史上著名的"101 页报告",直到今天,这仍然被认为是现代计算机科学发展里程碑式的文献。报告明确规定出计算机的五大部件,并用二进制替代十进制运算。EDVAC 方案的革命意义在于"存储程序",以便计算机自动依次执行指令。人们后来把这种"存储程序"体系结构的机器统称为"冯·诺依曼机"。由于种种原因,莫尔小组发生令人痛惜的分裂,EDVAC 无法被立即研制。1946 年 6 月,冯·诺依曼和戈德斯坦、勃克斯回到普林斯顿大学高级研究院,先期完成了另一台 ISA 电子计算机(ISA 是高级研究院的英文缩写),普林斯顿大学也成为电子计算机的研究中心。

直到 1951 年,在极端保密情况下,冯·诺依曼主持的 EDVAC 计算机才宣告完成。它不仅可应用于科学计算,而且可用于信息检索等领域,主要缘于"存储程序"的威力。EDVAC 只用了 3563 只电子管和 1 万只晶体二极管,以 1024 个 44 比特汞延迟线来储存程序和数据,消耗电力和占地面积只有 ENIAC 的 1/3。

最早问世的内储程序式计算机既不是 ISA,也不是 EDVAC,英国剑桥大学威尔克斯(M. Wilkes)教授抢在冯·诺依曼之前捷足先登。威尔克斯 1946 年曾到宾夕法尼亚大学参加冯·诺依曼主持的培训班,完全接受了冯·诺依曼内储程序的设计思想。回国后,他立即抓紧时间,主持新型计算机的研制,并于 1949 年 5 月制成了一台由 3000 只电子管为主要元件的计算机,命名为 EDSAC(电子储存程序计算机)。威尔克斯后来还摘取了 1967 年度计算机世界最高奖——图灵奖。

在冯·诺依曼研制 ISA 计算机的期间,美国涌现了一批按照普林斯顿大学提供的 ISA 照片结构复制的计算机。如洛斯阿拉莫斯国家实验室研制的 MANIAC,伊利诺伊大学制造的 ILLAC。雷明顿—兰德公司科学家沃尔(W. Ware)甚至不顾冯·诺依曼的反对,把他研制的机器命名为 JOHNIAC("约翰尼克","约翰"即冯·诺依曼的名字)。冯·诺依曼的大名已经成为现代计算机的代名词,1994 年,沃尔被授予计算机科学先驱奖,而冯·诺依曼本人则被追授予美国国家基础科学奖。

习题 1

一、选择题

1. 从第一代计算机到第四代计算机的体系结构都是相同的,都是由运算器、控制器、存储器以及输入输出设备组成的,称为(   )体系结构。

    A. 艾伦·图灵   B. 罗伯特·诺依斯

    C. 比尔·盖茨   D. 冯·诺依曼

2. 计算机的发展阶段通常是按计算机所采用的（　　）来划分的。

    A. 内存容量   B. 电子器件

    C. 程序设计语言   D. 操作系统

3. 目前制造计算机所采用的电子器件是（　　）。

    A. 晶体管   B. 超导体

    C. 中小规模集成电路   D. 超大规模集成电路

4. 在软件方面，第一代计算机主要使用（　　）。

    A. 机器语言   B. 高级程序设计语言

    C. 数据库管理系统   D. BASIC 和 FORTRAN

5. 世界上第一台电子数字计算机取名为（　　）。

    A. UNIVAC   B. EDSAC   C. ENIAC   D. EDVAC

6. 从第一台计算机诞生到现在的几十年中，按计算机采用的电子器件来划分，计算机的发展经历了（　　）个阶段。

    A. 4   B. 6   C. 7   D. 3

7. 现代计算机之所以能自动地连续进行数据处理，主要是因为（　　）。

    A. 采用了开关电路   B. 采用了半导体器件

    C. 具有存储程序的功能   D. 采用了二进制

8. 个人计算机简称 PC。这种计算机属于（　　）。

    A. 微型计算机   B. 小型计算机

    C. 超级计算机   D. 巨型计算机

9. 计算机辅助教学的英文缩写是（　　）。

    A. CAD   B. CAI   C. CAM   D. CAT

二、简答题

1. 计算机的发展经历了哪几个阶段？计算机的主要特点是什么？

2. 按性能来分，计算机可分为哪几类？各类的特点是什么？

3. 计算机主要应用在哪几个方面？

4. 什么是信息？什么是数据？什么是信息素养？

第2章

计算机系统

随着计算机技术的蓬勃发展,计算机普遍应用于现代社会的各个领域。为了更好地使用计算机,不仅要学习计算机软件的使用,更要了解计算机硬件的相关知识。本章主要介绍计算机系统概述、计算机硬件系统及其工作原理、微型计算机硬件设备以及计算机软件系统等。

2.1 计算机系统概述

一个完整的计算机系统包括硬件系统和软件系统两部分,如图2-1所示。

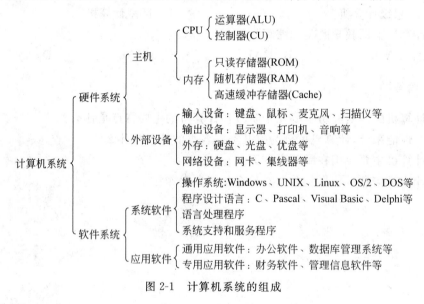

图 2-1 计算机系统的组成

硬件是计算机组成部分中客观存在的物理设备。硬件系统是组成计算机系统的各种物理设备的总称,是计算机系统的物质基础,如中央处理器(CPU)、存储器、外部设备等。早期的计算机只有硬件部分,没有任何软件支持,称为"裸机"。裸机只能识别由0和1组成的二进制代码。

软件是指计算机系统中与硬件相互依存的程序、数据及其相关文档的集合。软件系统是计算机系统中各种软件的总称,是计算机系统的灵魂。对于现代多媒体计算机,软件已经是不可缺少的部分,甚至计算机的正常使用也要依赖于各种软件。由于计算机软件的种类繁多,通常,将软件系统分为系统软件和应用软件两大类。

计算机硬件和软件既相互依存,又互为补充。硬件是软件的物质支持,软件是计算机应用的灵魂。没有软件的硬件,用户无法直接使用,而没有硬件对软件的支持,软件的功能则无从谈起,因此,只有将这两者有效地结合起来,计算机系统才能成为有生命、有活力的系统。随着计算机技术的发展,硬件和软件的功能已经没有明显的界线,计算机的某些功能既可以将原本由软件实现的功能以硬件的方式来实现,称为固化,如系统引导程序被固化在 ROM 芯片中,提高了系统启动速度;也可以将原本由硬件实现的功能以软件的方式来实现,如现在多媒体计算机中一般通过播放软件实现对视频信息的处理(包括获取、编码、压缩、存储、解压缩和回放等),与原来的视频卡相比,提高了灵活性和适应性。

2.2 计算机硬件系统和工作原理

2.2.1 计算机硬件系统

1946 年,美籍匈牙利数学家冯·诺依曼和他的同事们研制了 EDVAC。他们根据图灵机的思想,在 EDVAC 中采用了"存储程序"的概念,并在题为《电子计算装置逻辑设计的初步讨论》的论文中,系统深入地阐述了以存储程序概念为指导的计算机逻辑设计思想,勾画出了新的计算机的基本结构。因此,EDVAC 的出现是计算机发展史上的里程碑,是标志着计算机时代的真正开始。现代计算机系统虽然在各个方面都有了很大改变,但基本结构没有变,仍然属于冯·诺依曼型计算机。

它的主要特点可以概括如下。

(1) 计算机应由五大基本部分组成,即运算器、控制器、存储器、输入设备和输出设备。计算机的基本结构,如图 2-2 所示。

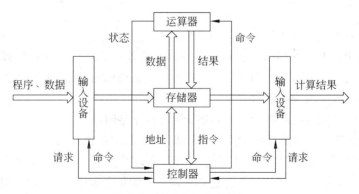

图 2-2　计算机的基本结构

（2）采用存储程序的方式，将程序和数据存放在存储器中。

（3）计算机内部应采用二进制表示程序（指令）和数据，并按地址进行访问。每条指令一般具有操作码和地址码。其中操作码表示运算性质，地址码指出操作数在存储器中的地址。

1. 运算器

运算器是计算机中处理数据的核心部件。它由对信息或数据进行处理的算术逻辑单元（Arithmetical Logic Unit，ALU）、存放操作数和中间结果的寄存器组以及连接各部件的数据通道组成。它的主要功能是进行算术运算和逻辑运算，因此，人们又把运算器称为算术逻辑单元。

在计算机中，不管多么复杂的运算，都是通过基本的算术运算和逻辑运算实现的。算术运算是指加、减、乘、除等基本运算；逻辑运算是指关系比较、逻辑判断以及其他的基本逻辑运算，如"与 AND"、"或 OR"、"非 NOT"等。尽管运算器只能做这些简单的运算，但由于它的运算速度极快，因此，计算机处理信息和数据的速度也很快。

运算器由控制器统一控制，不断地读取内存储器中的数据进行运算，并将运算的结果再送回到内存储器中。

2. 控制器

控制器（Control Unit，CU）是计算机中控制管理的核心部件。它是由程序计数器（PC）、指令寄存器（IR）、指令译码器（ID）、时序控制电路和微操作控制电路等组成。其主要功能是指挥计算机系统中的各个部件按照指令的功能要求协调工作。通过事先编写好的程序，计算机在控制器的指挥下可以进行有条不紊地工作，并自动执行程序。在系统运行过程中，通过编译程序自动生成由计算机指令组成的可执行程序并存入内存中，由控制器依次从内存中取出指令、分析指令、向计算机的各个部件发出微操作控制信号，指挥它们高速协调工作。

中央处理器（Central Process Unit，CPU）由运算器和控制器组成，是计算机中的核心部分。

3. 存储器

存储器是计算机用来存储数据和程序的记忆装置。计算机中的信息都是以二进制代码表示的，因此必须使用具有两种稳定状态的物理器件来存储信息。这些物理器件主要是磁心、半导体器件、次表面器件等。

根据功能的不同，存储器一般分为内存储器和外存储器。

（1）内存储器。内存储器（又称为主存储器，简称内存或主存）用来存放正在执行的程序和数据，可以与 CPU 直接交换信息。内存被划分为很多的单元，称为"存储单元"，存储单元中只能存放"0"和"1"。不论输入任何形式的信息和数据，计算机都将把它们转化为二进制形式写入内存中。每个存储单元都有唯一的编号，称为存储单元的地址。存储器采用按地址存取的工作方式，即当计算机要把程序或数据存入存储单元或从存储单元取出时,首先要提供存储单元的地址,然后查找相应的存储单元才能进行程序或数据的存取。

内存要与计算机的各个部件进行数据传送:输入设备输入的程序和数据要先送入内存;CPU 读取内存中的程序和数据进行处理,经过运算产生的中间结果和最终结果又被保存在内存中;输出设备将内存中的数据输出;如果内存中的信息要想长期保存,应送到外存储器中。因此,内存的存取速度直接影响计算机的运算速度。

按照存取方式,内存取器分为随机存取存储器和只读存取存储器两种。

① 随机存取存储器(Random Access Memory,RAM)。RAM 用来存放正在运行的程序及所需要的数据,具有存取速度快、集成度高、电路简单等优点。它与 CPU 之间进行频繁地数据交换,但是,一旦关机断电,RAM 中的信息将全部丢失。人们通常说的计算机内存指的就是 RAM。

② 只读存取存储器(Read Only Memory,ROM)。ROM 用来存放监控程序、系统引导程序等专用的程序,由于这些程序已经被固化在存储器中,因此,即使断电,这些信息也不会丢失。在正常工作环境下,CPU 只能读取其中的信息而不能写入信息,如基本输入输出系统(Basic Input/Output System,BIOS)。

(2) 外存储器。外存储器(又称为辅助存储器,简称外存或辅存)用来存放"暂时不用"的程序和数据,可以长期保存,其特点是存储容量大、成本低、但存取速度相对较慢。外存储器中的程序和数据不能直接被运算器和控制器处理,必须先调入内存。目前广泛使用的外存储器主要有磁盘、光盘、优盘等。

存储器容量是指存储器中最多可以存放数据的总和,存储器只能识别"0"和"1"组成的二进制数。其基本单位是字节(Byte,B)。计算机规定每个字节由 8 个二进制位(bit,b)组成,即 1B＝8b。计算机的内存容量指的是 RAM 的容量。

常用的存储器容量单位有 B、KB、MB、GB、TB。它们之间的换算如下:

1KB＝1024B 1MB＝1024KB 1GB＝1024MB 1TB＝1024GB

4. 输入设备

将用户输入的程序和数据的信息转换成计算机可以识别的二进制代码存入到内存中的装置叫输入设备。常用的输入设备有键盘、鼠标、光笔、扫描仪、触摸屏、传声器(俗称麦克风)等。

5. 输出设备

将存放在计算机内存中 CPU 处理后的结果转换为人们可以识别的信息的装置叫做输出设备。常用的输出设备有显示器、打印机、绘图仪、音响、耳机等。

主存、运算器和控制器统称为主机。输入设备和输出设备统称为输入输出设备(Input/Output device),简称 I/O 设备。除主机之外的所有设备通常称为外部设备,简称外设。主机和外部设备组成一台计算机。

2.2.2 计算机工作原理

计算机运行程序的过程实际上就是执行指令的过程。

1. 指令及其格式

指令是能被计算机识别并执行的二进制代码,它规定了计算机能完成的某一种操作。例如,加、减、乘、除、存数、取数等都是一个基本操作,分别用一条指令来实现。

计算机硬件只能识别并执行机器指令,用高级语言编写的源程序必须由程序语言翻译系统把它们翻译成机器指令后,计算机才能执行。

计算机指令常用二进制代码表示,指令长度是指组成二进制代码的位数。一般一条指令有操作码和操作数两部分组成。其中,操作码规定了该指令进行的操作种类,如加、减、乘、除等;操作数部分指定参加操作的数的本身或操作数所在的地址、结果存放的地址以及下一条指令的地址。指令的一般格式,如图2-3所示。

操作码	操作数

图 2-3 指令的一般格式

(1)操作码。操作码是指明该指令要完成的操作。操作码的位数决定了一个机器操作指令的条数。当使用定长操作码格式时,若操作码位数为 n,则指令条数可有 2^n 条。

(2)操作数。操作数是指明指令执行操作的过程中所需要的操作数。操作数可以是操作数本身,也可以是操作数地址或是地址的一部分,还可以是指向操作数地址的指针或其他有关操作数的信息。操作数可以有一个、两个或三个,通常称为一地址、二地址或三地址指令。

2. 指令系统

计算机是通过执行指令序列来解决问题的,因此一台计算机所能执行的所有指令的集合,称为该计算机的指令系统。

从简化计算机硬件结构、降低成本方面考虑,早期计算机的指令系统都比较简单,条数少、运算功能弱、能处理的数据只是定点小数,使用非常困难。到了20世纪七八十年代,随着集成电路和超大规模集成电路的出现与发展,计算机硬件成本下降,相应的软件成本所占比例迅速增加;计算机的指令系统日渐变得复杂和完备,指令条数多达三五百条;寻址方式也趋于多样化,能直接处理的数据类型更多,构成了复杂指令系统的计算机(CISC)。20世纪80年代初,人们又发现,一味追求指令系统的复杂和完备程度,也不是提高计算机性能的唯一途径,于是重新提出了简化指令系统的计算机(RISC)的概念并予以实现,充分考虑了超大规模集成电路设计、制作中的问题和当前软件研究的某些成果,从硬、软件结合的角度解决了许多矛盾,从而取得了成功。

不同类型的计算机,指令系统的指令条数有所不同。但无论是哪种类型的计算机,指令系统一般都应具有以下指令。

(1)数据传送指令。数据传送指令负责把数据、地址传送到寄存器或存储单元中。它一般分为通用数据传送指令、累加器专用传送指令、地址传送指令和标志寄存器传送指令。

(2)数据处理指令。数据处理指令只要是对操作数进行算术运算和逻辑运算。常用的算术运算指令有加、减、乘、除指令,逻辑运算指令有逻辑与、逻辑或、逻辑非、异或等指令。

（3）程序控制转移指令。程序控制转移指令是用来控制程序中指令的执行顺序,如条件转移、无条件转移、循环、子程序调用、子过程返回、中断、停机等。

（4）输入输出指令。用来实现外部设备与主机之间的数据传输。

（5）其他指令。对计算机的硬件进行管理等。

要确定一台计算机的指令系统并评价其优劣,通常应从如下4个方面考虑:

（1）指令系统的完备性,常用指令齐全,编程方便。

（2）指令系统的高效性,程序占内存空间少,运行速度快。

（3）指令系统的规整性,指令和数据使用规则统一简单,易学易记。

（4）指令系统的兼容性,统一系列的低档计算机的程序能在新的高档机上直接运行。

要同时满足上述标准是困难的,但它可以指导人们设计出更加合理的指令系统。

3. 计算机的工作原理

计算机的工作过程实际上是快速地执行指令的过程。从图2-4可知,当计算机在工作时,有两种信息在执行指令的过程中流动:数据流和控制流。

数据流是指原始数据、中间结果、结果数据、源程序等。控制流是由控制器对指令进行分析、解释后向各部件发出的控制命令,指挥各部件协调地工作。

以下以指令070740H(累加器加法指令)的执行过程为例来了解计算机的基本工作原理。指令070740H的功能是取0740H存储单元内的数据与累加器中的数据相加,并将结果存储在累加器中。图2-4显示了指令的执行过程,分为以下3个步骤。

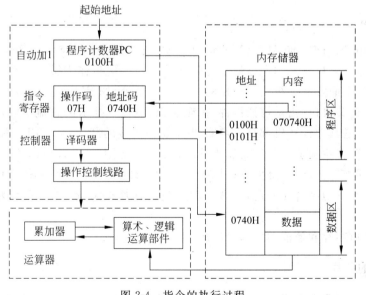

图 2-4 指令的执行过程

（1）取指令。假设程序计数器PC的地址为0100H,从内存储器中取出指令070740H,并送往指令寄存器。

（2）分析指令。对指令寄存器中存在的指令070740H进行分析,由译码器对操作码

07H进行译码,将指令的操作码转换成相应的控制电位信号,由地址码0740H确定操作数地址。

（3）执行指令。由操作控制线路出发完成该操作所需要的一系列控制信息,来完成该指令所要求的操作。例如做加法指令,取内存单元0740H的值和累加器的值相加,结果还是放在累加器中。一条指令执行完毕,程序计数器加1或将转移地址码送入程序计数器,然后回到第一步。

一般把计算机完成一条指令所花费的时间成为一个指令周期,指令周期越短,指令执行越快。通常所说的CPU主频或工作频率,就反映了指令执行周期的长短。

计算机在运行时,CPU从内存读取一条指令到CPU内执行,指令执行完后,再从内存读出下一条指令到CPU内执行。CPU不断地取指令、分析指令、执行指令,这就是程序的执行过程。

总之,计算机的工作就是执行程序,即自动连续地执行一系列指令,而程序开发人员的工作就是编制程序。一条指令的功能虽然有限,但是由一系列指令组成的程序可完成的任务是无限的。

2.3　微型计算机硬件设备

本节将从实际应用的角度出发,通过一台普通台式计算机,详细介绍微型计算机硬件系统。

2.3.1　主板

主板(Main Board)又叫母板(Mother Board)或系统主板(System Board),安装在机箱内部,是微型计算机最基本也是最重要的部件之一。主板作为微型计算机中最大的一块集成电路板,上面安装了组成计算机的主要电路系统,如BIOS芯片、I/O控制芯片、键盘和面板控制开关接口、指示灯插接件、扩充插槽、主板及插卡的直流电源供电接插件等元件;同时它也是其他计算机部件和各种外部设备连接的载体,如CPU、内存、显卡等部件通过插槽安装在主板上,硬盘、光驱等外部设备在主板上也有各自的接口,有些主板还集成了声卡、网卡等部件,以降低整机成本。在微型计算机中,所有其他部件和各种外部设备通过主板有机地结合在一起,组成一套完整的计算机系统。图2-5所示是一个典型的系统主板。

主板主要由芯片和插槽两大部分组成。

1. 主板的芯片

主板的芯片主要分为芯片组(南桥芯片和北桥芯片)、BIOS芯片和集成的显卡、声卡、网卡等芯片,芯片组是主板的核心组成部分,决定了主板的全部功能,按照在主板上的排列位置的不同,芯片组通常分为北桥芯片和南桥芯片。

（1）北桥芯片(North Bridge)决定了主板使用的CPU的类型、主板的系统总线频率,内存类型、容量和性能,显卡插槽规格;主要负责处理CPU、内存、显卡三者间的数据交换,因为北桥芯片的数据处理量非常大,发热量也非常大,所以现在的北桥芯片都覆盖着散热片用来加强北桥芯片的散热,有些主板的北桥芯片还会配合风扇进行散热。一般来说,芯片组的名称就是以北桥芯片的名称来命名的,例如英特尔 845E 芯片组的北桥芯片是 82845E,875P 芯片组的北桥芯片是 82875P。

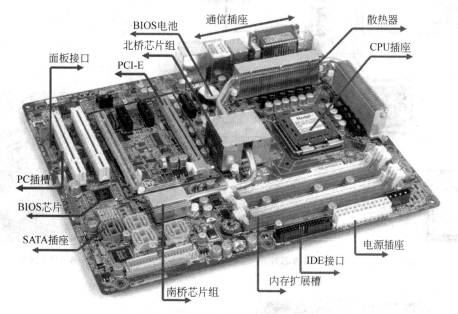

图 2-5　系统主板

（2）南桥芯片（South Bridge）决定了扩展槽的种类与数量、扩展接口的类型和数量（如 USB 2.0、USB 3.0、IEEE 1394、串口、并口、笔记本的 VGA 输出接口）等;主要负责硬盘等存储设备和 PCI 之间的数据流通。一般位于 PCI 插槽的附近,这种布局是考虑到它所连接的 I/O 总线较多,离处理器远一点有利于布线。相对于北桥芯片来说,其数据处理量并不算大,所以南桥芯片一般都没有覆盖散热片。南桥芯片不与处理器直接相连,而是通过一定的方式与北桥芯片相连。北桥芯片和南桥芯片的布局,如图 2-6 所示。

目前芯片组主要由 Intel、AMD-ATI 两家公司生产,虽然不同的南桥芯片和北桥芯片之间存在一定的对应关系,但是只要连接总线相符并且针脚兼容,主板厂商完全可以随意组合搭配。

2. 主板的插槽

（1）CPU 插座是主板上最重要的插座,一般位于主板的右侧,它的上面布满了一个个的"针孔"或"触角",边上还有一个固定 CPU 的拉杆。目前主流的 CPU 插座主要有 Intel 公司的 LGA 1155 插座和 AMD 公司的 Athlon 64、Athlon 64 X2 等 CPU 用的 Socket AM2 插座,如图 2-7 和图 2-8 所示。

（2）内存插槽是指主板上用来插硬件内存条的插槽。主板所支持的内存种类和容量都由内存插槽决定,内存插槽一般位于 CPU 插座下方。图 2-9 所示是 DDR SDRAM 插槽,这种插槽的线数为 184 线。

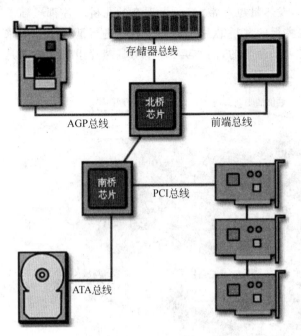

存储器总线

北桥芯片

AGP总线

前端总线

南桥芯片

PCI总线

ATA总线

图 2-6　北桥芯片和南桥芯片

图 2-7　LGA 1155 插座

图 2-8　Socket AM2 插座

图 2-9　DDR3 内存插槽

（3）总线扩展槽是用于扩展计算机功能的插槽，一般主板都有 1～8 个扩展槽，其上可以插入任意的标准选件，如显卡、声卡、网卡。常见的总线扩展槽主要有 PCI、AGP、PCI Express(PCI-E)、CNR 等。

3. 主板架构

主板架构即主板的板型布局。由于主板是计算机中各种设备的连接载体，而这些设备又各不相同，加之主板本身也有芯片组、各种 I/O 控制芯片、扩展插槽、扩展接口、电源插座等元器件，因此，制定一个标准以协调各种设备的关系是必需的。所谓主板架构，就是根据主板上各元器件的布局排列方式、尺寸大小、形状、所使用的电源规格等，制定出的通用标准，所有主板厂商都必须遵循。

主板的架构主要有 ATX 和 BTX 两类。

ATX 是市场上最常见的主板,也就是常说的"大板",它的尺寸是 $(305 \times 244)\text{mm}^2$,如图 2-10 所示。ATX 主板插槽多,扩展性较强。

Micro ATX 主板实际上是 ATX 主板的"精简版",尺寸是 $(244 \times 244)\text{mm}^2$,把扩展插槽减少为 3~4 只,DIMM 插槽为 2~3 个,从横向减小了主板宽度,其总面积减小约 0.92in^2,比 ATX 标准主板结构更为紧凑,如图 2-11 所示。

图 2-10　ATX 主板　　　　　　　图 2-11　Micro ATX 主板

英特尔提出的 BTX(Balanced Technology Extended,新型主板)架构,是 ATX 结构的替代者。系统结构将更加紧凑;针对散热和气流的运动,对主板的线路布局进行了优化设计;主板的安装将更加简便,机械性能也将经过最优化设计,而且 BTX 提供了很好的兼容性,对目前流行的新总线和接口,例如 PCI Express 和串行 ATA 等,也在 BTX 架构主板中得到很好的支持,如图 2-12 所示。

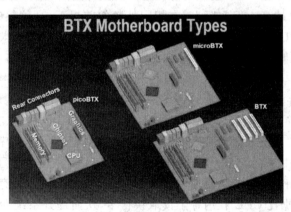

图 2-12　BTX 主板

2.3.2　CPU

中央处理器(CPU)是一个体积不大而集成度非常高、功能强大的芯片,是计算机的核心。计算机的所有操作都受 CPU 控制,其性能直接反映计算机系统的性能,其运行速度直接影响计算机的运行速度。CPU 性能的优劣主要取决于以下几点。

1. 主要性能指标

(1) 主频。主频(Clock Speed)也叫时钟频率,表示在 CPU 内数字脉冲信号振荡的速度,也就是 CPU 运算时的工作频率,其单位是赫兹(Hz)。一般说来,主频越高,CPU 的速度就越快,整机运行速度也就越快。迄今为止,Intel 发布了一款双核 Xeon 处理器 Xeon X5698,其默认主频高达 4.4GHz。但是要注意的是,CPU 的运算速度不仅仅取决于主频,还受到其他许多因素的影响,例如 CPU 的位数、核心的数量、线程的多少、指令集、高速缓存等,所以在一定情况下,很可能会出现主频较高的 CPU 实际运算速度较低的现象。

(2) 外频。外频是系统总线的时钟频率,简称总线频率,也就是 CPU 与主板之间同步运行的速度,其单位是赫兹(Hz)。外频主要由主板决定,外频越高,CPU 就可以同时接收更多的来自外围设备的数据,从而使整个系统的速度进一步提高。

(3) 前端总线频率。前端总线(Front Side Bus,FSB)是将 CPU 连接到北桥芯片的总线,是 CPU 和外界交换数据的唯一通道。前端总线频率(即总线频率)是直接影响 CPU 与内存直接数据交换速度。有一个公式可以计算,即 FSB 数据传输速度=(FSB 频率×FSB 数据位宽)/8,也就是说数据传输最大带宽取决于所有同时传输的数据的宽度和传输频率。例如,前端总线是 800MHz,按照公式,它的数据传输最大带宽是 6.4GBps。

目前 PC 上所能达到的前端总线频率有 266MHz、333MHz、400MHz、533MHz、800MHz、1.066GHz 和 1.333GHz 几种,前端总线频率越大,代表着 CPU 与内存之间的数据传输量越大 CPU 的功能越强大。

(4) 倍频。倍频是指 CPU 主频与外频之间的相对比例关系。在相同的外频下,倍频越高 CPU 的频率也越高。但实际上,在相同外频的前提下,高倍频的 CPU 本身意义并不大。这是因为 CPU 与系统之间数据传输速度是有限的,一味追求高主频而得到高倍频的 CPU 就会出现明显的"瓶颈"效应。主频、外频和倍频三者是有十分密切的关系的:主频=外频×倍频。

(5) 高速缓冲存储器(Cache)。高速缓冲存储器简称为缓存,是位于 CPU 与内存之间进行高速数据交换的存储器,运行频率非常高,一般与 CPU 同频工作。为什么要引入缓存? 在解释之前必须先了解程序的执行过程,首先从硬盘执行程序,存放到内存,再给 CPU 运算与执行。由于内存和硬盘的速度相比 CPU 实在慢太多了,每执行一个程序 CPU 都要等待内存和硬盘,引入缓存技术便是为了解决此矛盾,缓存与 CPU 速度一致,CPU 从缓存读取数据比 CPU 在内存上读取快得多,从而提升系统性能。因此,Cache 容量也是决定 CPU 性能的重要指标之一,在同等条件下增加 Cache 容量能提高 CPU 的执行速度。当然,由于 CPU 芯片面积和成本等原因,缓存都很小。目前 CPU 的缓存分为一级缓存(L1 Cache)、二级缓存(L2 Cache)和三级缓存(L3 Cache)。

L1 Cache,早期的 CPU 内部只集成了一级缓存,分为数据缓存和指令缓存,由于受到 CPU 芯片的限制一级缓存的容量不可能做得太大,一般服务器 CPU 的 L1 缓存的容量通常在 32~4096KB。

L2 Cache 是 CPU 的第二层高速缓存,早期放置在主板上,运行速度只有主频的一半。现在已经成功集成在 CPU 内部并以 CPU 相同速度的频率工作,称为全速二级高速缓存。原则上二级缓存越大越好,在 CPU 核心不变化的情况下,增加二级缓存容量能使性能大幅度提高。而同一核心的 CPU 高低端之分往往也是在二级缓存上有差异,由此可见二级缓存对于 CPU 的重要性。

L3 Cache 是为读取二级缓存未命中的数据设计的一种缓存,在拥有三级缓存的 CPU 中,只有约 5% 的数据需要从内存中调用,它的应用可以进一步降低内存延迟,同时提升大数据量计算时处理器的性能,对运行大型游戏都很有帮助。

(6) 多核心与超线程。虽然提高主频能有效提高 CPU 性能,但受限于制作工艺等物理因素,早在 2004 年,提高频率便遇到了瓶颈,于是 Intel 公司和 AMD 公司只能另辟途径来提升 CPU 性能,双核、多核 CPU 便应运而生。目前主流 CPU 有双核、四核和六核。实际上增加核心数目就是为了增加线程数,因为操作系统是通过线程来执行任务的,一般情况下它们是 1:1 对应关系,也就是说四核 CPU 一般拥有 4 个线程。但 Intel 公司引入超线程技术后,使核心数与线程数形成 1:2 的关系,如六核 Intel 酷睿 i7 980X 支持 12 线程(或叫做 12 个逻辑核心),大幅提升了其多任务、多线程性能。

超线程技术(Hyper-Threading,HT),最早出现在 2002 年的 Pentium 4 上,它是利用特殊的硬件指令,把单个物理核心模拟成两个核心(逻辑核心),让每个核心都能使用线程级并行计算,进而兼容多线程操作系统和软件,减少了 CPU 的闲置时间,提高 CPU 的运行效率。根据评测结果显示,开启超线程的 Core i7 处理器多任务性能提升 20~30%。

(7) 位和字长。CPU 在单位时间内(同一时间)能一次处理的二进制数的位数叫字长。所以能处理字长为 8 位数据的 CPU 通常就叫 8 位的 CPU,同理 64 位的 CPU 在单位时间内可以处理字长为 64 位的数据。

(8) 制造工艺。制造工艺是指生产 CPU 的技术水平,改进制作工艺,就是通过缩短 CPU 内部电路与电路之间的距离,使同一面积的晶圆上可实现更多功能或更强性能。制造工艺虽然不会直接影响 CPU 的性能,但它可以极大地影响 CPU 的集成度和工作频率,制造工艺越精细,CPU 可以达到的频率越高,集成的晶体管就可以更多。从早期的 $0.5\mu m$、$0.13\mu m$ 到现在的 45nm、32nm。

2. CPU 产品

目前市场上的 CPU 主要由两家公司生产,即 Intel 公司和 AMD 公司。

(1) Intel 系列。Intel 公司成立于 1968 年,是全球最大的半导体芯片制造商,同时也是计算机、网络和通信产品的领先制造商。1971 年,Intel 公司推出了全球第一个微处理器 4004,如图 2-13 所示。为日后开发系统智能功能以及个人计算机奠定发展基础,其晶体管数目约为 2300 颗。微处理器所带来的计算机和互联网革命,改变了整个世界。

Intel 公司目前生产的 CPU 主要有台式计算机 CPU、笔记本计算机 CPU 和服务器 CPU。台式计算机 CPU 主要有奔腾(Pentium)、赛扬(Celeron)和酷睿(Core)3 个系列。其中奔腾系列是 1993 年推出的第五代 CPU,当时 Pentium 处理器集成了 310 万个晶体管,最初推出的初始频率是 60MHz、66MHz,后来提升到 200MHz 以上。第一代 Pentium 系列,如图 2-14 所示。

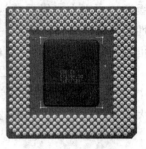

图 2-13　4004 微处理器　　　　　　　　　　　　图 2-14　第一代 Pentium

随着电子技术和制造工艺的不断提高,Pentium 系列处理器经过了 Pentium MMx、Pentium Ⅱ、Pentium Ⅲ、Pentium 4、Pentium M 和 Pentium D/E;直到 2006 年酷睿的出现才这正退出了历史舞台。

Pentium M 是 Intel 公司专门为笔记本计算机推出的移动 CPU(Mobile CPU),它除了追求性能,也追求低热量和低耗电。其实最早的笔记本计算机直接使用台式计算机的 CPU,但是随着 CPU 主频的提高,台式计算机 CPU 发热量大,耗电量高的问题在笔记本计算机中无法得到解决,因此出现了专门为笔记本设计的 Mobile CPU,它的制造工艺往往比同时代的台式计算机 CPU 更加先进,因为 Mobile CPU 中会集成台式计算机 CPU 中不具备的电源管理技术,而且会先采用更高的微米精度。目前市场比较流行的笔记本计算机 CPU 是 Intel 酷睿 i7 3612QM 和 Intel 酷睿 2 T9500。

Celeron 系列是 Pentium 系列的低价版本,使用与 Pentium 相同的核心,但减少高速缓存,主要应用于低端市场。

Core 系列是 Intel 公司于 2005 年推出的新一代 CPU,它的出现转变了 CPU 发展的方向,由以前靠提高主频来提高性能,转向了通过在一个 CPU 中集成多个核心来提升 CPU 的整体性能。迄今为止,Intel 公司已经推出了 3 代酷睿处理器,目前市场上最新的第三代酷睿处理器采用 22nm 的制造工艺,集成了多达 6 个核心,如图 2-15 所示。

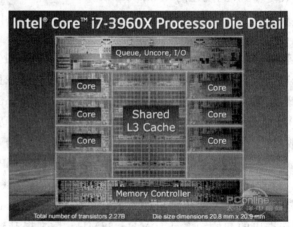

图 2-15　新一代酷睿处理器 i7 3960X

（2）AMD 系列。AMD（Advanced Micro Devices）是全球第二大计算机芯片生产商，也是 Intel 公司的最有力竞争对手。AMD 生产的 CPU 主要有毒龙（Duron）、闪龙（Sempron）、速龙（Athon）、炫龙（Turion）、羿龙（Phenom）和推土机（FX）系列等。

早期的毒龙和现在的闪龙相当于 Intel 的赛扬。它们是速龙的廉价版，核心技术相同，而二级缓存减少为一半。速龙是 AMD 公司 CPU 的代表作，相当于 Intel 公司的 Pentium。炫龙和羿龙都是是 64 位的 CPU，前者主要用于笔记本计算机，有单核的 Turion 64 和双核的 Turion 64×2；后者主要用于台式机，又分为三核的 Phenom X3 的和四核的 X4。

图 2-16　AMD 炫龙移动式处理器

AMD 公司推出的移动式处理器——AMD Turion 64，是一款 64 位的具有移动计算机技术的处理器，移动计算技术可以利用移动计算领域的最新成果，提供最高的移动办公能力，如图 2-16 所示。

2.3.3　内存储器

内存储器（简称内存）是计算机中重要的部件之一，它是与 CPU 进行沟通的桥梁。计算机中所有程序的运行都是在内存中进行的，通常把要永久保存的、大量的数据存储在外存上，而把一些 CPU 中正在运行的程序和数据放在内存上，因此内存的性能对计算机的影响非常大。

内存储器内一般采用半导体存储单元，可以分为 3 种类型：随机存储器（RAM），只读存储器（ROM）以及高速缓存存储器（Cache）。人们通常所说的内存是指 RAM。

1. RAM

对于 RAM，存储单元的内容可按其地址随机进行存取，且存取的速度与存储单元的位置无关。RAM 的主要特点就是数据存取速度快，但是断电后数据不能保存。

RAM 的主要性能指标有两个：工作频率和存储容量。

工作主频和 CPU 的主频一样，习惯上被用来表示内存运行速度，它代表着该内存所能达到的最高工作频率。内存主频是以赫兹（Hz）为单位来计量的。在一定程度上内存主频越高代表内存所能达到的速度越快。目前市场上能够见到的内存条主要有 DDR1、DDR2 和 DDR3，如图 2-17 所示。较为主流的是内存频率 1600MHz 的 DDR3 内存条。速度最快的 DDR3 内存工作频率已经可以达到 2400MHz。

早期的 RAM 是以芯片的形式集成在主板上的，体积很小，存储容量也非常小，直到 1982 年后，RAM 才以内存条的形态出现，目前市场上出售的内存条的存储容量已经可以达到 8GB。

2. ROM

ROM 主要用于存放计算机的启动程序，如图 2-18 所示。由于 ROM 中的信息是被固化芯片上的，因此即使机器停电，这些数据也不会丢失。与 RAM 相比，ROM 的数据只

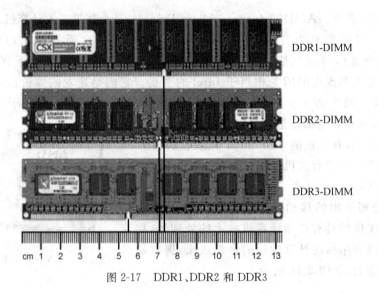

图 2-17　DDR1、DDR2 和 DDR3

能被读取而不能写入,如果想要修改,就需要紫外线来擦除。

在计算机开机时,CPU 加电并且开始准备执行程序。此时,RAM 中没有任何程序和数据,用户看到的信息都来自于 ROM 中 BIOS 程序,这些程序提示计算机如何访问硬盘、加载操作系统并显示启动的相关信息。计算机启动的大致步骤,如图 2-19 所示。

图 2-18　ROM 芯片

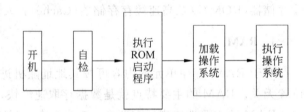

图 2-19　计算机启动的大致步骤

3. Cache

Cache 位于 CPU 与内存之间,是一个高速小容量的临时存储器。当 CPU 向内存中写入或读出数据时,这个数据也被存储进高速缓冲存储器中。当 CPU 再次需要这些数据时,CPU 就从高速缓冲存储器读取数据,而不是访问较慢的内存,当然,如需要的数据在 Cache 中没有,CPU 会再去读取内存中的数据。大容量的 Cache 可以提高计算机的性能,因此 Cache 容量是微型计算机的重要性能指标。

目前 CPU 中的 Cache 一般包含两级:L1 Cache(一般服务器 CPU 的 L1 缓存的容量通常在 32～256KB)和 L2 Cache(现在家庭用容量最大的是 4MB,而服务器和工作站上用 CPU 的 L2 高速缓存更高达 2～4MB,有的高达 8MB 或者 19MB)。随着制作工艺的不断提高,L3 Cache(容量达到 9MB 以上)将普遍应用于 CPU 中,进一步提高 CPU 的效率。

2.3.4 外存储器

目前,微型计算机的外存储器种类繁多,如软盘、硬盘、光盘、优盘等,但是它们都有着共同的特点,即可以长期保存大量数据,这些数据也不会因为突然断电而丢失;与内存储器相比,外存储器的存储容量一般较大(以吉字节为单位),但存取数据的速度较慢。下面就介绍几种常用的外存储器。

1. 软盘

软盘(Floppy Disk)是个人计算机最早使用的移动存储设备,是用于那些需要被物理移动的小文件的理想选择。软盘是一张用聚酯材料制成的圆形盘片,在它的表面涂有磁性材料,被封装在护套内。在盘片的每面划分了多个同心圆式的磁道,以及每个磁道划分成多个存储信息的扇区。扇区是软盘的基本存储单位,每次对磁盘的读写均以被称为簇的若干个扇区为单位进行的。磁盘的存储容量可以使用公式求出:

磁盘容量＝磁道数×扇区数×磁面数×扇区字节数

按尺寸大小,软盘可以分为8in、5in、3.5in。以3.5in的磁盘片为例如图2-20所示。其容量的计算如下:

$$80(磁道)×18(扇区)×2(磁面数)×512B(扇区字节数)$$
$$=1440×1024B=1440KB=1.44MB$$

由于软盘存取速度慢、容量小、可靠性差,现在已经完全被优盘取代,并退出了外存储器的历史舞台。

图2-20　3种软盘及软盘内部

2. 硬盘

硬盘是微型计算机最重要的存储设备之一,由于它存储容量大、存取速度快、经济实惠,因此几乎所有微型计算机都配置硬盘。硬盘分为机械硬盘(HDD)和固态硬盘(SSD)。

(1) 机械硬盘(Hard Disk Drive,HDD)又称为温彻斯特式硬盘,是计算机主要的存储媒介之一,由涂有磁性材料的铝制或者玻璃制的碟片组成。绝大多数硬盘都是固定硬盘,被永久性地密封固定在硬盘驱动器中。机械硬盘结构如图2-21所示。

硬盘通常由重叠的一组盘片构成,每个盘面都被划分为数目相等的磁道,并从外缘的"0"开始编号,具有相同编号的磁道形成一个圆柱,称之为磁盘的柱面,柱面数等同于每个磁盘上的磁道数。每个磁道又被等分为若干个弧段,这些弧段便是磁盘的扇区,每个扇区

图 2-21　机械硬盘

可以存放 512B 的信息,磁盘在读取或写入数据时均以扇区为基本单位。磁头是硬盘中对盘片进行读写工作的工具,是硬盘中最精密的部位之一。硬盘在工作时,磁头通过感应旋转的盘片上磁场的变化来读取数据,通过改变盘片上的磁场来写入数据。硬盘内部结构图,如图 2-22 所示。

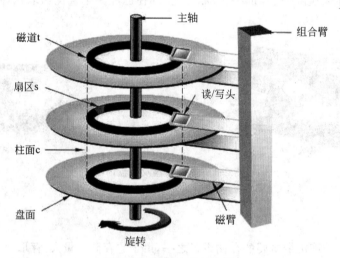

图 2-22　硬盘内部结构图

硬盘的容量由磁头数、扇区数和柱面数决定。

硬盘容量=柱面数(一个柱面等于所有盘面相同编号的磁道)×磁头数(盘面数)
　　　　×扇区数×扇区大小(512B/4KB)

(2)固态硬盘是一种用固态电子存储芯片阵列而制成的硬盘,由控制单元和存储单元(Flash 芯片、DRAM 芯片)组成。固态硬盘的接口规范和定义、功能及使用方法上与机械硬盘的完全相同,在产品外形和尺寸上也完全与机械硬盘一致。

按使用的存储介质来分，目前的固态硬盘分为两类：一类是采用闪存(Flash)芯片作为存储介质；另外一类是采用 DRAM 作为存储介质。

基于闪存的固态硬盘内部构造非常简单，主体是一块 PCB 板，PCB 板上最主要的配件就是主控芯片，缓存芯片和用于存储数据的闪存芯片。主控芯片是固态硬盘的大脑，主要负责合理调配数据在各个闪存芯片上的负荷和承担整个数据中转，连接闪存芯片及外部 SATA 接口。主控芯片的数据处理能力决定了固态硬盘的性能，如图 2-23 所示。它的外观可以被制作成多种模样，例如笔记本计算机硬盘、微硬盘、存储卡、优盘等样式。这种固态硬盘最大的优点就是可以移动，而且数据保护不受电源控制，能适应于各种环境，但是使用年限不长，适合于个人用户使用。

基于 DRAM 的固态硬盘：采用 DRAM 作为存储介质，是一种高性能的存储器，而且使用寿命很长，但是由于需要独立电源来保护数据安全，目前应用范围较窄，如图 2-24 所示。它仿效传统硬盘的设计、可被绝大部分操作系统的文件系统工具进行卷设置和管理，并提供工业标准的 PCI 和 FC 接口用于连接主机或者服务器。它是一种高性能的存储器，而且使用寿命很长，美中不足的是需要独立电源来保护数据安全。

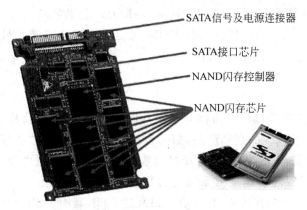

SATA信号及电源连接器

SATA接口芯片

NAND闪存控制器

NAND闪存芯片

图 2-23　基于闪存的固态硬盘　　　　图 2-24　基于 DRAM 的固态硬盘

硬盘主要技术指标有两个：存储容量和转速。

① 存储容量。存储容量是硬盘最主要的参数。目前硬盘容量已经超过 1TB，一般微型计算机配置的硬盘为几百吉字节。

② 转速。转速是指硬盘盘片每分钟转动的圈数，单位为转/秒。转速越快，数据存取的速度越快。硬盘的转速有 3 种：5400 转/秒、7200 转/秒、10000 转/秒，其中 5400 转/秒的硬盘已经很少见了。

3. 光盘

光盘是计算机上使用较多的存储设备，它具有容量大、价格低、体积小、易长期保存的特点。光盘盘片是在有机塑料基底上加各种镀膜制作而成的，数据通过激光刻在盘片上。

根据光盘的结构来分类，光盘主要分为 CD、DVD、蓝光光盘等几种类型。

CD 又称光盘只读存储器，一种能够存储大量数据的外部存储媒体，一张压缩光盘的直径大约是 4.5in，厚度为 1/8in，能容纳约 650MB 的数据。记录在盘上的数据呈螺旋状，由中心向外散开,磁盘表面有许许多多微小的坑,那就是记录的数字信息。读 CD-ROM 上的数据时,是利用激光束扫描光盘,根据激光在小坑上的反射变化得到数字信息。盘中的信息存储在螺旋形光道中。

DVD-ROM(Digital-Versatile-Disk,数字多用光盘)是 CD-ROM 的后继产品。与普通 CD-ROM 相比,它具有更高的轨道密度,并且支持双面双层存储,尺寸大小与 CD-ROM 相同,存储容量是的 8~25 倍,读取速度是 CD-ROM 9 倍以上。例如一个单面单层的 DVD,也是最常见的 DVD。它的容量大约是 4.7GB,而一个双面双层的 DVD 容量可达 17GB。

BD-ROM(Blu-ray Disc)为 Blu-ray Disc 的只读光盘,是下一代光盘格式之一。能够存储大量数据的外部存储媒体,可称为"蓝光光盘"。BD-ROM 其采用波长 405nm 的蓝色激光光束来进行读写操作,单层的蓝光光碟的容量为 25GB 或 27GB,双层可达到 46GB 或 54GB,而容量为 100GB 或 200GB 的,分别是 4 层及 8 层。蓝光光碟存储容量庞大,主要用来存储高画质的影音以及高容量的资料。

读取光盘的内容需要光盘驱动器,简称光驱,如图 2-25 所示。光驱主要有 CD 光驱、DVD 驱动器、COMBO 光驱和 DVD 刻录机等。衡量一个光驱性能的主要指标是读取数据的速率,光驱的数据读取速率是用倍速来表示的。CD-ROM 光驱的 1 倍速是 150KBps,DVD 光驱的 1 倍速是 1350KBps。目前,CD-ROM 光驱的数据传输速率最高是 64 倍速,DVD 光驱的数据传输速率最高是 20 倍速。

4. 移动硬盘

移动硬盘(Mobile Hard disk)主要是以硬盘为存储介质,由普通硬盘和硬盘盒构成,体积小重量轻,存储容量较大,强调便携性的存储产品,如图 2-26 所示。绝大多数的移动硬盘中的硬盘为 2.5in 的笔记本硬盘,一般采用 USB 接口为数据接口,没有外置电源,直接从计算机的 USB 接口取电,可以较高的速度与系统进行数据传输,市场上主流 2.5in 品牌移动硬盘有 USB 2.0 和 USB 3.0 两种规格,存储容量最高达 3TB,其中 USB 3.0 规格的移动硬盘读取高达速度约为 60~70MBps。

5. 优盘

优盘,又称 U 盘或闪存,是目前最常用的一种小型移动存储设备,它通常使用塑胶或金属外壳,内部含有小型印刷电路板,包括 USB 主控芯片和 Flash(闪存)芯片。U 盘通过 USB 接口(USB 1.1、USB 2.0 和 USB 3.0 标准)与计算机连接,实现即插即用,如图 2-27 所示。

图 2-25 光盘驱动器

图 2-26 移动硬盘

图 2-27 U 盘

U盘体积虽小,却有很大的存储容量。早期闪存盘容量较小,仅可存储16～32MB文件,随着科技的发展,U盘容量也飞速猛增。目前,4GB容量U盘已基本处于淘汰的边缘,市场上销售的主流U盘容量为8～16GB,最大容量则已达到256GB,相当于240余张DVD光盘的容量。

数字照相机和手机上的存储卡也是闪存。它与U盘相比,存储原理相同,但接口不同,因此,要在计算机上使用,需要使用读卡器。

2.3.5 总线与接口

1. 总线

总线(Bus)是计算机系统中各部件(或设备)之间传输数据的公共通道。微型计算机中的总线分为内部总线、系统总线和外部总线三个层次。内部总线位于CPU芯片内部,用于连接CPU的各个组成部件;而系统总线是指主板上连接微型计算机中各大部件的总线;外部总线则是微型计算机和外部设备之间的总线,通过该总线和其他设备进行信息与数据交换。

(1) 按照数据传输方式,总线可分为串行总线和并行总线。在串行总线中,二进制数据逐位通过一根数据线发送到目标部件(或设备),常见的有PS/2、USB等。在并行总线中,数据线有许多根,故一次能发送多个二进制数据位,常见的有FSB总线等。

在计算机各部件中,流动着3类不同的信息:数据流、控制流、地址流。因此,按照总线内所传输信息的种类,总线可分为以下3种。

① 数据总线(Data Bus,DB):用于CPU与内存或I/O接口之间的数据传递,它的条数取决于CPU的字长,信息传送是双向的,即可以送入到CPU,也可以由CPU送出。

② 地址总线(Address Bus,AB):用于传送存储单元I/O接口的地址信息,信息传送是单向的,它的条数决定了计算机内存空间的范围大小,即CPU能管辖的内存数量。

③ 控制总线(Control Bus,CB):用于传送控制器的各种控制信息,它的条数由CPU的字长决定。控制总线通过各种信号使计算机系统各个部件能够协调工作。

微型计算机采用开发体系结构,由多个模块构成一个系统。一个模块往往就是一块电路板。为了方便总线与电路板的连接,总线在主板上提供了多个扩展槽与插座,任何插入扩展槽的电路就可以通过总线与CPU连接,这为用户自己组合可选设备提供了方便。微型计算机总线化硬件结构图,如图2-28所示。

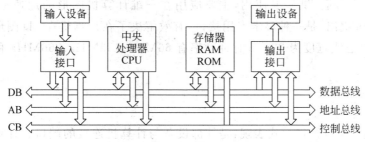

图2-28 微型计算机总线化硬件结构图

（2）总线的主要技术指标有 3 个：总线带宽、总线位宽和总线工作频率。

① 总线带宽。总线带宽是指单位时间内总线上传送的数据量，反映了总线数据传输速率。总线带宽与位宽和工作频率之间的关系如下：

$$总线带宽＝总线工作频率×总线位宽×传输次数/8$$

其中，传输次数是指每个时钟周期内的数据传输次数，一般为 1。

② 总线位宽。总线位宽是指总线能够同时传送的二进制数据的位数。例如，32 位总线、64 位总线等。总线位宽越宽，总线带宽越宽。

③ 总线工作频率。总线的工作频率以兆赫兹（MHz）为单位，工作频率越高，总线工作速度越快，总线带宽越宽。

（3）系统总线是微型计算机中重要的总线，人们通常所说的总线就是指系统总线。系统总线用于 CPU 与接口卡的连接。目前微型计算机常见的系统总线有 ISA 总线、PCI 总线、AGP 总线等。

① ISA 和 LPC。ISA（Industry Standard Architecture，工业标准结构）总线主要用于早期的微型计算机中，目前已被 LPC（Low Pin Count）总线所代替。LPC 是基于 Intel 标准的 33MHz 4 位并行总线协议，用于主板南桥芯片与 BIOS 的通信。

② PCI。PCI（Peripheral Component Interconnect，外设组件互连）是一种连接电子计算机主板和外部设备的总线标准，由 Intel 公司在 1991 年推出，它为 CPU 与外部设备之间提供一条独立的数据通道，让每种设备都能与 CPU 直接联系，使图形、通信、视频、音频设备都能同时工作。PCI 总线常见于现代的个人计算机中，并已取代了 ISA 和 VESA 局部总线，成为了标准扩展总线。

③ PCI-E。PCI-E（PCI Express，PCI 扩展）是一种通用的总线规格。它利用 PCI 的规划概念，沿用了现有的 PCI 编程概念及通信标准，利用一系列物理层协议和不同的连接器的新型界面，拥有更快的串行通信速度，它最终的设计目的是为了取代现有计算机系统内部的总线传输接口，这不只包括显示接口，还囊括了 CPU、PCI、HDD、Network 等多种应用接口。用以解决现今系统内数据传输出现的瓶颈问题，并且为未来的周边产品性能提升做好充分的准备。2004 年面世后，各大主板制造商逐渐减少了传统 PCI 插槽，而引入 PCI-E 接口。PCI-E 将全面取代现行的 PCI 和 AGP 总线，从而最终实现总线标准的统一。

④ AGP。AGP（Accelerated Graphics Port，图像加速端口）是计算机主板上的一种高速点对点传输通道，供显卡使用，主要应用在三维计算机图形的加速上。AGP 是在 1997 年由 Intel 提出，是一种显卡专用接口，有效解决了在计算机在 3D 图形处理时的瓶颈问题。AGP 总线宽度为 32 位，时钟频率有 66MHz、133MHz、266MHz 和 533MHz 这 4 种。

2. 接口

外部总线通常以接口形式表现，是外部设备与计算机连接的端口。计算机上常见的接口如图 2-29 所示。

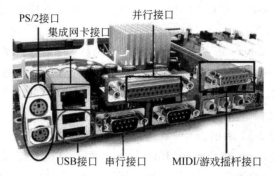

图 2-29 常用接口

（1）PS/2 接口。PS/2 接口用于连接鼠标和键盘的专用接口。一般情况下,绿色的连接鼠标,紫色的连接键盘。PS/2 接口设备不支持热插拔,强行带电插拔有可能烧毁主板。

（2）串行接口。串行接口又称串口,它传输数据的速度较慢,在一个方向上一次只能传输一位数据。过去常用于连接鼠标、Modem 等设备。现在的计算机一般有两个串行口 COM1 和 COM2。通常 COM1 使用的是 9 针 D 形连接器,也称之为 RS-232 接口,而 COM2 有的使用的是老式的 DB25 针连接器,也称之为 RS-422 接口。

（3）并行接口。并行接口过去常用于连接打印机,采用的是 25 针 D 形接头。所谓并行,是指 8 位数据同时通过并行线进行传送,因此能够一次并行传送完整的一个字节的数据,这样数据传送速度大大提高。

（4）USB 接口。USB(Universal Serial Bus,通用串行总线)是一个外部总线标准,用于规范计算机与外部设备的连接和通信。USB 接口支持设备的即插即用和热插拔功能,传输速率较高,是目前外设的主流接口方式。

USB 有 3 个规范:

① USB 1.1 标准接口传输速率为 12Mbps,但是一个 USB 设备最多只可以得到 6Mbps 的传输频宽。

② USB 2.0 规范是由 USB 1.1 规范演变而来的,的最大传输带宽为 480Mbps,USB 2.0 可以向下兼容 USB 1.1,也就是说,所有支持 USB 1.1 的设备都可以直接在 USB 2.0 的接口上使用而不必担心兼容性问题。

③ USB 3.0 是最新的 USB 规范,该规范由 Intel 等大公司发起。相较于现有 USB 2.0 的 480Mbps 最高理论速度,USB 3.0 可支持到 5.0Gbps,是 USB 2.0 的 10 倍。若将 USB 3.0 应用到外接硬盘、闪存盘或蓝光刻录机等存储设备,将可大幅缩短数据传输时间。

（5）硬盘接口。硬盘接口是硬盘与微型计算机主机系统间的连接部件,作用是在硬盘缓存和主机内存之间传输数据。不同的硬盘接口决定着硬盘与计算机之间的连接速度,目前市场的硬盘接口可以分为 IDE、SATA、SCSI 这 3 种。

① IDE(Integrated Drive Electronics,集成设备电子部件)接口是一种把硬盘控制器与盘体集成在一起的硬盘驱动器接口。这种将盘体与控制器集成在一起的做法减少了硬盘接口的电缆数目与长度,从而大大提高了数据传输的可靠性,但传输速度较慢,其管理

的最大硬盘容量不超过 528MB。这种接口的硬盘随着接口技术的发展已经被淘汰,如图 2-30 所示。

② SATA(Serial Advanced Technology Attachment,串行高级技术附件)接口的硬盘又叫串口硬盘,由于采用串行方式传输数据而知名。它以连续串行的方式传送数据,一次只会传送 1 位数据。Serial ATA 1.0 定义的数据传输率可达 150MBps,Serial ATA 2.0 的数据传输率将达到 300MBps。使用 SATA 接口的硬盘是未来和现在微型计算机硬盘的主流趋势,如图 2-31 所示。

③ SCSI(Small Computer System Interface,小型计算机系统接口),如图 2-32 所示,并不是专门为硬盘设计的接口,是一种广泛应用于小型机上的高速数据传输技术。SCSI 接口具有应用范围广、多任务、带宽大、CPU 占用率低,以及热插拔等优点,但价格较高,因此 SCSI 硬盘主要应用于中、高端服务器和高档工作站中。

图 2-30　IDE 接口硬盘　　　图 2-31　SATA 接口硬盘　　　图 2-32　SCSI 接口硬盘

2.3.6　输入和输出设备

1. 输入设备

将用户输入的程序和数据的信息转换成计算机可以识别的二进制代码存入到内存中的装置叫输入设备。键盘、鼠标、摄像头、扫描仪、光笔、触摸屏、手写输入板、游戏杆、语音输入装置等都属于输入设备,如图 2-33 所示。以前的键盘和鼠标多连接在 PS/2 接口上的,而现在的键盘和鼠标一般连接在 USB 接口。随着无线技术的广泛应用,无线键盘和无线鼠标越来越受到广大计算机用户的青睐。

　　键盘　　　鼠标　　　扫描仪　　　光笔　　　操纵杆　　　轨迹球　　　触摸屏

图 2-33　常用输入设备

其中:

(1) 扫描仪是一种可将静态图像输入到计算机的图像采集设备。

(2) 光笔是一种图像输入设备。

（3）操作杆是用于控制游戏程序运行的一种输入设备。

（4）轨迹球与鼠标功能相仿。

（5）触摸屏是一种新型输入设备，是目前最简单、方便、自然的一种人机交互方式。尽管触摸屏诞生时间不长，因为可以代替鼠标或键盘，故应用范围非常广阔。目前主要应用于公共信息的查询和多媒体应用等领域，如银行、城市街头等地方的信息查询设备。

2. 输出设备

输出设备将计算机处理的结果转换成人们能够识别的数字、字符、图像、声音等形式显示、打印或播放出来。常用的输出设备是显示器、打印机、绘图仪等。

（1）显示器。显示器（Display）又称监视器，是实现人机对话的主要工具。它既可以显示键盘输入的命令或数据，也可以显示计算机数据处理的结果。常用的显示器主要有两种：CRT 显示器和 LCD 显示器，如图 2-34 所示。

CRT 显示器是一种使用阴极射线管（Cathode Ray Tube，CRT）的显示器，它是早期应用最广泛的显示器之一，CRT 显示器具有可视角度大、无坏点、色彩还原度高、色度均匀、可调节的多分辨率模式、响应时间极短等优点。

图 2-34　LCD CRT 显示器

LCD 显示器即液晶显示器，它的工作原理是在显示器内部有很多液晶粒子，这些液晶颗粒有规律的排列成一定的形状，并且它们的每一面的颜色都不同，分为红色、绿色、蓝色。这三原色能还原成任意的其他颜色，当显示器收到计算机的显示数据的时候会控制每个液晶粒子转动到不同颜色的面，来组合成不同的颜色和图像。液晶显示器具有机身薄、占地小、辐射小等优点，目前已经基本取代 CRT 显示器。

（2）打印机。打印机（Printer）是计算机最基本的输出设备之一，用于将计算机处理结果打印在相关介质上。衡量打印机好坏的指标有 3 项：打印分辨率、打印速度和噪声。目前打印机按工作方式可分为 3 类，针式打印机、喷墨打印机、激光打印机，如图 2-35 所示。

(a) 针式打印机　　　　　　(b) 喷墨打印机　　　　　　(c) 激光打印机

图 2-35　打印机

① 针式打印机。针式打印机是通过打印头中的 24 根针击打复写纸,打印头在金属杆上来回滑动完成横向行式打印,从而形成字体。打印宽度最大为 33cm,打印速度一般在 50 个汉字/秒(标准),分辨率一般在 180dpi,采用色带印字,可用摩擦和拖拉两种方式走纸,既可打印单页纸张,也可以打印穿孔折叠连续纸,具有打印成本低、耐用的特点,但它的噪声较大,而且打印质量较差。针式打印机多用于医院、银行、餐饮等行业。

② 喷墨打印机。喷墨打印机是利用特殊技术的能换器将带点的墨水喷出,由偏转系统控制很细的喷嘴喷出微粒射线在纸上扫描,并绘出文字与图像。喷墨打印机体积小、重量轻、噪声低、打印精度比较高,特别是其彩色印刷能力强,但打印速度较慢、打印成本较高,适于小批量打印。

③ 激光打印机。激光打印机脱胎于 20 世纪 80 年代末的激光照排技术,流行于 20 世纪 90 年代中期。它是将激光扫描技术和电子照相技术相结合的打印输出设备。其基本工作原理是由计算机传来的二进制数据信息,通过视频控制器转换成视频信号,再由视频接口/控制系统把视频信号转换为激光驱动信号,然后由激光扫描系统产生载有字符信息的激光束,最后由电子照相系统使激光束成像并转印到纸上。激光打印机的整个打印过程可以分为控制器处理阶段、墨影及转印阶段。较其他打印设备,激光打印机有打印速度快、成像质量高、无噪声等优点,但使用成本相对较高。

近年来,彩色喷墨打印机和彩色激光打印机已日趋成熟,成为主流打印机,其图像输出以达到照片级的质量水平。

2.3.7 微型计算机选配

目前国内市场上微型计算机的种类繁多,相同档次、相同配置的微型计算机,其价格可能有很大的差异,这种差异源于生产厂家的不同,即品牌的差异。根据微型计算机的来源不同,微型计算机可分为进口原装机、国产原装机和兼容组装机,其中进口原装机和国产原装机也称为品牌机。

进口品牌机主要由美国、日本、中国台湾等著名大公司生产,如惠普、戴尔、东芝、苹果等;国产品牌机主要的品牌有联想、清华同方、海尔、神舟等。品牌机具有质量、性能稳定,信誉好,售后服务有保证等特点,但价格较高。

兼容组装机就是将微型计算机的各个部件按照购买者的要求任意搭配组装而成,性价比较高,而且维护和维修也较为方便,但由于兼容机为用户自己购买散件组装,各个硬件之间的兼容性无法测试,因此不能很好地保证机器的稳定性。但用户如果有一定的微型计算机硬件方面的知识,那么购买兼容机可谓是物美价廉。

面对市场上众多的配件和品牌,如何利用有限的资金来配置一台性能稳定、配件搭配合理、性价比较高的兼容机,这就需要在装机前对微型计算机的配置方案作精心的策划。

1. 配置的基本原则

对用户而言,最重要的是针对自己的实际预算和具体应用来决定购买何种配件,一旦确定了自己的具体需求,购买时就可以做出恰当的选择。因此,用户在决定购买之前,要明确自己购买微型计算机的主要目的和需求。

2. 微型计算机主要部件的选配

(1) CPU。CPU 的制作技术不断飞速发展,其性能的好坏已经不能简单地以频率来判断,还需要综合考虑其缓存大小、总线、接口、特殊指令集和制造工艺等指标参数。

一般来说,同类型的 CPU 主频越高运算速度就越快,但是不同类型的 CPU 内部结构不同,往往不能直接通过主频来比较,还要考虑内核处理器的多少,外频速度的快慢,高速缓存的大小。其中,高速缓存的结构和大小,对 CPU 的速度影响非常大。

CPU 更新换代很快,因此在选购时不必过多追求档次,综合自己的使用需要,性能够用就行,应选择价格适中或性价比较高的产品。

(2) 主板。微型计算机的所有硬件设备及外部设备都是通过主板与 CPU 连接在一起进行通信的,因此,主板的好坏将直接影响整机的工作稳定性。在进行主板选购时主要从以下几个方面进行考虑:

① 支持 CPU 的类型与频率范围。CPU 插座类型的不同是区分主板类型的重要标志,目前市场上主流的主板 CPU 插槽分 Intel Socket 2011、Intel Socket 1155、Socket AM3,Socket FM2 等,分别与不同类型的 CPU 搭配。

② 芯片组。主板的芯片组是影响主板性能的重要指标,是南桥和北桥的统称。目前主板芯片组厂商主要 Intel 芯片组和 AMD-ATI 芯片组。

③ PCB 和电容。主板的用料和做工一般要看 PCB 板层和电容。现在主板的 PCB 板层大部分都采用 6 层设计,高端的板会用 8 层 PCB 设计,如图 2-36 所示。板层多且厚主板的耐久度就会越长,在挂载重的扩展卡或散热装置也不容易导致主板出现变形。主板上使用的电容质量的好坏将直接影响主板的性能,采用固态电容可以大幅提高主板的稳定性和安全性。目前市场上的中高端主板都采用固态电容,如图 2-37 所示。

图 2-36　8 层 PCB 与 4 层 PCB　　　　　图 2-37　固态电容

④ 品牌。主板的制造技术含量很高,一个品牌好的主板,无论在产品设计阶段,还是选料筛选时期,无论是工艺控制期间,还是品质测试之中,都会经过非常严格的把关,这样的主板是微型计算机稳定运行的可靠保障。目前市场上比较出名的品牌主板厂商有华硕、微星、技嘉等,这些主板的做工、稳定性、抗干扰性等,都处于同类产品的前列。

(3) 内存。内存的性能指标是反应内存性能的主要参数,主要包括容量、频率、延迟时间等。

① 容量。内存最主要的一个性能指标就是内存的容量,目前市场上主流的内存容量为 DDR3 4GB 和 DDR3 8GB。

② 频率。内存的频率代表了该内存所能到的最高工作频率,目前市场上常见的 DDR3 内存的频率为 1.333GHz 和 1.600GHz。

③ 内存颗粒。内存颗粒的好坏直接影响到内存的性能,可以说也是内存最重要的核心元件。在购买时,应选择大厂生产出来的内存颗粒,一般常见的内存颗粒厂商有三星、现代、镁光、南亚、茂矽等,它们都是经过完整的生产工序,因此在品质上都更有保障。

④ 延迟时间(CL)。延迟时间是指纵向地址脉冲的反应时间,延迟时间越短,内存性能越好,是内存性能的重要标志。

(4) 显卡。显卡又称图形加速卡,是连接显示器和主板的重要元件,也是众多用户在选购时最为关注的一个硬件设备。下面介绍在选购时应该重点关注的显卡参数。

① 显卡芯片。显卡所支持的各种 3D 特效由显示芯片的性能决定,一块显卡所采用的芯片大致决定了这块显卡的档次和基本性能,目前主流的显卡芯片商有 nVIDIA 和 AMD-ATI。

② 显存大小。显存又称帧缓存,用来存储图像渲染数据,其容量是越大越好。因为显存越大,可以存储的图像数据就越多,支持的分辨率与颜色数也就越高。一些中高端显卡配备了 1GB 以上的显存。

③ 显存频率。显存频率是在默认情况下,显存在显卡上工作时的频率。目前市场上主流的显存采用 DDR5 5GHz。

④ 显存带宽:显存带宽指一次可以读入的数据量,即表示显存与显存芯片之间交换数据的速度,带宽越大,交换速度就越快。显存带宽=工作频率×显存位宽/8,在相同频率下,尽量选择显存位宽大的显卡。目前市场上主流显卡位宽为 128 位和 256 位。

(5) 硬盘。硬盘是微型计算机的主要存储设备,是存储数据资料的仓库,硬盘的性能也影响到计算机处理数据的速度和稳定性。市场上主流的硬盘大都采用 SATA 接口,容量大都在 500GB、1TB 和 2TB,主轴转速为 7200RPM,高速缓存为 16MB、32MB 和 64MB。在选购硬盘时,应注意在容量相同的情况下,尽量选择单碟容量大、主轴转速高、高速缓存大的硬盘。

(6) 显示器。显示器是用户与计算机交互的窗口,显示器的质量将影响到使用者的眼睛,因此,应选择质量好、清晰度高、功耗低的产品。目前市场上主流的液晶显示器在选购时应关注下列参数。

① 面板类型。目前市场销售的显示器主要有 TN 面板、IPS 面板和 VA 面板。

TN 面板普及度是最高的,优点是价格便宜、生产技术成熟,缺点在于可视角度小、不利于色彩还原,色彩只能达到 16.2M 种颜色。

IPS 面板又称"硬屏",有着强大色彩还原能力,可视角度比较大,显示效果比较突出。缺点在于黑色纯度不够,同时漏光问题比较严重。

VA 面板是现在高端液晶应用较多的面板类型,属于广视角面板。大可视角度是该类面板定位高端的资本,能表现 16.7M 种颜色。

② 响应时间。响应时间指的是液晶显示器对输入信号的反应速度,通常是以毫秒(ms)为单位。目前市场上的主流液晶显示器响应时间都已经达到 8ms 以下,某些高端产品响应时间甚至为 5ms、4ms、2ms 等,数字越小代表速度越快。

（7）机箱电源。计算机电源负责主机内所有元件的供电，其输出的稳定性、功率等，都对平台有较大的影响，自然成为了整个机器稳定运行的基础，但往往容易被人们所忽略。

在选购主机电源方面，同样有不少需要注意的问题。

① 首先是电源的输出问题。一个好的配套电源，最为基本的便是要保证输出的功率足够平台使用，也就是常说的额定功率要够。如何计算所配计算机的总体功率呢？可以从一些硬件网站上找到功率计算器，确定你所选配的硬件，就可以方便地计算出整台主机的功率。

② 电源的输出线材部分，一个是接口配置问题，在接口配置上，最主要是显卡供电接口，也就是 6/6＋2 针接口，用户如果有需要使用独立供电的显卡时，一定要根据实际的显卡供电情况来选择。尤其看接口的类型、数量是否够。二是线材的长度问题，其长度问题主要体现在背部走线上，其长度需求最大的便是 CPU 供电线材，而一般来说，对于普通中等机箱，CPU 供电线材达到 50cm，背部走线基本就足够了。

对于微型计算机的选配不必盲目追求一步到位，也不必过多考虑日后升级，因为微型计算机硬件更新换代很快，因此性价比高才是最重要的。同时，不必过分强求某一项配件的性能，要讲究整体性能均衡。

2.4 计算机软件系统

计算机软件是指计算机硬件上运行的各种程序、数据和一些相关的文档的集合。软件是用户与硬件之间的接口界面。用户主要是通过软件与计算机进行交流。软件是计算机系统设计的重要依据。通常，把计算机软件分为系统软件和应用软件。但是，由于现在计算机软件种类繁多且较大，有些软件分类已经不太明显，既可以认为是系统软件，也可以认为是应用软件，比如数据库管理系统。

2.4.1 系统软件

系统软件是负责管理计算机系统中各种独立的硬件，使得它们可以协调工作，同时提供用户良好的操作界面，为编制应用软件提供资源环境。系统软件位于软件系统的最内层，它由操作系统、实用程序、程序设计语言和语言处理程序等组成。

1. 操作系统

操作系统（Operating System，OS）是管理和控制计算机中所有软件资源和硬件资源协调工作的系统软件。它是系统软件的核心，是直接运行在计算机硬件上的最基本的系统软件。操作系统的作用：首先是用户与计算机的接口，用户通过操作系统与计算机交流。其次是统一管理计算机系统的全部资源，合理组织计算机工作流程，提高计算机的工作效率。操作系统通常应包括下列五大功能模块。

（1）处理器管理。当多个程序同时运行时，解决中央处理器（CPU）时间的分配问题。

（2）作业管理。完成某个独立任务的程序及其所需的数据组成一个作业。作业管理的任务主要是为用户提供一个使用计算机的界面使其方便地运行自己的作业，并对所有进入系统的作业进行调度和控制,尽可能高效地利用整个系统的资源。

（3）存储器管理。为各个程序及其使用的数据分配存储空间,并保证它们互不干扰。

（4）设备管理。根据用户提出使用设备的请求进行设备分配,同时还能随时接收设备的请求(称为中断),如要求输入信息。

（5）文件管理。主要负责文件的存储、检索、共享和保护,为用户提供文件操作的方便。

操作系统的种类繁多,按照其功能和特性分为批处理操作系统、分时操作系统和实时操作系统等;按照管理用户数的多少分为单用户操作系统和多用户操作系统。

操作系统是现代计算机系统必须配置的软件。常见的操作系统有 DOS、Windows、UNIX、Linux 和 Mac OS 等。

2. 系统支持和服务程序

系统支持和服务程序又称为工具软件。如系统诊断程序、调试程序、排错程序、编辑程序和查杀病毒程序,都是为了维护计算机系统正常运行或支持系统开发所配置的软件。

在软件开发的各个阶段选用合适的软件工作可以大大提高工作效率和软件质量。在计算机中,常见的支撑软件有编辑程序 Edlin、Edit,连接程序 Link,调试程序 Debug,工具程序 PCTools,系统检测程序 QaPlus,计算机病毒防治程序等。

3. 程序设计语言

程序设计语言是用来编制程序的计算机语言,它是人们与计算机之间交换信息的工具,也是人们指挥计算机工作的工具。通常用户在用程序设计语言编写程序时,必须要满足相应语言的文法格式,并且逻辑要正确。只有这样,计算机才能根据程序中的指令作出相应的动作,最后完成用户所要求完成的各项工作。程序设计语言是软件系统的重要组成部分,一般它可分为机器语言、汇编语言、高级语言。

（1）机器语言。机器语言是计算机唯一可以识别并执行的语言,它是由二进制代码 0 和 1 组成的面向机器的指令集合。用机器语言编写的程序称为机器语言程序。但是没有人直接使用机器语言编写程序。尽管使用二进制编写的程序执行效率高、占用空间少,但由于二进制的指令太长且没有规律可循,因此,即使对于专业的程序员来说,编写起来也很困难的。

（2）汇编语言。汇编语言是用自然符号来代替二进制指令代码,每一个符号对应一条机器指令的符号语言,即符号化了的机器语言。汇编语言保持了机器语言的优点,具有直接和简捷的特点,可有效地访问、控制计算机的各种硬件设备,所以当需要编写一些对速度和代码长度要求高的程序和直接控制硬件的程序时,可以使用汇编语言。通常,机器语言和汇编语言又被称为低级语言。

（3）高级语言。高级语言是接近于自然语言、易于理解、面向问题的程序设计语言。相对于汇编语言而言,高级语言是较接近自然语言和数学公式的编程,基本脱离了机器的硬件系统,有更强的表达能力,可方便地表示数据的运算和程序的控制结构,能更好地描述各种算法,而且容易学习掌握。但是,高级语言编译生成的程序代码一般比用汇编程序语言设计的程序代码要长,执行的速度也慢。常见的高级语言有 Pascal、C、C++、C♯、

Java、Visual Basic、Visual C++、Delphi等。

4. 语言处理程序

语言处理程序是将高级语言源程序翻译成计算机能识别的目标程序。语言处理程序通常都包含一个翻译程序，它把一种语言的程序翻译成等价的另一种语言的程序。被翻译的语言和程序称为源语言和源程序，翻译生成的语言和程序则称为目标语言和目标程序。按照不同的翻译处理方法，翻译程序分为以下 3 类。

(1) 汇编程序(Assembler)。汇编程序是将汇编语言编写的程序翻译成机器语言程序的工具。

(2) 解释程序(Interpreter)。解释程序是将源程序中的语句逐条翻译，并立即执行这条语句的翻译程序。解释程序对源程序的语句从头到尾逐句扫描，逐句翻译，逐句执行。解释程序实现简单，但是运行效率比较低，对反复执行的语句，它也同样要反复翻译、解释和执行。高级语言 BASIC、LISP 等采用的是编译方式。

(3) 编译程序(Compiler)。编译程序是从高级语言到机器语言的翻译程序。编译程序对源程序进行一次或几次扫描后，最终形成可以直接执行的目标代码。编译程序实现的过程比较复杂，但是编译产生的目标代码可以重复执行，不需要重新编译，因此，执行效率更高、更快。高级语言 C、C++、Pascal、COBOL 等采用的是编译方式。

2.4.2 应用软件

应用软件是专门为解决某个或某些应用领域中的具体任务而编写的功能软件。应用软件按照开发方式和适用范围可分为专业应用软件和通用应用软件。专业应用软件是为解决特定的具体问题而编写的软件。通用应用软件是为实现某种特殊功能而设计的、以满足同类应用的许多用户需要的软件系统。

随着计算机在现代社会的普及，各个领域应运而生了种类繁多的应用软件。按照获得方式的不同，应用软件可分为免费软件、共享软件、商业软件。按照性质不同，应用软件又可以分为装机软件和必备软件。

从用途的角度来看，应用软件主要有以下几种。

1. 办公软件

最常见的应用软件是办公软件。它是将现代办公和计算机技术相结合，为实现办公自动化而开发的计算机软件。这些软件主要是指可以进行文字处理、表格制作、幻灯片制作、简单数据库的处理等方面工作的软件。

目前常用的办公软件包括微软公司的 Office 系列、金山公司的 WPS 系列等。

2. 网络类软件

随着 Internet 在全世界的发展以及在现代工作、生活和学习中的使用，人们已经离不开 Internet。

(1) 网络浏览软件。网络浏览主要涉及网页浏览、网络加速与下载管理，以及电子邮箱的使用。傲游是目前最为流行的 Internet 浏览器,可以在 Windows XP 和 Windows 7 操作系统中使用。迅雷是目前深受喜爱的网络下载软件。该软件具有多道下载、多任务下载、断点续传与下载管理功能。

(2) 网页制作软件。要制作网页,通常需要两类软件,一类是网页制作和站点管理,一类是为网页制作图像与动画素材。常用的软件有 Dreamweaver、Fireworks、Flash,号称网页制作三剑客。对于功能简单的网页制作,可以使用微软 Office 系列推出的 FrontPage。

3. 图形图像处理软件

随着多媒体技术和硬件技术的发展,不论是专业人士还是非专业人士,对各种媒体的应用越来越广泛。因此,出现了各种图形图像处理的相关软件。针对不同的媒体,处理的软件主要有:

(1) 图像处理软件。图像处理软件主要用于创建和编辑位图图像文件。在位图文件中,图像有成千上万个像素点组成,就像计算机屏幕显示的图像一样。位图文件是非常通用的图像表示方式,它适合表示像照片那样的真实图片。

Windows 自带的"画图"程序是一个简单的图像处理软件。Adobe 公司开发的 Photoshop 是目前最流行的图像处理软件,广泛应用于美术设计、彩色印刷、排版、摄影和创建 Web 图片等。

常用的其他图像处理软件还有 Corel Photo、Macromedia xRes 等。

(2) 绘图软件。绘图软件主要用于创建和编辑矢量图文件。在矢量图文件中,图形由对象的集合组成,这些对象包括线、圆、椭圆、矩形等,还包括创建图形所必需的形状、颜色以及起始点和终止点。绘图软件主要用于创作杂志、书籍等出版物上的艺术线图以及用于工程和 3D 模型。

常用的绘图软件有 Adobe Illustrator、AutoCAD、CorelDRAW、Macromedia FreeHand 等。由美国 Autodesk 公司开发的 AutoCAD 是一个通用的交互式绘图软件包,广泛应用于绘制土建图、机械图等。

(3) 动画制作软件。图片比单纯的文字更容易吸引人的目光,而动画又比静态图片更引人入胜。一般动画制作软件都会提供各种动画编辑工具,只要依照自己的想法来排演动画,分镜的工作交给软件处理。动画制作软件还提供场景变换、角色更替等功能。动画制作软件广泛用于游戏软件、电影制作、产品设计、建筑效果图等。

常用的动画制作软件有 3ds MAX、Flash、After Effects 等。

4. 数据库系统

数据库技术(DBMS)是 20 世纪 60 年代末产生并发展起来的,主要用于解决数据处理的非数值计算问题。广泛用于档案管理、财务管理、图书资料管理、成绩管理及仓库管理等各类数据处理。数据库系统有数据库(存放数据)、数据库管理系统(管理数据)、数据库应用程序(应用数据)、数据库管理员(管理数据库系统)和硬件等组成。

(1) 数据库管理系统。数据库管理系统是数据库系统的重要组成部分,主要功能有建立数据库,编辑、修改、增删数据库内容等对数据的维护功能;对数据的检索、排序、统计等使用数据库的功能;友好的交互式输入输出能力;使用方便、高效的数据库编程语言;允许多用户同时访问数据库;提高数据独立性、完整性、安全性的保障。

目前常见的数据库管理系统有:Access、Visual FoxPro、Oracle、SQL Server、Sybase、DB2 等。

(2) 数据库应用程序。利用数据库管理系统的功能,自行设计开发符合自己需求的数据库应用软件,是目前计算机应用最为广泛并且发展最快的领域之一,如学校一卡通管理系统、学生成绩管理系统、通用考试系统等。

5. 娱乐软件

应用软件的广泛使用,不仅体现在工作中,学习(如计算机辅助教学——CAI)和娱乐休闲时各类游戏软件、播放器软件、聊天软件也是种类繁多。

阅读材料 2

戈登·摩尔

摩尔,如图 2-38 所示,1929 年出生在美国加州的旧金山。曾获得加州大学伯克利分校的化学学士学位,并且在加州理工大学(CIT)获得物理化学(physical chemistry)博士学位。20 世纪 50 年代中期他和集成电路的发明者罗伯特·诺伊斯(Robert Noyce)一起,在威廉·肖克利半导体公司工作。后来,诺伊斯和摩尔等 8 人集体辞职创办了半导体工业史上有名的仙童半导体公司(Fairchild Semiconductor)。它成为 Intel 和 AMD 之父。

图 2-38 戈登·摩尔

1965 年的一个无意的瞬间,摩尔发现出一个对后来计算机行业极为重大的定律,它发表在当年第 35 期《电子》杂志上,虽然只有 3 页纸的篇幅,但却是迄今为止半导体历史上最具意义的论文。在文章里,摩尔天才地预言说道,集成电路上能被集成的晶体管数目,将会以每 18 个月翻一番的速度稳定增长,并在今后数十年内保持着这种势头。摩尔所做的这个预言,因后来集成电路的发展而得以证明,并在较长时期保持了它的有效性,被人誉为"摩尔定律",成为新兴电子计算机产业的"第一定律"。

1968 年,摩尔和诺伊斯一起退出仙童公司,创办了英特尔(Intel)。Intel 本来源自于英文单词"智慧"(Intelligence)头部。同时又与英文的"集成电子"(Integrated Electronics)很相似,于是,这个简单却响亮的名字就这样诞生了! Intel 致力于开发当时计算机工业尚未开发的数据存储领域,公司生产的第一个重要产品 Intel 1103 存储芯片于 20 世纪 70 年代初上市。1972 年,Intel 销售额就达 2340 万美元。

1974 年在诺伊斯卸任之后,时任副总裁的摩尔正式登上了总裁和首席执行官的宝座,开始了英特尔腾飞的路程。作为技术出身的企业家,摩尔从不认为自己是公司的总裁,高高在上,并且他十分注重技术的转化,消除英特尔研究实验室和制造部门之间的瓶颈,加快了新产品从实验室向工厂、向市场的转化。

由于经营策略的正确,技术上的创新,这时的英特尔已经逐步确立了自己的巨人地位,环顾四周,无一人是对手,不由得洋洋得意,但他们没有想到,在遥远的东方,一股新生的势力正在成长。

1976 年 3 月,日本最大的 5 家电气公司的科研力量联合起来,组建起超大规模集成电路研究所,不到 4 年时间,他们取得了巨大成就! 1980 年 3 月,惠普公司总经理安德森在华盛顿的一次会议上发表了一份日美两国芯片质量的比较报告,美国最好的产品的次品率,竟要比日本最差的产品高出 5 倍。这份报告引起硅谷的震惊。

然而真正的较量是 1981 年。这年 12 月,英特尔公司推出 8087 芯片,日本松下公司毫不示弱地拿出 3200 芯片。当时 64Kb 动态随机存储芯片是计算机界一致看好的重头戏,它包含 65536 个元件,不仅能读,而且能够像黑板一样擦写。但日本的 64Kb 芯片是半路里杀出来的一匹黑马,以它低成本和高可靠性,迅速占有美国,使英特尔的单个芯片价格在一年内就从 28 美元惨跌至 6 美元,英特尔这个新生的巨人被狠狠地教训了,硅谷为之哗然,美国为之哗然。

摩尔痛定思痛,决心放弃存储芯片市场,转向了微处理器(控制芯片)市场,因为以其敏锐的眼光,摩尔已经准确地预测到了个人计算机以后的成功。他果断地做出决定,Intel进行战略转移,专攻微型计算机的"心脏"部件——CPU,正是这一决策,最终确立了英特尔今日在全球微处理器市场上的霸主地位。

从 1985 年起,英特尔开始同康柏联合研制以 80386 微处理器为基础的新型计算机,并于 1987 年成功地推出运算速度比 IBM 个人计算机快 3 倍的台式 386 计算机。1991年,英特尔又与 IBM 公司达成一项为期 10 年的微处理器协议,研制能用一块芯片代替许多计算机芯片组,并且容量更大、速度更快的处理器。

在摩尔主导 Intel 的十几年时间里,以 PC 为代表的个人计算机工业萌芽并获得了飞速的发展。随着 PC 在全球范围获得的巨大成功,Intel 从一个存储器制造商长成为一个为全球提供 PC 核心部件的商业帝国。戈登·摩尔正是这场伟大变革的最大推动者和胜利者。

习题 2

一、选择题

1. 一个完整的计算机系统包括( )。
    A. 计算机及其外部设备   B. 主机、键盘、显示器
    C. 系统软件和应用软件   D. 硬件系统和软件系统
2. 在微型计算机中,微处理器的主要功能是进行( )。
    A. 算术逻辑运算及全机的控制   B. 逻辑运算
    C. 算术逻辑运算   D. 算术运算
3. 计算机的主存储器主要包括( )。
    A. RAM 和 C 磁盘   B. ROM

    C. ROM 和 RAM   D. 硬盘和控制器

4. 反映计算机存储容量的基本单位是( )。

    A. 二进制   B. 字节   C. 字   D. 双字

5. 下列各类存储器中,断电后其中信息会丢失的是( )。

    A. RAM   B. ROM   C. 硬盘   D. 软盘

6. 中央处理器 CPU 是指( )。

    A. 运算器   B. 控制器

    C. 运算器和控制器   D. 运算器、控制器和主存

7. 下面关于 Cache 的叙述,错误的是( )。

    A. 高速缓冲存储器简称 Cache

    B. Cache 处于主存与 CPU 之间

    C. 程序访问的局部性为 Cache 的引入提供了理论依据

    D. Cache 的速度远比 CPU 的速度慢

8. EPROM 是指( )。

    A. 随机读写存储器   B. 只读存储器

    C. 可编程只读存储器   D. 可擦除可编程只读存储器

9. 下列说法正确的是( )。

    A. 半导体 RAM 信息可读可写,且断电后仍能保持记忆

    B. 半导体 RAM 属易失性存储器,而静态 RAM 的存储信息是不易失的

    C. 静态 RAM、动态 RAM 都属易失性存储器,前者在电源不掉时,不易失

    D. 静态 RAM 不用刷新,且集成度比动态 RAM 高,所以计算机系统上常使用它

10. 下列不能做输出设备的是( )。

    A. 扫描仪   B. 显示器

    C. 光学字符阅读机   D. 打印机

11. 计算机唯一能够直接识别和处理的语言是( )。

    A. C 语言   B. 高级语言   C. 汇编语言   D. 机器语言

12. 计算机软件系统包括( )。

    A. 系统软件和应用软件   B. 管理软件和应用软件

    C. 通用软件和专用软件   D. 实用软件和编辑软件

二、简答题

1. 简述计算机系统的组成。

2. 计算机硬件包括哪几部分?分别说明各部分的作用。

3. 指令和程序有什么区别?简述计算机执行指令的过程。

4. CPU 有哪些性能指标?

5. 简述内存和外存的特点。

6. 什么是总线?列举总线类型。

第3章

计算机中数据的表示与编码

自然界的信息是丰富多彩的,数值、字符、图形、图像、音频、视频等都是计算机处理的对象。但是本质上,计算机只能处理"0"、"1"组成的二进制代码。因此,无论何种数据或信息,最终均要转换成二进制形式进行处理。其表现主要体现在两方面:一是输入计算机的各种数据信息需要从其自然形式转换为二进制代码形式,供计算机处理;另一方面是,计算机中输出的数据需要进行逆向转换,转换成大众所接受的自然形式。本章主要介绍常用的数制及其转换方式以及各类数据信息在计算机中的表示方法。

3.1 计算机中的数制及转换

计算机系统内部广泛使用的是二进制数,即运算数只有"0"和"1"两个,与人们熟识的十进制相比,无论是运算数还是运算法则均大大减少。从而在计算机的物理设计上,二进制数运算的电路设计上远远比十进制简单。同时,二进制数据的"0"和"1"的两种状态,描述电子元器件的电压高低、晶体管导通截止、电容充放等十分吻合,也便于表示逻辑的"真"、"假",方便逻辑运算。虽然十进制仍在人们生活中占据十分重要的地位,但在计算机中,IBM公司推出的Power 6处理器中,首次实现了在CPU内部采用硬件进行十进制计算,目前仍难以看到这种设计的用途和优势。

3.1.1 数制

数制,也称计数制,是指用一组固定的符号和统一的规则来表示数值的方法。数制为非进位计数制和进位计数制两种,前者数值的大小与它在数中位置无关,而后者相关。本书讨论的都是进位计数制。例如,日常生活中用到最多的是十进制,其原则是逢十进一,借一当十;一周为七天,是七进制,逢七进一;时间上的秒和分钟为六十进制,逢六十进一。进位计数制的基本要素是基数和位权。

(1) 基数。基数即该数制中所有的 R 个基本整数符号 $0 \sim R-1$。十进制数的基数为 $0 \sim 9$,十六进制数的基数为 $0 \sim 15$,二进制为 $0 \sim 1$。

(2) 位权。顾名思义,每位上的权值,十进制数个位权值为 10^0,十位上位权值为 10^1,百位上位权值为 10^2 等。可见,每个基数符号在固定位置上的计数单位为位权,它是以小数点为分界线,每一位上的幂次级分别为…3,2,1,0,−1,−2,−3…。对于 R 进制数,整数部分第 i 位上的位权值 $R^{(i-1)}$,小数部分第 i 位位权值为 R^{-i}。

任何一种进位计数制类型的数均可表示为按其权展开的多项式之和,即"各位上的基数与其位权值乘积的连加形式"。

例如,十进制数中 123.45 可表示为:

$$(123.45)_{10} = 1 \times 10^2 + 2 \times 10^1 + 3 \times 10^0 + 4 \times 10^{-1} + 5 \times 10^{-2}$$

3.1.2 数制转换

计算机内部采用二进制数,然而当表示一个大数时,位数太多,不便人们快速获取信息。因此,方便起见经常采用八进制或十六进制作为二进制的缩写形式。八进制的基数为 0~7,十六进制的基数为 0~15,其中 10~15 无法在一位上显示所以用英文大写字母 A~F 代替。

1. R 进制数与十进制数的互化

(1) 将 R 进制数转换为十进制数。将 R 进制数转换为十进制数,只要把它们以按权展开的幂级数多项式和形式展开并进行计算,所得结果就是十进制数。

【例 3.1】 把二进制数 $(1101.01)_2$ 转换为十进制数。

$$\begin{aligned}
(1101.01)_2 &= 1 \times 2^3 + 1 \times 2^2 + 0 \times 2^1 + 1 \times 2^0 + 0 \times 2^{-1} + 1 \times 2^{-2} \\
&= 8 + 4 + 0 + 1 + 0 + 0.25 \\
&= (13.25)_{10}
\end{aligned}$$

【例 3.2】 把八进制数 $(3671.65)_8$ 转换为十进制数。

$$\begin{aligned}
(3671.65)_8 &= 3 \times 8^3 + 6 \times 8^2 + 7 \times 8^1 + 1 \times 8^0 + 6 \times 8^{-1} + 5 \times 8^{-2} \\
&= 1536 + 384 + 56 + 1 + 0.75 + 0.078125 \\
&= (1977.828125)_{10}
\end{aligned}$$

注意:小数部分 8^{-1} 为 0.75 而非 0.8,8^{-2} 为 0.078125 而非 0.08。

【例 3.3】 把十六进制数 $(3DA.6C)_{16}$ 转换为十进制数。

$$\begin{aligned}
(3DA.6C)_{16} &= 3 \times 16^2 + 13 \times 16^1 + 10 \times 16^0 + 6 \times 16^{-1} + 12 \times 16^{-2} \\
&= 768 + 208 + 10 + 0.3075 + 0.046875 \\
&= (986.421875)_{10}
\end{aligned}$$

(2) 十进制数转换成 R 进制数。十进制数转换为 R 进制数时,对整数部分和小数部分分别处理。整数部分"除 R 取余逆序排",小数部分"乘 R 取整,正序取"。整数部分除至商为 0 结束取余过程,小数部分取整取至小数部分为 0 或达到精度要求为止。对于 R 进制数,其基数为 0~$R-1$,整数部分除以基数后所得的余数范围,不大于 R,即 0~$R-1$;而小数部分均为纯小数,乘以基数 R 后取整数的范围,也不大于 R,即 0~$R-1$。

【例 3.4】 把十进制数 $(986.422)_{10}$ 转换成十六进制数(小数部分保留两位有效数字)。

整数部分：

$$16\underline{)986} \quad 取余$$
$$16\underline{)61} \quad \cdots 10 \uparrow$$
$$16\underline{)3} \quad \cdots 13$$
$$0 \quad \cdots 3$$

小数部分：

$$0.422$$
$$\times \quad 16 \quad 取整$$
$$\boxed{6}.752 \longrightarrow 6$$
$$0.752$$
$$\times \quad 16$$
$$\boxed{12}.032 \longrightarrow 12 \downarrow$$

结果为 $(986.422)_{10} \approx (3DA.6C)_{16}$

2. 二、八、十六进制数之间的互化

八进制和十六进制能成为二进制的缩写形式，是因为 $8=2^3$，八进制的基数为 $0\sim7$ 可由三位二进制数表示。根据位权的原理，三位二进制数上的位权分别为 2^2、2^1、2^0，即 4、2、1。每位上只能为二进制的"0"或"1"，利用排列组合的关系可知其能表示 $0\sim7$ 共 8 个基数，也即八进制的所有基数。同理，$16=2^4$，四位二进制数可表示成一位十六进制数。对应关系如图 3-1 所示。

八进制	位权值 4	2	1	十六进制	位权值 8	4	2	1	十六进制	位权值 8	4	2	1
0	0	0	0	0	0	0	0	0	8	1	0	0	0
1	0	0	1	1	0	0	0	1	9	1	0	0	1
2	0	1	0	2	0	0	1	0	A	1	0	1	0
3	0	1	1	3	0	0	1	1	B	1	0	1	1
4	1	0	0	4	0	1	0	0	C	1	1	0	0
5	1	0	1	5	0	1	0	1	D	1	1	0	1
6	1	1	0	6	0	1	1	0	E	1	1	1	0
7	1	1	1	7	0	1	1	1	F	1	1	1	1

图 3-1　八进制、十六进制对应二进制转换图

（1）将二进制数转换为八、十六进制数。根据以上原则，二进制数转换八、十六进制数以小数点为中心分别向左右两边分组，八进制三位一组，十六进制四位一组，两端位数不足一组时以零补齐，简称"多化一"。

【例 3.5】　把二进制数 $(1011101.00101)_2$ 转换为八进制数和十六进制数。

$$(\underset{1}{001}\ \underset{3}{011}\ \underset{5}{101}.\underset{1}{001}\ \underset{2}{010})_2 = (135.12)_8$$

$$(\underset{5}{0101}\ \underset{D}{1101}.\underset{2}{0010}\ \underset{8}{1000})_2 = (5D.28)_{16}$$

（2）将八、十六进制数转换为二进制数。为上述运算的逆运算，即"一化多"，八进制数一位化为三位，十六进制数一位化为四位，若两端有多余零省略即可。

【例 3.6】　将例 3.5 的八进制、十六进制数转换回二进制数。

$$(\ 1\quad 3\quad 5\ .\ 1\quad 2\ )_8 = (1011101.00101)_2$$
$$001\ 011\ 101\ .\ 001\ 010$$

$$(\;5\quad D\;.\;2\quad 8\;)_{16}=(1011101.00101)_2$$
$$0101\;1101\;.\;0010\;1000$$

八进制数和十六进制数的转换,一般利用二进制数作为中介进行。

【例 3.7】 将$(5D.28)_{16}$转换为八进制数。

$$(\;5\quad D\;.\;2\quad 8\;)_{16}=(1011101.00101)_2$$
$$0101\;1101\;.\;0010\;1000$$
$$(\underline{001}\;\underline{011}\;\underline{101}\;.\;\underline{001}\;\underline{010})_2=(135.12)_8$$
$$\quad 1\quad 3\quad 5\;.\;1\quad 2$$
$$(5D.28)_{16}=(135.12)_8$$

3.1.3 二进制数的运算

二进制数可以进行十进制数一样的加减乘除算数运算,其原则是"逢二进一,借一当二",另外,二进制数据还可以直接进行逻辑运算。

1. 算数运算

加法运算法则如下:
$$0+0=0\quad 0+1=1\quad 1+0=1\quad 1+1=0(进位)$$

减法运算法则如下:
$$1-0=1\quad 1-1=1\quad 0-0=0\quad 0-1=1(借位)$$

乘法运算法则如下:
$$0\times0=0\quad 0\times1=0\quad 1\times0=0\quad 1\times1=1$$

乘法和除法的运算方式和十进制数据算数运算的方法完全一致,不再赘叙,以下以例题形式介绍。

【例 3.8】 请计算 8 位二进制数 10101100 和 00111010 的和与差。

$$
\begin{array}{r}
10101100 \\
+00111010 \\
\hline
11100110
\end{array}
\qquad
\begin{array}{r}
10101100 \\
-00111010 \\
\hline
01110010
\end{array}
$$

$$10101100+00111010=11100110 \qquad 10101100-00111010=01110010$$

【例 3.9】 请计算 1101 与 1011 的乘积。

$$
\begin{array}{r}
1101 \\
\times\ 1011 \\
\hline
1101 \\
1101 \\
0000 \\
+\ 1101 \\
\hline
10001111
\end{array}
$$

$$1101\times1011=10001111$$

【例 3.10】 请计算 100011 除以 101 的结果。

$$
\begin{array}{r}
111 \\
101\overline{)100011} \\
\underline{101} \\
111 \\
\underline{101} \\
101 \\
\underline{101} \\
0
\end{array}
$$

$$100011 \div 101 = 111$$

2. 逻辑运算

逻辑代数是一种二级代数,只有"0"和"1"两个量,用来表示两个对立的逻辑状态。逻辑变量之间的运算称为逻辑运算。二进制数"1"和"0"在逻辑上可以代表"真"与"假"、"是"与"否"、"有"与"无"。它是按位进行的,位与位之间不像加减运算那样有进位或借位的联系。其包括"或"、"与"、"非"、"异或"四种运算。

"或"运算又称逻辑加法。通常用符号"＋"或"∨"或"∪"来表示,给定的两个逻辑变量中,只要有 1 其结果便为 1。具体规则如下:

$$0+0=0; \quad 0+1=1; \quad 1+0=1; \quad 1+1=1$$

"与"运算又称逻辑乘法。通常用符号"×"或"∧"或"·"来表示。给定的两个逻辑变量中,只要有 0 其结果便为 0。具体规则如下:

$$0\times0=0; \quad 0\times1=0; \quad 1\times0=0; \quad 1\times1=1$$

"非"运算又称逻辑否。通常用符号"-"或"¬"来表示。它表示逻辑变量的相反值:

$$\overline{0}=1; \quad \overline{1}=0$$

"异或"运算又叫半加运算。通常用符号"⊕"表示,两个逻辑变量相异,输出才为 1。其运算规则为:

$$0\oplus0=0; \quad 0\oplus1=1; \quad 1\oplus0=1; \quad 1\oplus1=0$$

注意:本节所讲的数制转换、算术运算、逻辑运算等均可在计算机操作系统所附带的计算器中实现。选择"开始"|"附件"|"计算器"命令可以打开"计算器"窗口。二进制相关运算可选择"查看"|"科学型"命令实现,如图 3-2 所示。

图 3-2　科学型计算器

3.2　计算机中的数据表示

二进制形式适用于对各类数据的编码,各类数据所传递的信息也不尽相同,在处理计算机内部的数据之前,有必要先了解数据与信息的概念。信息是事物发出的消息、指令、数据、符号等所包含的内容。信息既是对各种事物变化和特征的反映,又是事物之间相互作用和联系的表现。信息必须依附于载体,具有可传递性,共享性和可处理性等特点。数据是信息的载体,是用以载荷信息的物理符号。数字、字符、声音、图像等都是不同形式的数据,均需以适当的方法转换为计算机可识别的二进制码输入处理;输出方面,逆向转换为人们方便识别的多样化数据输出。

3.2.1　数据单位

位(bit,b)是计算机中最小的数据单位,对位的操作是计算机中最直接最基本的操作。每位的状态只能是"0"或"1",两位二进制数通过排列组合,可以表示00、01、10、11这4种状态(可参照理解八进制数,是3位二进制数,共8种状态,分别表示0~7)。

字节(Byte,B)定义8位二进制数为一个字节。字节是计算机中用来表示存储空间大小的最基本容量单位,除字节,还有千字节(KB)、兆字节(MB)和吉字节(GB)等表示。其换算关系如下:

$$1B=8b \qquad\qquad 1KB=2^{10}B=1024B$$
$$1MB=2^{10}KB=1024KB \quad 1GB=2^{10}MB=1024MB$$

字(Word)由若干字节构成,一般为字节的整倍数,如16位双字,32为四字,64位八字等。它是计算机数据处理和运算的单位。字长是计算机性能的重要标志,一次性处理数据的字长越长,计算机性能越高。

3.2.2　数值数据

1. 机器数、真值和原码、反码、补码的表示

由于计算机只能直接识别和处理用"0"或"1"两种状态表示的二进制形式的数据,所以在计算机中无法按人们日常的书写习惯用正负号加绝对值来表示数值,而与数字一样,需要用二进制代码"1"或"0"在左端最高位上来表示正、负号。这种采用二进制表示形式的连同数符一起代码化了的数据,在计算机中统称为机器数或机器码。而与机器数对应的用正,负符号加绝对值来表示的实际数值称为真值。机器数可分为无符号数和带符号数两种:无符号数是指计算机字长的所有二进制位均表示数值;带符号数是指机器数分为符号和数值部分,且均用二进制代码表示。

【例 3.11】 以一个字节表示+11 和-11 的真值和机器数。

+11 的真值为+0001011,机器数为 00001011(数符"+"以左端最高位的 0 表示)

-11 的真值为-0001011,机器数为 10001011(数符"-"以左端最高位的 1 表示)

注意:机器数表示范围受字长和数据类型限制。例如,字长为 8 位的一个整数,则最

大正数为 01111111，最高位为符号位，即表示十进制的 127。超出范围，就要"溢出"。

【例 3.12】 以机器数形式计算十进制（−10）+4 的结果，假设以一个字节表示。

$$
\begin{array}{r}
10001010 \quad \cdots\cdots -10 \text{ 的机器数}\\
+\,00000100 \quad \cdots\cdots 4 \text{ 的机器数}\\
\hline
10001110 \quad \cdots\cdots \text{运算结果为}-13
\end{array}
$$

可见，用机器数并不能很好实现带符号的二进制数的算数运算，以下引入原码、反码、补码的概念来弥补机器数无法进行算数运算的不足。

原码就是机器数。反码的正数形式与原码相同，负数符号相同，余位取逻辑反值。补码是在反码基础上加 1。

【例 3.13】 以一字节表示 ±127 和 ±0 的原码、反码、补码形式。

$$[+127]_{原}=01111111 \quad [-127]_{原}=11111111$$

$$[+0]_{原}=00000000 \quad [-0]_{原}=10000000$$

$$[+127]_{反}=01111111 \quad [-127]_{反}=10000000$$

$$[+0]_{反}=00000000 \quad [-0]_{反}=11111111$$

$$[+127]_{补}=01111111 \quad [-127]_{补}=10000001$$

$$[+0]_{补}=00000000 \quad [-0]_{补}=00000000$$

注意： $[-0]_{补}=\boxed{1}00000000$，最高位的进位 1 已经超出 8 位，被丢弃。多出来的这个补码 100000000 可以扩展补码的表示范围，将最小值 −127 扩至 −128，此处的 1 即表示符号位又表示数值位。

可见，只有补码的 ±0 值相同，所以，利用补码可以方便地实现正、负数的加法运算，规则简单，在数的有效范围内，符号位如同数符一样参与运算，也允许溢出的最高位进位或被丢弃，所以补码使用广泛。

【例 3.14】 利用补码再计算例 3.10 中（−10）+4 的结果。

$$[-10]_{原}=10001010$$

$$[-10]_{反}=11110101$$

$$[-10]_{补}=\boxed{11110110}$$

$$[+4]_{原}=[+4]_{反}=[+4]_{补}=\boxed{00000100}$$

$$
\begin{array}{ll}
\begin{array}{r}
11110110\\
+\,00000100\\
\hline
11111010
\end{array}
&
\begin{array}{l}
\text{此时结果是补码形式，} \quad [11111010]_{反}=10000101\\
\text{需再进行一次求补} \quad\quad [11111010]_{补}=10000110\\
\text{运算转换成原码} \quad\quad\quad (10000110)_2=(-6)_{10}
\end{array}
\end{array}
$$

可见，利用补码可以顺利地得出正确结果，所以在计算机内部，大多算术运算都是以补码形式进行的。

2. 定点数与浮点数

（1）定点数。定点数，顾名思义，小数点固定的数。此类数在十进制中有两类：整数，小数点固定在最右端；纯小数，小数点固定在首位 0 后。所以，对于定点数的表示，默认小数点的预定位即可，整数为最右端，小数为最左端（整数部分 0 省略无须表示）。如用一个字节处理$(+120)_{10}$可表示为01111000；-0.125可表示为10010000。

（2）浮点数。对于普通格式的小数，其小数点位置不再固定，但可以借助科学（指数）基数法的格式将其转换成定点小数与定点整数的组合。如-1101.1011可表示为：

$$-1101.1011=-1.1011011\times 2^3$$

注意：指数部分3本应用二进制表示，但习惯上写成十进制。

其中-1.1011011叫尾数，是定点小数形式，在浮点数规格化规定中，按 IEEE 754 规定，尾数部分必须化成"1."形式，但其并不在数据中存储，以节省存储空间。

3是阶码，是定点整数形式，规格化中规定指数需加上 127 存储，目的是消除负指数，可以省略指数部分的阶码符号，节省存储空间。从而浮点数可表示成如下格式（以 4 个字节 32 位的单精度数为例）：

1 位	8 位	23 位
数符	阶码	尾数

【例 3.15】 $(-12.75)_{10}$作为单精度浮点数在计算机的表示。

$$(-12.75)_{10}=(-1100.11)_2=-1.10011\times 2^3 B$$

阶码转换：$3+127=130=10000010B$

则$(-12.75)_{10}$的存储格式为

1	10000010	10011000000000000000000

双精度为 8 字节（64 位），其中数符、阶码和尾数分别占 1,11 和 52 位，阶码是指数加上 1023 所得。

3.2.3　字符数据

1. 西文字符

所有不可做算术运算的数据均可称为字符,西文字符编码最常用的是 ASCII 编码（American Standard Code for Information Interchange,美国信息交换标准代码）。其用 7 个二进制数表示一个字符,可以表示2^7即 128 个字符。一个字节中多余的 1 位,即最高位用 0 表示。ASCII 码表如表 3-1 所示,其中 H 表示高四位,L 表示低四位。

2. 汉字字符

英文由字母组合而成,其字符不超过 128 个,一个字节2^8即可满足编码要求。但汉字是象形文字,难以组合,每个汉字都需要一个二进制代码,所以汉字编码方案有 2～4B 不等。汉字输入时要经过输入码、国标码、内码、字形码等一系列的编码和转换。

（1）输入码。输入码也叫外码,是人们接触最多的一种编码。属于音码类的智能 ABC,搜狗输入法和属于形码类的五笔字型等都是常用的输入码。编码主要考虑以下规则:编码短,重码少,好学好记。

表 3-1 标准 ASCII 码表

L \ H		0	0001	0010	0011	0100	0101	0110	0111
		0	1	2	3	4	5	6	7
0000	0	NUL	DEL	SP	0	@	P	`	p
0001	1	SOH	DC1	!	1	A	Q	a	q
0010	2	STX	DC2	"	2	B	R	b	r
0011	3	ETX	DC3	#	3	C	S	c	s
0100	4	EOT	DC4	$	4	D	T	d	t
0101	5	ENQ	NAK	%	5	E	U	e	u
0110	6	ACK	SYN	&	6	F	V	f	v
0111	7	BEL	ETB	'	7	G	W	g	w
1000	8	BS	CAN	(	8	H	X	h	x
1001	9	HT	EM	)	9	I	Y	i	y
1010	A	LF	SUB	*	:	J	Z	j	z
1011	B	VT	ESC	+	;	K	[	k	{
1100	C	FF	FS	,	<	L	\	l	|
1101	D	CR	GS	—	=	M	]	m	}
1110	E	SO	RS	.	>	N	↑	n	~
1111	F	SI	US	/	?	O	↓	o	DEL

（2）国标码。1981 年我国制定的《GB 2312—1980 中华人民共和国国家标准信息交换汉字编码 基本集》简称国标码。在这个集中，收进汉字 6763 个图形符号 682 个。其中一级汉字 3755 个，二级汉字 3008 个。一级汉字为常用字，按拼音顺序排列，二级汉字为次常用字，按部首排列。所有国标汉字组成 94×94 的矩阵，即 94 个区和 94 个位，区号和位号共同构成区位码。如 45 区 85 位的汉字"王"，区位码为 4585，十六进制表示为 2D55H。区位码加 2020H 即为国标码，所以"王"的国标码为 4D75H。

（3）机内码。国标码占两个字节，每个字节的最高位为 0，而一个字节的 ASCII 码的最高位也是 0，如此计算机将无法区分是一个汉字的编码还是两个西文字符的编码。为此将国标码家 8080H，将每个字节的最高位由 0 化为 1 以区分中西文字符。所以，机内码＝国标码＋8080H。

（4）字形码。字形码又称汉字字模，用于显示或输出。有点阵和矢量两种表示方式。
生活中常见的 LED 广告显示屏是最直观的点阵式输出方式。常用的汉字点阵有16×16，24×24，36×36，48×48 等，点阵数越多，表示的字形信息越完整，显示的汉字越精细,图 3-3 所示为 24×24 点阵表示的"跑"字,完全依照字形设计。

矢量字体中每一个字形是通过数学曲线来描述的,它包含了字形边界上的关键点,连线的导数信息等,字体的渲染引擎通过读取这些数学矢量,然后进行一定的数学运算来进行渲染。这类字体的优点是字体实际尺寸可以任意缩放而不变形、变色。Windows 中使用的 TrueType 基数就是汉字矢量表示方式。

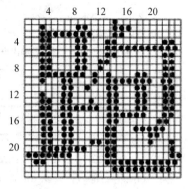

图 3-3　点阵字形码

3.2.4　多媒体数据

图形、图像、音频、视频等多媒体信息,也需转化成 0、1 代码在计算机内进行表示,这些都需要对各种多媒体信息进行不同的编码。

3.2.5　程序设计概述

1．程序

程序是完成一定功能的指令序列。程序的功能一般指其处理数据的能力,包括对数据的描述和对操作的描述两方面的内容。对数据的描述是在程序中要指定处理数据的类型和组织形式,即数据结构;对操作的描述也叫算法,数据是操作的对象,操作的目的是对数据进行加工处理以得到期望的结果。著名的计算机科学家 Nikiklaus Wirth 提出的"程序＝数据结构＋算法"体现了数据结构和算法的重要性。

(1) 数据结构。数据是对客观事物的名称、数量、特征、性质的描述形式,是计算机所能处理的一切符号的总称。一般对于孤立的数据并没有意义,研究主要着眼在众多数据元素组成的数据集合。研究集合中元素之间存在怎样的联系,需要对数据和数据集合进行哪些运算,如何提高运算效率等这就引出了数据结构。

数据结构包括一批数据,是数据的集合。集合中每一数据个体称为数据元素,是基本单位。一个元素又叫数据结点,简称结点。数据结构是带有结构特性的数据元素的结合,它研究的是数据的逻辑结构和存储结构以及它们之间的相互关系,并对这种结构定义相适应的运算,设计出相应的算法。

(2) 算法。算法是程序的核心,是对特定问题求解步骤的详细描述,需要满足有穷性、确定性、可行性、输入性、输出性五大原则。算法有很多种表示方法,常用的有自然语言、流程图、N-S 图、伪代码等。

自然语言是用人们日常使用的语言来描述算法通俗易懂,但因易产生歧义,语句繁琐、冗长等不常使用。

流程图是用图 3-4 所示的一些图框、线条以及文字说明来描述算法。流程图表示的算法形象、直观,便于交流,因此被广泛使用。

N-S 图是一种简化的流程图,去掉了流程图中的流程线,全部算法写在一个矩形框内。N-S 图 3 种基本结构——顺序结构、选择结构、循环结构的符号如图 3-5 所示。N-S

图表示算法直观、形象,且比流程图紧凑易画,经常应用在实际中。

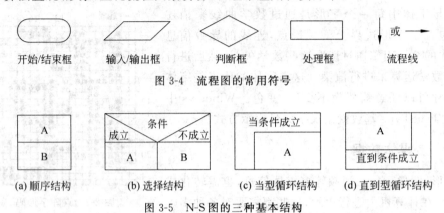

图 3-4　流程图的常用符号

(a) 顺序结构　　(b) 选择结构　　(c) 当型循环结构　　(d) 直到型循环结构

图 3-5　N-S 图的三种基本结构

　　为了设计算法时方便,也常使用一种称为伪代码的工具。所谓"伪代码"就是用介于自然语言和计算机语言之间的文字和符号来描述算法。伪意味着假,因此用伪代码写的算法是一种假代码——不能被计算机所理解,但便于转换成某种语言编写的计算机程序。用伪代码写算法并无固定的、严格的语法规则,只要意思表达清楚,书写格式清晰易读即可。

2. 程序设计

　　程序设计是设计、编制、调试程序的方法和过程。其基本过程一般由分析问题,设计算法,选择程序语言,编写程序调试直至正确几个阶段组成。当需要编写一个计算机程序时,首先要搞清楚为什么要编写这个程序,这个程序要干什么用,需要完成什么功能。这就是所谓的分析问题,是编程的第一步。问题分析清楚之后,就要考虑如何用计算机解决这些问题,也就是要设计算法。算法设计完成后,编写程序之前需要选择程序设计语言。一般来说,不同的语言可以完成同样的任务,因此选择什么语言都行。但是,在实际工作中,人们往往会综合各种要求选择最适合的语言。编写好的程序一般称为源程序,不能直接执行,必须要经过编译生成计算机可识别的二进制文件才能执行。最后通过调试修改无误后方完成整个设计过程。

　　结构化程序设计的概念最早由荷兰科学家 E. W. Dijkstra 提出的。早在 1966 年他就指出,任何程序都基于顺序、选择、循环 3 种基本的控制结构,如图 3-6 所示。并且程序具有模块化特征,每个程序模块具有唯一的入口和出口。这为结构化程序设计的技术奠定了理论基础。

　　结构化程序设计主要包括两个方面。

　　(1) 在软件设计和实现过程中,提倡采用自顶向下、逐步细化的模块化程序设计原则;

　　(2) 在代码编写时,强调采用单入口单出口的 3 种基本控制结构,避免使用 GOTO 语句。

　　采用结构化程序设计方法设计的程序结构简单清晰,可读性强,模块化强,描述方式符合人们解决复杂问题的普遍规律,在软件重用性、软件的可维护性方面有所进步,可以显著提高软件开发的效率。因此,结构化程序设计方法在应用软件的开发中发挥了重要的作用。

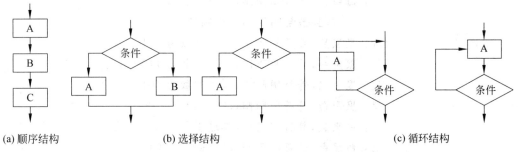

图 3-6　3 种基本的控制结构

阅读材料 3

周易八卦和二进制

众所周知二进制数学是 16 世纪初德国科学家莱布尼兹发明的。但二进制真正的起源来自中国三千年前的著作《周易》。其对二进制数的使用和二、十进制数的转换编码的运用上更简单、更先进、更科学。

图 3-7 所示为《周易》中的"先天八卦次序",它由"两仪"、"四象"、"八卦"3 行黑白矩形组组成。"两仪"中有两个矩形,"四象"中有 4 个矩形,"八卦"中有 8 个矩形。矩形上面是八卦的卦符。

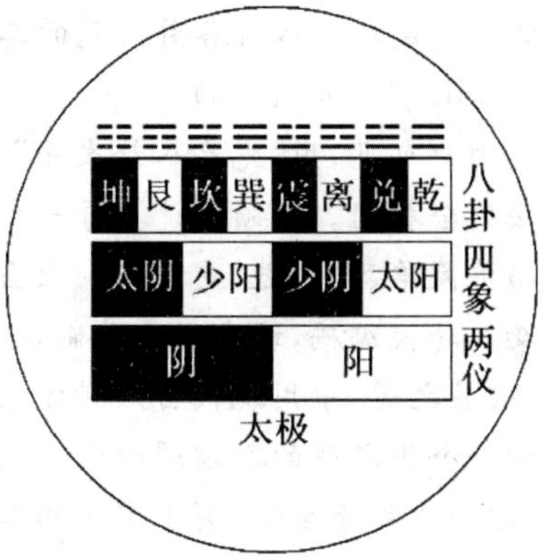

那么"先天八卦次序"又表示了什么,八卦的卦符又是根据什么画出来的?在"先天八卦次序"中,白矩形表示阳,可以用阳爻表示,黑矩形表示阴,可以用阴爻表示。如果沿八卦各卦的垂直方向看"两仪"、"四象"、"八卦"中矩形的颜色,用阳爻表示白矩形,阴爻表示黑矩形,就可以画出八卦各卦的卦符。

图　3-7

由此可见,八卦的卦符表示了八卦各卦的生成过程,而不是江湖术士和易学专家所说的"卦符是古人用蓍草算卦得出来的"。

根据二进制数的规定:用"1"表示有,用"0"表示无。人们可以得出八卦各卦阳爻和阴爻的二进制数。下面人们写出八卦各卦阳爻的二进制数(即有阳爻为"1",无阳爻为"0"),八卦各卦阴爻的二进制数(即有阴爻为"1",无阴爻为"0"):

八卦各卦阳爻的二进制数

坤:黑黑黑,卦符阴阴阴,二进制数为 000

艮:黑黑白,卦符阴阴阳,二进制数为 001

坎:黑白黑,卦符阴阳阴,二进制数为 010

巽:黑白白,卦符阴阳阳,二进制数为 011

震：白黑黑，卦符阳阴阴，二进制数为 100

离：白黑白，卦符阳阴阳，二进制数为 101

兑：白白黑，卦符阳阳阴，二进制数为 110

乾：白白白，卦符阳阳阳，二进制数为 111

八卦各卦阴爻的二进制数

坤：黑黑黑，卦符阴阴阴，二进制数为 111

艮：黑黑白，卦符阴阴阳，二进制数为 110

坎：黑白黑，卦符阴阳阴，二进制数为 101

巽：黑白白，卦符阴阳阳，二进制数为 100

震：白黑黑，卦符阳阴阴，二进制数为 011

离：白黑白，卦符阳阴阳，二进制数为 010

兑：白白黑，卦符阳阳阴，二进制数为 001

乾：白白白，卦符阳阳阳，二进制数为 000

可见"先天八卦次序"中，八卦的二进制数排列是有规律的。

在"先天八卦次序"中，"两仪"、"四象"、"八卦"中矩形面积比是 4∶2∶1 如果定义"八卦"中矩形面积为 1，那么"四象"、"两仪"中的矩形面积分别为 2 和 4。人们可以沿八卦各卦的垂直方向，依次将"两仪"、"四象"、"八卦"中同色矩形的面积相加就可以得出八卦各卦的十进制数。八卦各卦阳爻的二进制数转换成十进制数即为 0～7（例如坤：$[000]_2=0\times4+0\times2+0\times1=0$）。

由此可见，用"先天八卦次序"表示的方法将二进制数转换成十进制数与莱布尼兹的方法完全相同。无须再计算每一位的二的幂级的位权值 2x，而是直接以位权结果代替，从而更简单、更先进、更科学。应当指出的是，"先天八卦次序"不仅表示了二进制数的符号及其转换编码，还表明二进制数不仅是数，而且还是数理逻辑符号。

《易之道》中用现代自然科学的方法证明了，《周易》是中国古代贤哲依据生命现象创造的一个用严密的数理逻辑语言表达宇宙基本结构和普遍规律的科学体系。或者说，《周易》是一个关于生命、关于宇宙的二进制数学模型。而"先天八卦次序"是生物体中 DNA 双螺旋结构自我复制的二进制数学模型。这是现代生物学家和数学家加起来也做不到的，甚至连想都想不到的。

现代的一些世界著名科学家和哲学家指出，生物学和生命现象是告诉人们如何解决疑难问题的百科全书。从这个意义上讲，《周易》不仅是中国传统文化的源泉，也是现代世界文化的源泉。

下面将"先天八卦次序"表示的二进制数及其二、十进制数编码用图 3-8 表示。图 3-8 左上方是作的"先天八卦次序"的十进制数的图像。既然"先天八卦次序"中存在二进制数及二、十进制数的编码，那么《周易》中就肯定存在与二进制图像对应的十进制图像。"太极图"就是"先天六十四卦方位"的十进制图像。下面论证这个问题。

首先，仿照图 3-8 画出图 3-9"先天六十四卦次序"的十进制数图像。图 3-9 下方是"先天六十四卦次序"，上方是其十进制数图像。"先天六十四卦方位"及其六十四卦的排列规律，如图 3-10 和图 3-11 所示。

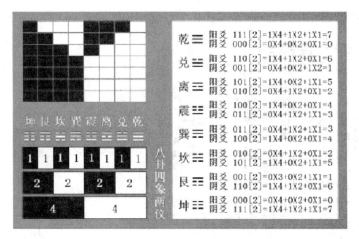

图　3-8

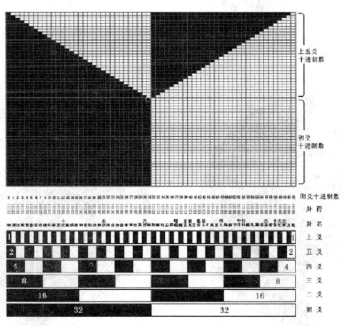

图　3-9

　　根据图 3-10～图 3-11 可画出"先天六十四卦方位"的十进制数图像,如图 3-12 所示。

　　图 3-12 左半圆由一个小半圆和一个扇形构成,它们分别用十进制数表示了"先天六十四卦方位"初爻是阳爻的 32 卦的上五爻和初爻;右半圆由一个小半圆和一个扇形构成,它们分别用十进制数表示了"先天六十四卦方位"初爻是阴爻的 32 卦的上五爻和初爻。初爻的十进制数都是 64,所以可以用一个小白圆替代左边的扇形,并将其移入左边的小半圆中的黑色区中。同样,可以用一个小黑圆替代右边的扇形,并将其移入右边的小半圆中的白色区中。这样图 3-12 就变成图 3-13。显然图 3-13 就是"太极图"。这样就证明了"太极图"就是"先天六十四卦方位"的十进制数图像。所以说,在《周易》中存在一个完整

的二进制数学体系。

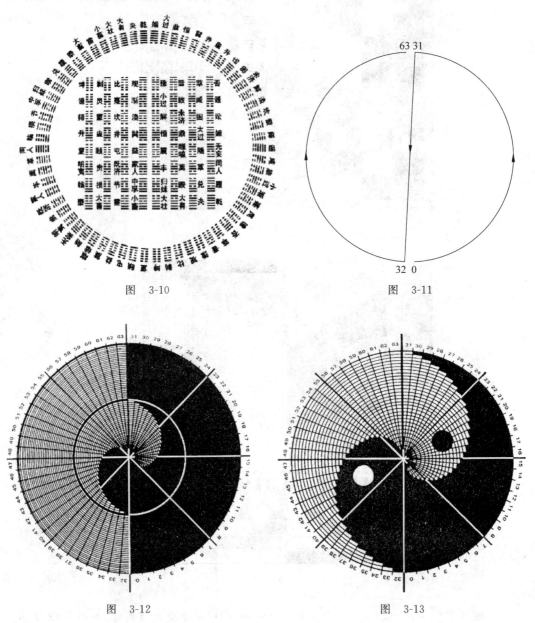

图 3-10

图 3-11

图 3-12

图 3-13

从目前已知的西方历史文献中，可以得知中国的易经图于 17 世纪二三十年代就已被世人称为二进制广为流传于欧洲。莱布尼兹（Gottfried Wilhelm von Leibniz）是德国著名的数学家和哲学家，他对法国人帕斯卡设计的世界上第一台机械式数字计算机——加法机——很感兴趣，于是也开始了对计算机的研究。1666—1667 年，莱布尼兹在纽伦堡学习时已开始接触中国古典哲学中的易经图，如卫匡国在《中国上古史》中译著的伏羲六十四卦方位图、柏应理在《中国哲圣孔子》所译著的太极八卦次序图、八卦方位图和文王六十四卦图。特别是他所看到的与其有过密切交往的斯比塞尔（Gottlied Spizel），于 1660

年编著出版的 *Dere litteraria Sinensium commentarius*（中文译为《中国文史评析》、《中国文学》、《论中国的宗教》等）一书，其中对此已有较详细完整的介绍。

此后，大约是在 1672—1676 年，莱布尼兹开始了"0"与"1"的二进制思考。1679 年 3 月 15 日，他撰写了题为《二进算术》的论文，对二进制进行了充分的讨论，并建立了二进制的表示及运算。1701 年，莱布尼兹将关于二进制的论文提交给法国科学院，但要求暂不发表。1703 年，他将修改后的论文再次送给法国科学院，并要求公开发表。这是西方第一篇关于二进位制的文章，是莱布尼兹在《皇家科学院纪录》上发表的，标题为《二进制算术的解说》，副标题为"它只用 0 和 1，并论述其用途以及伏羲氏所使用的古代中国数字的意义"。自此，二进制开始公之于众。1716 年，他又发表了《论中国的哲学》一文，专门讨论八卦与二进制，指出二进制与八卦有其共同之处。

习题 3

一、选择题

1. 十进制数 39.625 的二进制数为（   ）。
   A. 100010.011   B. 110010.0101   C. 110110.101   D. 100111.101

2. 二进制数 11101.010 的十进制数为（   ）。
   A. 31.25   B. 29.75   C. 29.5   D. 29.25

3. 一个字节包含（   ）位。
   A. 8   B. 16   C. 32   D. 2

4. 二进制数 00111111 和 10101010 的逻辑与运算的结果为（   ）。
   A. 10111111   B. 00101010   C. 10010101   D. 00111111

5. 二进制数 00111111 和 10101010 的逻辑或运算的结果为（   ）。
   A. 10111111   B. 00101010   C. 10010101   D. 00111111

6. 二进制数 00111111 和 10101010 的逻辑异或运算的结果为（   ）。
   A. 10111111   B. 00101010   C. 10010101   D. 00111111

7. 二进制数 10110001 的逻辑非运算的结果为（   ）。
   A. 10110001   B. 01101010   C. 01001110   D. 00111111

8. 八进制数 245.27 转换为二进制数的结果为（   ）。
   A. 10100101.010111   B. 11101010.01011
   C. 10001001.101101   D. 10100111.01001

9. 二进制数 10100111 转换为八进制的结果为（   ）。
   A. 237   B. 247   C. 165   D. 327

10. 设汉字点阵为 32×32，那么 100 个汉字的字形形状信息所占用的字节数是（   ）。
    A. 12800B   B. 12800b   C. 32×32K   D. 128K

11. 流程图符号中，菱形代表的含义是（   ）。
    A. 开始/结束   B. 输入输出   C. 处理   D. 判断

12. （　　）不属于结构化程序设计的基本结构。

  A. 顺序结构 B. 选择结构   C. 循环结构   D. 跳转结构

13. 用一字节表示的－42 的反码为（　　）。

  A. 10101010 B. 01010101   C. 01010110   D. 11010101

14. 用一字节表示的－42 的补码为（　　）。

  A. 11010110 B. 01010101   C. 01010110   D. 01010111

15. 大写字母 A 的 ASCII 为（　　）。

  A. 65   B. 97   C. 48   D. 32

二、简答题

1. 简述为何在计算机内使用二进制编码。

2. 浮点数在计算机中是如何表示的？

3. 简述机内码和国标码的转换关系。

4. 如果一个有符号数占有 n 位，那么它的最大值是多少？

5. 计算机对英文字符进行编码用了几个字节，最高位是什么？ 对汉字进行编码采用了几个字节，最高位是什么？

6. 简述算法的几种表示方法。

第4章

操作系统基础

操作系统是计算机最基本、最核心的系统软件,是计算机中不可或缺的必要组成部分,是整个计算机系统的控制和管理中心。系统的全部硬件资源、软件资源及数据资源均由操作系统统一调配,它还负责控制程序运行,改善人机交互界面,为其他应用软件提供支持,使计算机系统所有资源最大限度地发挥作用,为用户提供方便的、有效的、友善的服务界面。

4.1 操作系统概述

没有安装操作系统的计算机被称为"裸机",裸机无法进行任何工作,不能从键盘、鼠标接收信息,也不能在显示屏上显示信息,更不能运行各类程序。操作系统是配置在计算机硬件上的第一层软件,是对硬件的首次扩充,它在计算机系统中属于根基性软件,所有的计算机均需配置一种或几种操作系统。汇编语言、编译程序、数据库管理系统等其他系统软件及大量的应用软件也均需依赖操作系统的支持、服务才能顺利运行。计算机的软硬件层次的关系如图4-1所示。

操作系统在整个计算机系统中具有极其重要的特殊地位,它不仅是硬件与其他软件系统的接口,也是用户和计算机进行"交流"的界面。操作系统的作用是调度、分配和管理所有的硬件设备和软件系统统一协调地运行,以满足用户实际操作的需求。操作系统的作用主要体现在以下两方面。

图 4-1 操作系统软硬件层级关系图

(1) 有效管理计算机资源。操作系统要合理地组织计算机的工作流程,确保软件和硬件之间、用户和计算机之间、系统软件和应用软件之间信息传输和处理流程的准确畅通;有效地管理和分配计算机系统的硬件和软件资源,使得有限的系统资源能够发挥更大的作用。

(2) 方便用户有效地使用计算机,使计算机成为人们工作、生活、休闲的工具。操作系统通过内部极其复杂的综合处理,为用户提供友好、敏捷的操作界面,以便用户无须了解计算机硬件或系统软件的有关细节就能方便地使用计算机。

4.1.1 操作系统的发展

操作系统在其发展的历史中,经历了发生、发展和成熟的过程。它从无到有,从小到大,从简单到复杂,从单一到多样,形成了计算机科学的一个重要分支。操作系统的形成与发展经历的几个阶段如表 4-1 所示。

表 4-1 操作系统发展阶段

手工操作阶段 （1946—1955 年）	早期批处理阶段 （1955—1965 年）	多道程序系统阶段 （1965—1980 年）	现代操作系统阶段 （1980 至今）
计算机元器件为电子管器件。无操作系统,人们通过各种操作按钮来控制计算机	计算机元器件为晶体管。有了计算机语言和相应程序,计算机可以集中处理一批用户作业,由批处理程序自动转换、依次处理运行	计算机元器件为中、小规模集成电路。引入多道程序设计技术,形成强大的监管程序,进而发展为传统操作系统,其基础为多道程序分时系统和多处理器操作系统	计算机元器件为大、超大规模集成电路。操作系统面向用户,视窗操作和视窗界面迅速发展,具有强大的网络互连和通信功能,能够高效处理多媒体信息

操作系统种类很多,DOS 曾在 20 世纪 80 年代占主流地位,目前主要有 Windows、UNIX、Linux、和 Mac OS,如表 4-2 所示。

表 4-2 常用操作系统

操作系统	主设计人	出现时间	最新版本	系统特点
DOS	Tim Paterson	1981 年	终极版为 DOS 7.0(1995 年)	命令行界面
Windows	Microsoft 公司	1985 年	Windows XP 、Windows 7、Windows 8	图形用户界面
UNIX	贝尔实验室	1969 年	版本众多	分时系统
Linux	Linus Torvalds	1991 年	版本众多	免费、源代码开放
Mac OS	比尔·阿特金森 杰夫·拉斯金 安迪·赫茨菲德尔	1984 年	Mac OS X Leopard	运行在 Macintosh 计算机上

UNIX 系统是 1969 年在贝尔实验室诞生,最初是在中、小型计算机上运用。最早移植到 80286 微型计算机上的 UNIX 系统,称为 Xenix。Xenix 系统的特点是短小精悍,系统开销小,运行速度快。UNIX 为用户提供了一个分时的系统以控制计算机的活动和资源,并且提供一个交互、灵活的操作界面。UNIX 被设计成能够同时运行多进程,支持用户之间共享数据。

1976 年,美国 Digital Research 公司研制了 8 位的 CP/M 操作系统,该系统允许用户通过键盘对系统进行控制和管理,能实现文件或其他设备文件的自动存取。之后出现了一些类似的磁盘操作系统,如 C-DOS、M-DOS、TRS-DOS、S-DOS 等。1981 年,IBM 成功的开发了个人计算机,所配操作系统即为微软公司的 MS-DOS。从 1981 年开始,DOS 经历了 7 次版本升级,从 1.0 版到 7.0 版,但其单用户、单任务、字符界面和 16 位的大格局并没有变化,因此,它对于基本内存管理也局限在 1MB 范围内。

1981 年,Xerox(施乐)公司推出了世界上第一个商用图形用户界面(GUI)的操作系统,用于 Star 8010 工作站。但由于种种原因,技术上的先进性并没有带来商业上的成功。当时,Apple Computer(苹果)公司创始人之一 Steve Jobs,在参观了施乐公司之后,认识到了图形用户接口的重要性以及广阔的市场前景,开始着手进行自己的 GUI 系统的研究与开发,并于 1983 年成功研制了 GUI 系统——Apple Lisa。随后不久又推出第二个系统 Apple Macintosh,这是一个成功的商用 GUI 系统。之后的 Mac OS 操作系统也仅能使用于 Macintosh 计算机。在当时的 PC 还只是 DOS 枯燥的字符界面的时候,Mac OS 率先采用了一些至今仍为人称道的技术,比如 GUI 图形用户界面、多媒体应用、鼠标等,Macintosh 计算机在出版、印刷、影视制作和教育等领域有着广泛的应用,Microsoft Windows 至今在很多方面还有 Mac OS 的影子。但由于只开发了自己微型计算机上的 GUI 系统,不能与已占领市场大部分份额的 Intel x86 微处理器芯片计算机兼容,这样,给 Microsoft 公司开发 Windows 提供了良好的机会。

Microsoft 公司于 1983 年宣布开始研究基于 Intel x86 微处理器芯片 Windows 操作系统。Windows 1.x 是其在 1985 年 11 月发布的第一代窗口式多任务系统,它使 PC 开始进入了图形用户界面时代。1987 年底,Microsoft 公司又推出了 MS-Windows 2.x,它具有窗口重叠功能,窗口大小也可调整,从而提高了整台计算机的性能。1990 年,Microsoft 公司推出 Windows 3.0,具有强大的内存管理功能,并提供了相当多的 Windows 应用软件,因此成为 386、486 系列微型计算机新的操作系统版本。随后,发布 Windows 3.1 版本,且推出了相应的中文版。1995 年,Microsoft 公司推出了 Windows 95。在此之前的 Windows 都是由 DOS 引导的,也就是说它们还不是一个完全独立的系统,而 Windows 95 是一个独立的系统,并在很多方面作了进一步的改进,还集成了网络功能和即插即用功能,是一个全新的 32 位操作系统。1998 年推出的 Windows 98,最大特点就是把微软公司的浏览器技术整合到了操作系统里,使得访问 Internet 资源非常方便。近几年来,Microsoft 公司由陆续推出了 Windows ME、Windows 2000、Windows XP、Windows 2003、Windows Vista、Windows 7 和 Windows 8。

Linux 是开放源代码的操作系统,其本身是一个功能可与 UNIX 和 Windows 相媲美的操作系统,具有完备的网络功能。由于源代码开放,激起了全球计算机爱好者的热情,许多人下载该源程序并按自己的意愿完善某一方面的功能,再发回到 Internet 上,Linux 也因此被雕琢成为一个稳定的、有发展前景的操作系统。它的用法与 UNIX 非常相似,因此许多用户不再购买昂贵的 UNIX,转而投入 Linux 等免费系统的怀抱。

4.1.2　操作系统的分类

对于操作系统可以有多种分类方式。

(1) 按机型分:大型计算机操作系统、中型计算机操作系统、小型计算机操作系统和微型计算机操作系统。

(2) 按用户数目分:单用户操作系统和多用户操作系统。

（3）按功能特征分：批处理操作系统、分时操作系统、实时操作系统、嵌入式操作系统、网络操作系统、分布式操作系统等。

操作系统发展迅速，除了前面提到的分类，还有其他的分类方式。在所有的操作系统类型当中，人们最关心的是微型计算机操作系统，这也是本章将重点介绍的内容。

4.1.3 操作系统的功能

操作系统的主要任务是有效管理系统资源，提供友好便捷的用户接口。为实现其主要任务，操作系统最主要功能有：处理器管理、存储管理、设备管理、文件管理和作业管理。处理器管理主要解决对处理器的分配调度策略、分配实施和资源回收等问题。存储管理主要管理内存资源，根据用户程序的要求给它分配内存，保护用户存放在内存中的程序和数据不被破坏，同时存储管理还解决内存的扩充问题。设备管理负责管理各类外围设备，包括分配、启动和故障处理等。文件管理支持文件的存储、检索和修改等操作，解决文件的共享、保密和保护问题。作业管理的任务是为用户提供一个使用系统的良好环境，根据不同的系统要求，制定相应的调度策略，进行作业调度。

（1）处理器管理。在多道程序系统中，多个程序共享系统资源，必然会引发对处理器（CPU）的争夺，如何有效地利用处理器资源，如何在多个请求处理器的进程中选择取舍，这就是进程调度要解决的问题。处理器是计算机中宝贵的资源，能否提高处理器的利用率，改善系统性能，在很大程度上取决于调度算法的好坏。因此，进程调度成为操作系统的核心。在操作系统中负责进程调度的程序被称为进程调度程序。

（2）存储管理。存储（内存）管理的主要工作是，为每个用户程序分配内存，以保证系统及各用户程序的存储区互不冲突；保证多个系统或用户程序的运行不会破坏其他程序。当某个用户程序的运行导致系统提供的内存不足时，如何把内存与外存结合起来使用管理，给用户提供一个比实际内存大得多的虚拟内存，而使用户程序能顺利地执行，这便是内存扩充要完成的任务。为此，存储的管理应具有内存分配、地址映射、内存保护和扩充等功能。

（3）设备管理。每台计算机都会配置很多外部设备，它们的性能和操作方式都不一样，操作系统的设备管理就是负责对设备进行有效的管理。设备管理的主要任务是方便用户使用外部设备，提高 CPU 和设备的利用率。

（4）文件管理。在操作系统中，负责管理和存取文件信息的部分称为文件系统或信息管理系统。在文件系统管理下，用户可以按照文件名访问文件，而不必考虑各种外存储器的差异，不必了解文件在外存储器上的具体物理位置以及是如何存放的。文件系统为用户提供了一个简单、统一的访问文件的方法，因此它也称为用户与外存储器的接口。

（5）作业管理。作业由完成一个独立任务的程序及其所需的数据组成。作业管理是对用户提交的诸多作业进行管理，包括作业的组织、控制和调度等，尽可能高效地利用整个系统的资源。

4.1.4 Windows 操作系统的发展历程

1983 年，微软正式宣布开始设计 Windows，定位是一个为个人计算机用户设计的图形界面操作系统。Microsoft Windows 1.0 的设计工作花费了 55 个开发人员整整一年的时间,并于 1985 年 11 月 20 日正式发布,售价 100 美元。Windows 1.0 基于 MS-DOS 2.0,支持 256KB 的内存,显示色彩为 256 色。由于是图形化的界面,Windows 1.0 支持鼠标操纵和多任务并行,窗口(Window)成为 Windows 中最基本的界面元素。Windows 1.0 窗口可以任意缩放,和苹果的 Macintosh 只有一个居于顶部系统菜单不同,每个 Windows 应用程序都有自己单独的菜单。此外,Windows 1.0 还包括了一些至今仍保留在 Windows 中的经典应用程序,如日历、记事本、计算器等。尽管开创了图形界面操作系统的先河,但是用户们对 Windows 1.0 的评价普遍不高,因为它的运行速度实在是很慢。

Windows 1.0 最初的失败并没有让微软停止前进,1987 年 12 月 9 日,Windows 2.0 发布,售价依然是 100 美元。Windows 2.0 改进了 Windows 1.0 中一些不太人性化的地方。熟悉的“最大化”和“最小化”按钮开始出现在了每个窗口的顶部。由于在图标的设计上,微软借鉴了一些 Mac OS 的风格和元素,还因此一度被苹果公司告上了法庭。除了界面上的改进,现在 Office 系列的 Microsoft Word 和 Microsoft Excel 也初次在 Windows 2.0 中登场亮相。不到一年的时间,微软又相继发布了 Windows 286 2.1 和 Windows 386 2.1,这两个版本分别针对 Intel 的 286 和 386 处理器做了一定的优化。1989 年,微软推出了 Windows 2.11,这个版本在内存管理和打印驱动上做了一些小的改进。

1990 年,Windows 3.0 刚刚推出便一炮而红。只用了 6 周的时间便卖出了 50 万份副本,这是史无前例的。而 1992 的 Windows 3.1,仅仅在最初发布的 2 个月内,销售量就超过了 100 万份。至此,Windows 操作系统最终获得用户的认同,并奠定了其在操作系统上的垄断地位。自那时起,微软的研发和销售也开始进入良性循环。1992 年,比尔·盖茨成为世界首富,轰动全球。

开发 Windows NT 的历史大概要追溯到 1988 年,这个系统本来是由微软和 IBM 联合研制的 NT OS/2(OS/2 3.0 版)。当时,微软试图打入工作站市场,而 Windows 支持的 Intel x86 芯片并不是工作站处理器,所以,微软就雇用了 DEC 公司的团队来专门开发这个产品。后来,由于 Windows 3.0 的成功,微软决定把 NT OS/2 的程序开发接口由 OS/2 API 改为 Windows API。这一举动引起了 IBM 的不满,两家公司就此分道扬镳。IBM 继续开发自己的 OS/2,而微软则把 NT OS/2 改名为 Windows NT,并推向市场,这就是 Windows NT 3.1。

1995 年,是微软历史上最重要的里程碑之一。不管是 Windows 2.x 也好还是 Windows 3.x 也好,它们都是基于 MS-DOS 的 Windows 系统。而微软希望在桌面市场能有一款像 NT 那样 32 位的操作系统,于是一款代号为“Chicago”(芝加哥)的操作系统被提上了开发日程,这也就是后来的 Windows 95。Windows 95 是一个 16 位/32 位混合模式的系统,它可以完全独立于 MS-DOS 运行。大量的组件和新概念在 Windows 95 中被引入,如开始菜单和任务栏这样的优秀桌面对象,以及高性能的抢占式多任务和多线程技术,即插即用(Plug and Play)技术,更丰富的多媒体程序,等等。由于这些功能的加入,Windows 95 也带动了一股硬件升级的狂潮。要想用上 Windows 95,得有一块 100MB 以上的硬盘 16MB 的内存,支持 640×480 分辨率和 256 色的显卡,在当时这还是一个很高的要求。也就是从这里开始,每一次的 Windows 重大升级,必将伴随新一轮硬件升级狂潮。同年年底,微软发布了 Windows 95 Service Release 1,紧接着又在第二年推出了 Windows 95 OEM Service Release 2(Windows 95 OSR2)。从此以后,Windows 操作系统正式支持 FAT32 文件系统格式,并开始捆绑 Internet Explorer。微软在操作系统中捆绑互联网浏览器的举动引起了浏览器厂商网景公司的不满,他们认为这不公平。从此,反对微软垄断的运动逐渐兴起,并一直延续到了今天。由于 Windows 95 OSR2 的重要性,它甚至被有的人称为 Windows 97。

1996 年 6 月 29 日,Windows NT 4.0 正式发布。这个版本使用了 Windows 95 的桌面外观,增加了许多实用的服务管理工具,包括后来为微软征战 Web 服务器市场立下了汗马功劳的 IIS(Internet Information Services,因特网信息服务)工具。不过在桌面应用上,Windows NT 4.0 的易用性还是不能和 Windows 95 相提并论,它不支持新版的 DirectX 接口。这种情况直到后来的 Windows NT 5.0,也就是 Windows 2000 才有所改善。微软对 Windows NT 的技术支持一直持续了好几年,期间一共发布了 6 个服务包(Service Pack)来修补漏洞和提供一些新功能。由于不错的稳定性,这个版本的 Windows 软件在进入 21 世纪后仍被不少公司使用着。

微软于 1998 年 6 月 25 日推出了 Windows 95 的接班人 Windows 98,原开发代号为 Memphis(孟菲斯),标准版本号是 4.10.1998。Internet Explorer (IE4.0)开始具有了类似资源管理器的界面,两者的紧密衔接也成为日后微软在其系统产品中捆绑 Internet Explorer 的重要理由。同时,快速启动栏(Quick Launch Bar)也作为重要的界面元素被加入,Windows 98 的安装程序较之更为 Windows 95 方便易用,内存应用效率被大大提升,任务管理程序更加强大。在对 MMX 和 AGP 这些新硬件的支持上 Windows 98 也做了不小的改进,增加了 1200 多个驱动程序的支持。据说,在对 Windows 95 的改进过程中,微软从源代码中清理了 3000 多个 BUG(软件缺陷)。Windows 98 SE(Second Edition,第 2 版)发行于 1999 年 6 月 10 日。它修正了前一版中的一些小问题,同时包括了一系列的更新,例如 Internet Explorer 5、Windows NetMeeting 3、局域网的 Internet 连接共享、对 DVD-ROM 和对 USB 的支持等等。而 DirectX 6.1 游戏接口的加入,更使得 Windows 系统成为了绝佳的游戏平台。

1998 年 10 月 Windows NT 5.0 被更名为 Windows 2000,并于 2000 年 2 月 17 日正式推出,针对不同的用户群体共发布了 4 个版本:Professional(专业版)、Server(服务器版)、Advanced Server(高级服务器版)以及 Datacenter Server(数据中心服务器版)。其中,专业版其实是由以前的工作站(Workstation)版本演变而来,可以说是 NT 系列第一款真正意义上的桌面系统,这个版本为后来 Windows XP 的诞生做好了铺垫。而后面 3 个商业级的产品,标志着微软开始向服务器市场发起了强有力的冲击。Windows 2000 是一个革命性的产品,它包含了很多全新的技术。用户层和核心层的分离使得 NT 系统架构更加合理、稳定,而 NTFS 文件系统、EFS (文件加密系统)、RAID-5 存储方案、分布式文件系统、活动目录等大量新功能也在此时首次登场。在对硬件产品的支持上,Windows 2000 的进步亦是相当的明显。对多路处理器的支持使得 Windows NT 可以作为专业的服务器使用,即全新插即用技术的应用使人们能够方便使用 USB、IEEE 1394 等设备。同时,管理控制台(MMC)也作为一个重要的管理工具被引入。而在 Windows NT 4.0 中不被支持的新游戏接口也被加入到了 Windows 2000 中,这就是 DirectX 7.0。但是,正因为大量新技术的加入,给 Windows 2000 带来了不少潜在的系统漏洞,这也为后来"冲击波"等蠕虫病毒的猖獗种下了祸根。

在商业(Windows NT)和家用(Windows 9x)操作系统两条战线上取得一系列成功后,微软开始考虑把个人版操作系统完全构建在已经非常成熟的 NT 内核上,而这次转型也带来了迄今为止最畅销的 Windows 操作系统 Windows XP。Windows XP 的版本号是5.1(也就是 Windows NT5.1),最初只发行了两个版本:专业版(Professional)和家庭版(Home Edition),后来又相继推出其他版本。Windows XP 对 Windows 2000 进行了很多人性化的更新,使其更适应家庭用户。Windows XP 继承并升级了 Windows ME 中的很多组件,包括 Media Player、Movie Maker、Windows Messenger、帮助中心和系统还原等等,此外,Windows XP 还捆绑了 Internet Explorer 6.0 和一个简单的防火墙。然而,越来越多的附加功能,也使得微软遭到了越来越多的质疑。Windows XP 拥有全新设计的用户界面,这是自 Windows 95 以来,微软对 Windows 外观做的最大一次"整容手术"。此外,微软还为 Windows XP 编写了大量的硬件驱动程序,使得其兼容性有了进一步的提升。由于之前的几个 Windows 都饱受盗版之苦,Windows XP 改变了授权方式。在30 天的试用期后,用户必须通过电话或者网络"激活"XP,否则就无法继续使用。这一改变遭到了用户们的猛烈批评,同时也导致了后来互联网上"破解版"和"免激活版"Windows XP 的四处蔓延。

在新的市场体系形成后,微软把原有的 Windows NT 高端产品系列划分为了Windows Server 家族。Windows Server 2003 于 2003 年 3 月 28 日问世,真实版本号为5.1。针对不同的商业需求,Windows Server 2003 进一步细分了版本子集,包括 Web 版、标准版、企业版和数据中心版这 4 个版本。在对 Windows 2000 中的活动目录、组策略操作和管理、磁盘管理等众多服务器组件作了较大改进后,Windows Server 2003 在稳定性和安全性上有了实质性的飞跃。其中,IIS6 的推出便大大提升了 Windows Server 2003作为 Web 服务器的可靠性。2005 年年中,微软发布了第一个补丁包(SP1),为 WindowsServer 2003 提供了那些在 Windows XP SP2 中包含的安全性更新。同年年底,微软又推出了 Windows Server 2003 R2,包含了很多原版中不具备的新功能。但是客户们并不能免费升级到 R2 版,而是需要付费更新。正是从 Windows Server 2003 开始,微软在高端服务器市场才算真正拥有了一款具备足够竞争力的操作系统产品。

2006 年 11 月 Windows Vista 发布 Windows Vista 包含许多新的功能。包括先进的搜索和信息组织方式、新的.NET 框架库(.NET Framework 3.0 原计划中叫做WinFX)、全新设计的 Aero 用户界面、新增加的侧边栏(Windows Sidebar)、改进的系统还原技术等。同时,Internet Explorer 7.0 和 Windows Media Player 11.0 以及其他一些经典应用程序也将全面升级。在系统安全方面,微软也做了前所未有的努力,UAC(用户账户控制)、IE 保护模式、Windows Defender(反间谍软件)、内核保护(用于 64 位系统)等功能的加入大大提升了 Vista 的安全性。此外,Windows PE(预安装环境)的应用使得Windows Vista 的安装时间被大大缩短了,安装过程也得到了简化,多数用户可以在不到30 分钟的时间内完成系统的部署。

为了避免把大众的注意力从 Vista 上转移,微软起初并没有透露太多有关下一代 Windows 的信息;另一方面,重组不久的 Windows 部门也面临着整顿,直到 2009 年 4 月 21 日发布预览版,微软才开始对这个新系统进行商业宣传,该新系统随之走进大众的视野。2009 年 7 月 14 日,Windows 7 7600.16385 编译完成,这标志着 Windows 7 历时三年的开发正式完成。Windows 7 的设计主要围绕 5 个重点——针对笔记本计算机的特有设计;基于应用服务的设计;用户的个性化;视听娱乐的优化;用户易用性的新引擎。Windows 7 针对全球不同区域客户的不同需求,设置了各类功能不同的版本。Windows 7 简易版简单易用,保留了 Windows 为大家所熟悉的特点和兼容性,并吸收了在可靠性和响应速度方面的最新技术。Windows 7 家庭普通版主要针对日常操作,是使用最频繁的程序和文档操作变得更快更简单。Windows 7 家庭高级版享有最佳的娱乐体验。Windows 7 专业版提供办公和家用的一切功能,除各种商务功能外,同时拥有家庭高级版卓越的媒体和娱乐功能。Windows 7 旗舰版集各版本功能之大全,在家庭高级版和专业版的基础上增加了安全功能以及在多语言环境下工作的灵活性。具体使用方式将在后续小节中介绍。

Windows 8 是继 Windows 7 之后的新一代操作系统,具有革命性的变化。它支持来自 Intel、AMD 和 ARM 的芯片架构,由微软剑桥研究院和苏黎世理工学院联合开发。该系统具有更好的续航能力,且启动速度更快、占用内存更少,并兼容 Windows 7 所支持的软件和硬件。Windows Phone 8 采用和 Windows 8 相同的 NT 内核并且内置诺基亚地图。2012 年 8 月 2 日,微软宣布 Windows 8 开发完成,正式发布 RTM 版本,10 月正式推出,微软自称触摸革命将开始。Windows 8 可以在大部分运行 Windows 7 的计算机上平稳运行。支持个人计算机(X64 构架,X86 构架)及平板计算机(ARM 架构)。Windows 8 大幅改变以往的操作逻辑,提供更佳的屏幕触控支持。新系统画面与操作方式变化极大,采用全新的 Modern UI(新 Windows UI)风格用户界面,各种应用程序、快捷方式等能以动态方块的样式呈现在屏幕上,用户可自行将常用的浏览器、社交网络、游戏、操作界面融入。因而其体验指数也从 Windows Vista 的 5.9 和 Windows 7 的 7.9 提升到 2013 年的 9.9 分。

4.2 Windows 7 操作系统入门

Windows 7 是一个功能非常强大的操作系统,提供给用户的操作也非常之多。本节要介绍的是使用 Windows 7 必须了解的一些基础操作。

4.2.1 系统的启动与退出

对于台式机,良好的开机习惯是先开外部设备(如显示器、音响、打印机等)再开主机,这样开外部设备时产生的瞬间高压不影响主机的稳定运行。用完计算机以后应将其正确关闭,这一点很重要,不仅是因为节能,这样做还有助于使计算机更安全,并确保数据得到保存。关闭计算机是从"开始"菜单中单击"关机"按钮实现,如图 4-2 所示。或者按 Alt+F4 键,不断关闭应用程序窗口直到屏幕出现"关闭 Windows"对话框,如图 4-3 所示。在单击"关机"按钮,计算机关闭所有打开的程序以及 Windows 本身,然后完全关闭计算机和显示器。关机不会保存所做的工作,因此必须首先保存文件。

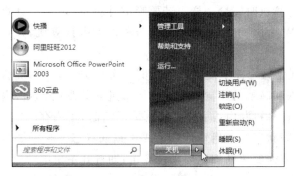

图 4-2　从开始菜单关机

图 4-3　"关闭 Windows"对话框

在关机菜单中,有"切换用户"、"注销"、"锁定"、"重新启动"、"睡眠"和"休眠"几个选项,具体含义如下。

(1) 切换用户和注销。Windows 7 允许多用户共同使用一台计算机,每个用户都可以拥有自己的设置和工作环境。使用"切换用户"和"注销"可以在不关闭计算机的情况下让其他用户使用。从 Windows 注销后,正在使用的所有程序都会关闭,但计算机不会关闭,而且无须担心因其他用户关闭计算机而丢失自己的信息;要保留当前用户的操作环境不被关闭,可以单击"切换用户"按钮,这样当不关机再次登录到原用户的界面时,可以继续使用那些切换前打开的程序和窗口。

(2) 锁定。在用机过程中,常常会被事务性的工作所打断,如需要暂时离开计算机去处理其他事务,出于方便工作和保密的需要,往往不会关闭计算机,而是锁定计算机,这样,他人就无法进入系统窥探个人当前的工作状况。回来时,只需输入登录密码,即可接着处理刚才的工作。这样,操作方便同时又能阻止他人乱动计算机。

(3) 重新启动。系统关闭正运行的应用程序,清除所建的临时文件,将当前内存写入硬盘,并重启系统。

(4) 睡眠。可以选择使计算机睡眠,而不是将其关闭。在计算机进入睡眠状态时,显示器将关闭,而且通常计算机的风扇也会停止。通常,计算机机箱外侧的一个指示灯闪烁或变黄就表示计算机处于睡眠状态。这个过程只需要几秒。Windows 将记住正在进行的工作,因此在使计算机睡眠前不需要关闭程序和文件。但是,在将计算机置于任何低功耗模式前,最好先保存您的工作。然后在下次打开计算机时(并在必要时输入密码),屏幕显示将与先前关闭计算机时完全一样。若要唤醒计算机,可按下计算机机箱上的电源按钮。因为不必等待 Windows 启动,所以将在数秒内唤醒计算机,并且几乎可以立即恢复工作。

(5)休眠。休眠是另一种不使用计算机时的节电方法,计算机启动时将恢复到休眠前的工作状态。休眠和睡眠的不同在于:计算机进入休眠时,会将内存中的所有内容保存在硬盘上,然后将计算机断电,而不像睡眠那样还保留了内存的电源。休眠比睡眠的节电效果更好,但从休眠状态重新启动计算机要比睡眠状态下唤醒要慢得多。要将计算机从休眠状态中唤醒,就需要重新加电启动计算机,即打开主机电源,启动系统并在此登录,可以发现休眠前的工作界面将全部恢复。在 Windows 使用的所有节能状态中,休眠使用的电量最少。

(6)混合睡眠。主要是为台式计算机设计的。混合睡眠是睡眠和休眠的组合——它将所有打开的文档和程序保存到内存和硬盘上,然后让计算机进入低耗能状态,以便可以快速恢复工作。这样,如果发生电源故障,Windows 可从硬盘中恢复您的工作。如果打开了混合睡眠,让计算机进入睡眠状态的同时,计算机也自动进入了混合睡眠状态。在台式计算机上,混合睡眠通常默认为打开状态。

4.2.2 "开始"菜单和任务栏

1. "开始"菜单

"开始"菜单是一个级联菜单,是计算机程序、文件夹和设置的主门户,是 Windows 7 程序的入口,位于任务栏的最左端。之所以称之为"菜单",是因为它提供一个选项列表,就像餐馆里的菜单那样。若要启动程序、打开文档、改变系统设置、查找特定信息等,都可在"开始"菜单中选择特定的命令来完成。"开始"菜单构造如图 4-4 所示。

其中"所有程序"菜单展开,就是本机中所有应用程序的集中列表,起首是按字母顺序显示程序的长列表,后跟一个文件夹列表,操作者可按需选择进入。单击某个程序的图标可启动该程序,并且"开始"菜单随之关闭。文件夹中都包含更多程序。例如,单击"附件"就会显示存储在该文件夹中的程序列表。单击任一程序可将其打开。"所有程序"菜单如图 4-5 所示。

搜索框是在计算机上查找项目的最便捷方法之一。搜索框将遍历程序以及个人文件夹(包括"文档"、"图片"、"音乐"、"桌面"以及其他常见位置)中的所有文件夹,它还将搜索您的电子邮件、已保存的即时消息、约会和联系人。对于以下情况,程序、文件和文件夹将作为搜索结果显示:标题中的任何文字与搜索项匹配或以搜索项开头;该文件实际内容中的任何文本(如字处理文档中的文本)与搜索项匹配或以搜索项开头;文件属性中的任何文字(例如作者)与搜索项匹配或以搜索项开头。单击任一搜索结果可将其打开。或者,单击"清除"按钮清除搜索结果并返回到主程序列表。还可以单击"查看更多结果"以搜索整个计算机。

固定应用程
序菜单

常用应用程
序菜单

"所有程序"
菜单

搜索框

常用资源目
录菜单

常用操作菜单

常用设置程
序菜单

"关机"按钮

图 4-4 "开始"菜单

图 4-5 所有程序部分菜单

使用"开始"菜单上的"跳转列表"(Jump Lists)可以快速访问您最常用的项目。单击"开始"菜单,指向靠近"开始"菜单顶部的某个锁定的程序或最近使用的程序,以打开该程序的"跳转列表"。"跳转列表"中显示该程序中最常用到的文件,单击它们,则可不通过路径查找直接打开;对于最经常用的项目,可在右键菜单中选择"锁定到此列表"或指向该项目,单击出现的图钉,单击"锁定到此列表",将项目固定到跳转列表,如图 4-6 所示。若要从列表中删除某个项目,请右击该项目,从弹出的快捷菜单中选择"从列表中删除"命令。

2. 任务栏

任务栏在桌面的底部,提供各类快捷的操作方式,在 Windows 7 中,它已完全经过重新设计,可轻松地管理和访问最重要的文件和程序。从功能区域上任务栏可以划分为以下几个部分:"开始"菜单,窗口图标栏,固定项目区,任务栏图标,语言栏,通知区域,日期时间,查看桌面等,如图 4-7 所示。

任务栏的"固定项目"是对"开始"菜单上的固定程序的补充,存放一些快捷方式连接的应用程序,此处单击即可激活使用。用户可以将桌面上的快捷方式拖动到任务栏,也可

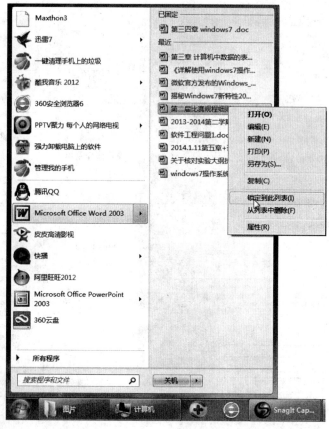

图 4-6 "开始"菜单中的跳转列表

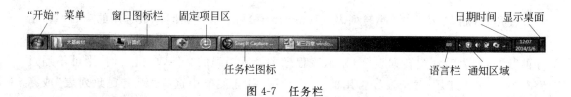

图 4-7 任务栏

以将菜单中的程序拖动到任务栏（系统会自动为该程序创建快捷方式），或者在程序的右键快捷菜单中选择"锁定到任务栏"命令即可将喜欢的程序固定到任务栏上，这样可以始终在任务栏中看到这些程序并通过单击方便地对其进行访问，如图 4-8 所示。解除锁定只需在任务栏固定项目上右击，从弹出的快捷菜单中选择"将此程序从任务栏解锁"命令，如图 4-9 所示。

任务栏图标使得 Windows 7 对各类应用程序的管理、切换和执行更轻松、便捷。所有正在使用的文件或程序在任务栏上都以缩略图表示，如图 4-10 所示。且可被重新排列和组织（包括固定程序和没有固定但正在运行的程序），只需将图标从当前位置拖动到任务栏上的其他位置；如果将鼠标悬停在缩略图上，则窗口将展开为全屏预览，也可以直接从缩略图关闭窗口。

图 4-8　锁定程序到任务栏

图 4-9　任务栏固定程序解锁

图 4-10　程序缩略图

通知区域用于那些不出现在桌面上的系统或程序特性图标,通知区域也为通知和状态显示提供了临时的位置,通常包括音量控制器、杀毒软件、日期指示器等。相比从前的系统,Windows 7 任务栏的通知区域(即系统托盘区域)也有一定的改变:默认状态下,大部分的图表都是隐藏的,如图 4-11 所示。如果要让某个图标始终显示,只要单击通知区域的倒三角形的下拉按钮,然后选择"自定义"选项,接着在弹出的窗口中找到要设置的图标,选择"显示图标和通知"即可,如图 4-12 所示。

图 4-11　Windows 7 的通知区域

任务栏也可设置跳转列表,它可以为每个程序提供快捷打开甚至是窗口或文件夹。图 4-13 所示的是任务栏"窗口图标"的右键快捷菜单显示的"跳转列表",使用方法参见

"开始"菜单中"跳转列表"部分。也可以将目标文件夹直接拖动到任务栏区域，会看到任务栏出现"附加到 Windows 资源管理器"的提示，如图 4-14 所示。这样即可随时快速访问该文件夹。向任务栏添加其他快速启动项目也是如此。

图 4-12　自定义 Windows 7 的通知区域图标　　　　　　图 4-13　Jump Lists 列表

图 4-14　附加文件夹到 Jump Lists 中

右击任务栏空白处,弹出快捷菜单,如图 4-15 所示,选择相应命令,可分别对工具栏、窗口、任务管理器、任务栏进行设置。工具栏可针对任务栏中的项目进行适当添加或删除,勾选即意味着任务栏中加入该项。"层叠窗口"、"横向平铺窗口"命令等是对任务栏窗口图标部分排列方式的设定,用户可视情况选择最合适的窗口排放方式。图 4-16 所示为"层叠窗口"模式。"锁定任务栏"菜单,任务栏就被锁定为当前状态。锁定后的任务栏不会因鼠标操作产生的拖曳而到处移动,也不被调整宽度。

图 4-15　任务栏右键菜单

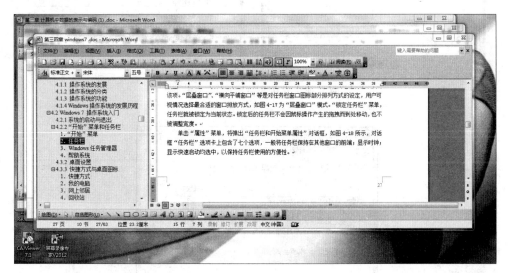

图 4-16　层叠窗口

单击"属性"菜单,将弹出"任务栏和「开始」菜单属性"对话框,如图 4-17 所示,对话框

图 4-17　任务栏属性

"任务栏"选项卡上通常可设置任务栏的外观、位置、通知区域、任务栏图标等。"任务栏和「开始」菜单属性"对话框的"开始"菜单选项卡中,如图 4-18 所示,可自定义开始菜单上的链接、图标以及菜单的外观和行为。如果修改不满意仍可单击"使用默认设置"来还原系统设置。

3. Windows 任务管理器

Windows 任务管理器可以从任务栏右键菜单中打开,也可直接按 Ctrl+Shift+Esc 键打开,如图 4-19 所示。在 Windows 任务管理器中,可以管理当前正在运行的应用程序和进程,并查看有关计算机性能的信息。程序

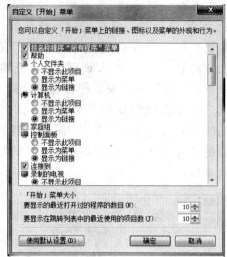

图 4-18　开始菜单属性及自定义

图 4-19　Windows 任务管理器

以文件的形式存放在外存储器上,一个程序开始执行,就从外存被调入内存,Windows 多任务操作系统,可以同时运行多个程序,一个程序也可以同时运行多次,所有运行的程序及其状态都会显示在 Windows 任务管理器的"应用程序"选项卡内。当某种原因系统出现了未响应的程序时,可以在此处单击"结束任务"按钮终止其运行。

进程是一个正在执行的程序,由单一顺序的执行显示,一个当前状态和一组相关的系统资源所描述的活动单元。一个程序被加载入内存,系统就创建相应的进程,程序执行结束该进程也消亡。一个程序可被多个进程执行,一个进程也可同时执行多个程序。为了更好地并发处理、共享资源、提高 CPU 的利用率,操作系统把进程细分为线程。若要添加更多的信息列,选择"查看"|"选择列"命令。从弹出的"选择进程页列"对话框中选中要

查看列的复选框,然后单击"确定"按钮,如图 4-20 所示。若要查看有关在任务管理器中运行的任何进程的详细信息,请右击该进程,从弹出的快捷菜单中选择"属性"命令。在"属性"对话框中,可以查看有关该进程的常规信息,包括其位置和大小。单击"详细信息"选项卡可查看有关该进程的详细信息。

图 4-20　进程及查看进程列列表

任务管理器中的"性能"选项卡提供有关计算机如何使用系统资源(例如随机存取内存(RAM)和中央处理器(CPU))的高级详细信息。"性能"选项卡包括 4 个图表。上面两个图表显示了当前以及过去数分钟内使用的 CPU 数量(如果"CPU 使用记录"图表显示分开,则计算机具有多个 CPU,或者有一个双核的 CPU,或者两者都有)。较高的百分比意味着程序或进程要求大量 CPU 资源,这会使计算机的运行速度减慢。如果百分比冻结在 100%附近,则程序可能没有响应,或系统提供的内存长时间处于几乎耗尽的状态时,利用任务管理器,找到 CPU 使用率高或内存占用率高的进程终止。值得注意的是,系统进程无法中止。若要查看有关正在使用的内存和 CPU 资源的高级信息,请单击"资源监视器"按钮,如图 4-21 所示。"资源监视器"显示像任务管理器中一样的图形摘要,但更详细。"资源监视器"还包含有关资源的详细信息,例如磁盘使用和网络使用。

4. 帮助系统

Windows 7 提供了强大的帮助系统,用户可得到任何项目的帮助信息。单击"开始"菜单的"帮助和支持"按钮,出现"Windows 帮助和支持"窗口。可以在搜索文本框中输入要帮助或寻求的信息查找,也可选择自己自己需要的帮助主题,显示相关内容后双击,即可获得有关具体应用的帮助信息。

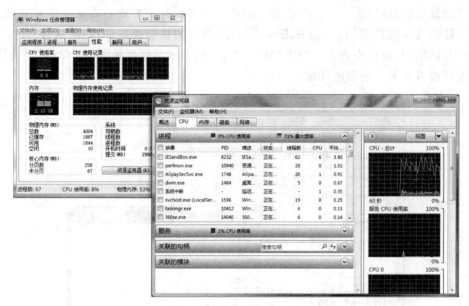

图 4-21 "性能"选项卡及"资源监视器"窗口

另外,Windows 7 窗口所有对话框的标题栏上都有一个带 ⊘ 图标,单击图标可直接获得帮助。应用程序一般配有"帮助"菜单,使用帮助菜单也可获得相关应用程序的帮助信息。

4.2.3 桌面设置

桌面是打开计算机并登录到 Windows 之后看到的主屏幕区域。打开程序或文件夹时,它们便会出现在桌面上。还可以将一些项目(如文件和文件夹)放在桌面上,并且随意排列它们。

1. 桌面新增功能

Windows 7 桌面增加了许多新功能可使用户更加轻松地组织和管理多个窗口。可以在打开的窗口之间轻松切换,以便集中精神处理重要的程序和文件。

(1) Snap 功能。使用 Snap,可以使窗口与桌边的边缘快速对齐、使窗口垂直扩展至整个屏幕高度或最大化窗口使其全屏显示。Snap 在以下情况中尤为有用:比较两个文档、在两个窗口之间复制或移动文件、最大化当前使用的窗口,或展开较长的文档,以便于阅读并减少滚动操作。

指向打开窗口的上边缘或下边缘,直到指针变为双头箭头,将窗口的边缘拖到屏幕的顶部或底部,即可垂直展开窗口。拖曳窗口的任务栏扔至桌面两侧即可对齐该窗口;拖曳窗口的任务栏扔至桌面顶端则可最大化该窗口。下图仅以对齐窗口为例,如图 4-22 和图 4-23 所示。

(2) Shake 功能。通过使用 Shake 功能,可以快速最小化除桌面上正在使用的窗口外的所有打开窗口。只需单击要保持打开状态的窗口的标题栏,摇一摇该窗口,其他窗口就会最小化。再摇晃一下,消失的窗口又会出现在原来的位置,如图 4-24 所示。

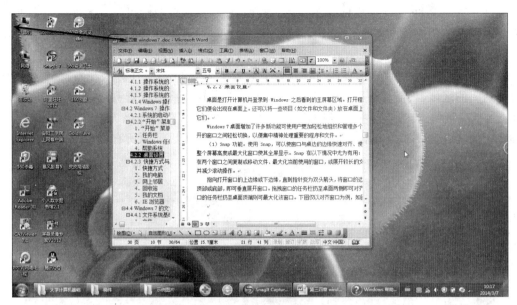

图 4-22　Snap 对齐窗口

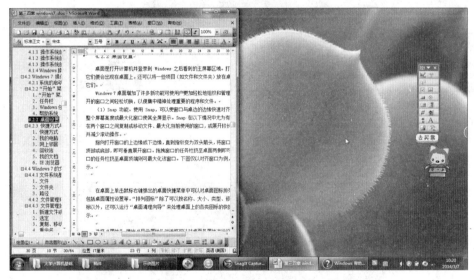

图 4-23　Snap 对齐窗口的效果

图 4-24　Shake 功能

（3）Aero Peek 功能。也即任务栏最右端的"显示桌面"按钮，可以在无须最小化所有窗口的情况下快速预览桌面。另外 Aero Peek 也包括通过指向任务栏上的某个打开窗口的图标来预览该窗口。

在 Windows 7 中，"显示桌面"按钮，独立放置于 Windows 7 任务栏最右侧的那一小块半透明的区域，只需要将鼠标悬停其上，所有打开的窗口将变成透明，从而使桌面可见，如图 4-25 所示。当想从一些窗口中挑出一个窗口时，只需要抓住该窗口并摇动它，所有屏幕上的其他窗口都会最小化到任务栏。再次摇动窗口可以还原所有窗口。

图 4-25　显示桌面

（4）小工具。Windows 中包含称为"小工具"的小程序，这些小程序可以提供即时信息以及可轻松访问常用工具的途径，如图 4-26 所示。

图 4-26　小工具

注意：并不是所有的新增桌面功能在所有的 Windows 7 版本中都可用。例如，Aero Peek、Shake 和背景幻灯片在 Windows 7 家庭普通版或 Windows 7 简易版中不可用。

2. 桌面右键快捷菜单

在桌面上右击,从弹出的快捷菜单中,可以对桌面图标查看,排列、新建文件或快捷方式,还包括桌面属性设置等,如图 4-27 所示。"查看"主要用于控制图标的显示方式,"排序方式"则可以按名称、大小、项目类型、修改时间来排列桌面图标。

"屏幕分辨率"中,用户可以对显示器进行设置。屏幕的分辨率可以这样理解:计算机屏幕的图像实际上是由一个个的像素点组成的。或者说屏幕是由一个像素点的矩阵组成,每个像素点显示一个颜色。所有的像素点组合在一起,形成人们看到的屏幕上的图像。显示器的颜色质量和屏幕分辨率的设置依显示适配器的类型不同而有所不同,屏幕支持多种分辨率,如分辨率为 1280×800 像素,表示当前屏幕横向每行有 1280 个像素点,纵向每列有 800 个像素点。在"分辨率"选项中,拖动滑块可以选择屏幕的分辨率,分辨率

图 4-27 桌面右键快捷菜单

越高,画面越逼真,屏幕上能够显示的内容越多,但同时字体也会变小,如图 4-28 所示。

图 4-28 屏幕分辨率

在"屏幕分辨率"的"高级设置"选项中可对监视器进一步设定,如监视器的"屏幕刷新频率"的设置。屏幕刷新频率指图像在屏幕上更新的速度,即屏幕上的图像每秒出现的次数,它的单位是赫兹(Hz)。刷新频率越高,屏幕上图像闪烁感就越小,稳定性也就越高,换言之对视力的保护也越好。一般时人的眼睛、不容易察觉 75Hz 以上刷新频率带来的

闪烁感,因此最好能将显示卡刷新频率调到 75Hz 以上。要注意的是,并不是所有的显示卡都能够在最大分辨率下达到 75Hz 以上的刷新频率(这个性能取决于显示卡上 RAMDAC 的速度),而且显示器也可能因为带宽不够而不能达到要求。一般来讲,普通显示器设置高一点为好,75～85Hz 均可;液晶显示器设置为 60Hz 即可,如图 4-29 所示,再高意义都不大,而且在某些开启垂直同步的程序里面,75Hz 会给显卡带来额外的负荷。

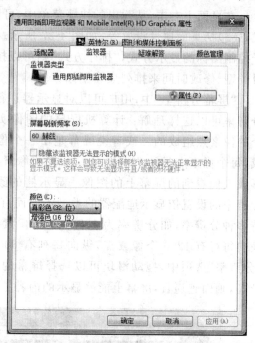

图 4-29 屏幕刷新频率设置

"个性化"设置计算机可以通过更改计算机的主题、颜色、声音、桌面背景、屏幕保护程序、字体大小和用户账户图片来向计算机添加个性化设置,如图 4-30 所示。

主题控制桌面上的视觉效果和声音,它决定了桌面的总体外观,也就是说一旦选择了新的主题,其他选项卡的内容设置也随之改变。Windows 7 提供的 Aero 主题有 Windows 7、建筑、人物等多种,还有基本和高度对比主题可选。主题是设定好的一套方案,选好主题相应的桌面背景、窗口颜色、声音和屏幕保护均被设定。也可自我设定主题,单独修改以上各项,修改后的主题可以保

图 4-30 "个性化"窗口

存,扩展名为. Theme。

（1）桌面背景。"桌面背景"选项卡可供用户修改桌面背景,单击某个图片成为固定背景,也可选择一组图片创建幻灯片,定时更换,如图4-31所示。另外,除系统提供的桌面壁纸外,可单击"浏览"按钮,在本机内查找自己喜欢的图片作为背景。

图4-31 "桌面背景"选项卡

（2）窗口颜色。Aero是此Windows 7版本的高级视觉体验,如图4-32所示。其特点是透明的玻璃图案中带有精致的窗口动画,以及全新的"开始"菜单、任务栏和窗口边框颜色。可以选择提供的颜色之一,或使用颜色合成器创建自己的自定义颜色。

单击"高级外观设置"按钮,打开"窗口颜色和外观"对话框,在此可对消息框、活动窗口、非活动窗口、桌面等细节进行全面设置,这是对个性化最充分的尊重。图4-33为"窗口颜色和外观"对话框。

（3）声音。可以使计算机在发生某些事件时播放声音(事件可以是执行的操作,如登录到计算机,或计算机执行的操作,如在收到新电子邮件时发出警报)。Windows附带多种针对常见事件的声音方案(相关声音的集合)。此外,某些桌面主题有它们自己的声音方案。

（4）屏幕保护程序。纯平显示器,即CRT显示器的显示原理是通过向涂有荧光的屏幕上发射电子束来使显示器产生图像。因此为了保护显示器,在人们长时间不操作计算机时,应让显示器显示较暗的或活动的画面。屏幕保护程序既可以减少屏幕损害又能保障系统安全,如图4-34所示。选择一个屏幕保护程序下拉框中选择一个选项,窗口中的屏幕区域就会提供该选项的预览,也可以单击"预览"按钮,直接预览屏保的效果。"等待时间"是指在系统无输入后多长时间启动,是以分钟为单位的,最短可以

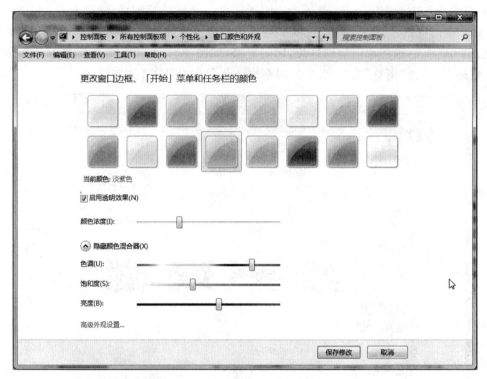

图 4-32 "窗口颜色和外观"对话框一

图 4-33 "窗口颜色和外观"对话框二

设置为1min。"在恢复时使用密码保护"是恢复时的密码输入要求,选择此选项后,在按键盘任意键或鼠标移动解除屏保时,系统将要求录入当前用户的密码。屏幕保护程序保障用户离开计算机时,防止无关人员窥探屏幕上的信息,如果设置密码,只有本人才可以恢复系统。注意,显示器进入屏幕保护状态和进入节电状态时不同的,屏幕保护不能节能。

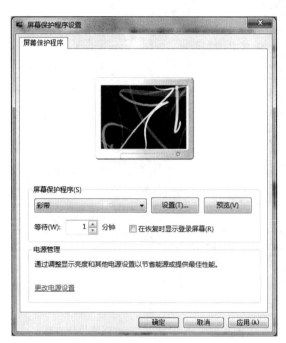

图4-34 "屏幕保护程序"窗口

4.2.4 快捷方式与桌面图标(桌面文件夹)

1. 快捷方式

快捷方式是一个连接对象的图标,它不是对象本身,而是指向这个对象的指针。打开快捷方式意味着打开了相应对象,但删除快捷方式却并不意味着删除相应对象,只是删除了指向对象的一个链接。不仅应用程序可以创建快捷方式,Windows中的任一对象均可创建快捷方式。

创建快捷方式的方法很简单,只需要按住Ctrl+Shift键,然后将文件拖曳到需要创建快捷方式的地方就可以了。如果拖曳到"开始"菜单,则不必按住Ctrl+Shift键。

也可以使用文件或程序右键菜单中的"发送到"|"桌面快捷方式"命令,将快捷方式创建到桌面,还可以使用"创建快捷方式"菜单项将快捷方式创建在原地。

或者应用如图4-35所示"文件"|"新建"|"快捷方式"命令或"文件"|"创建快捷方式"命令。前者可以通过"浏览"选择合适路径,将快捷方式创建在任意目的地,如图4-36和图4-37所示,后者只能将快捷方式创建在原地。

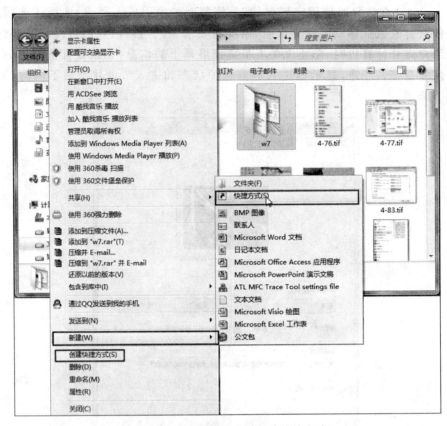

图 4-35　使用"文件"菜单创建快捷方式

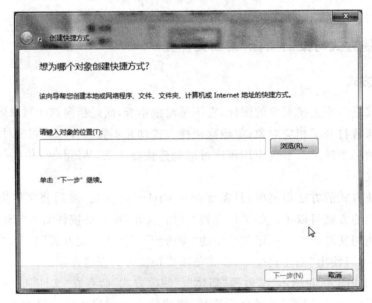

图 4-36　"创建快捷方式"窗口

图 4-37　浏览文件夹确定快捷键位置

2．计算机

"计算机"相当于计算机的总管,可以查看计算机上的所有内容,管理其中资源,包括在这台计算机上存储的文件、硬盘驱动器、可移动存储设备、控制面板等。具体功能将在下一节中详细介绍,此处主要讲解"计算机"的属性设置。右击"计算机"图标,从弹出的快捷菜单中选择"属性"命令,弹出"系统属性"对话框,如图 4-38 所示。可查阅系统版本、CPU 型号、内存大小等基本信息;"计算机名称、域和工作组"中的"更改设置"按钮弹出的"系统属性"对话框,在"计算机名"选项卡中可以用于显示和更改本机名或网络 ID,如图 4-39 所示。

图 4-38　"计算机"的属性

图 4-39　更改计算机名

　　"硬件"选项卡中提供计算机上所安装硬件的图形视图。所有设备都通过一个称为"设备驱动程序"的软件与 Windows 通信。使用设备管理器可以安装和更新硬件设备的驱动程序、修改这些设备的硬件设置以及解决问题。其中,带有黄色问号的设备是没有正常安装的设备。在默认情况下,系统设备是按照类型排序的,如果用户需要按其他方式排序,可在"查看"菜单中选择。"禁用"和"启用"设备是设备管理中经常进行的工作,当某个系统设备暂时不用时,用户可以将其禁用,这样有利于保护系统设备。启用设备时,只需在"设备管理器"中右击要启用的禁用设备,从弹出的快捷菜单中选择"禁用"命令即可,如图 4-40 所示。除此之外,用户还可通过"设备管理器"窗口查看系统设备的属性,如果需

图 4-40　"设备管理器"对话框

要,用户还可以修改设备的属性,如中断请求、输入输出范围等。相关硬件的驱动程序也可以从此处更新。

"高级"选项卡的"性能"栏中可对视觉效果、处理器计划,内存使用以及虚拟内存进行设置。在"性能"栏中单击"设置"按钮,在弹出的"性能选项"对话框的"高级"选项卡的"虚拟内存"栏中单击"更改"按钮,在弹出的"虚拟内存"对话框内对虚拟内存进行设置,如图 4-41 所示。如果计算机缺少运行程序或操作所需的随机存取内存(RAM),则 Windows 使用虚拟内存进行补偿。虚拟内存将计算机的 RAM 和硬盘上的临时空间组合在一起。当 RAM 运行速度缓慢时,虚拟内存将数据从 RAM 移动到称为分页文件的空间中。将数据移入与移出分页文件可以释放 RAM,以便计算机可以完成工作。一般而言,计算机的 RAM 越多,程序运行得越快。如果计算机的速度由于缺少 RAM 而降低,则可以尝试增加虚拟内存来进行补偿。但是,计算机从 RAM 读取数据的速度要比从硬盘读取数据的速度快得多,因此增加 RAM 是更好的方法。Windows 通常会自动管理大小,但是如果默认的大小不能满足需要,则可以手动更改虚拟内存的大小。如果收到虚拟内存不足的警告,则需要增加分页文件的最小大小。Windows 设置分页文件的初始最小大小等于计算机上安装的随机存取内存(RAM)的数量加上 300MB,最大大小是计算机上安装的 RAM 数量的 3 倍。

图 4-41　更改虚拟内存

"高级"选项卡的"启动和故障恢复"栏中,可以设定操作系统列表及恢复选项时间及系统失败的操作设置等,如图 4-42 所示。

图 4-42　"启动和故障恢复"对话框

3. 网络

如果计算机中安装了网络适配器并正确地安装了驱动程序,则桌面上将出现"网络"图标。双击它即可打开网络窗口,此处可以查到组内的计算机,如图 4-43 所示。双击一台计算机的图标,如果该计算机下有共享的文件夹,则将显示共享文件夹的列表。根据文件夹共享设置的权限,可以查看或者是修改文件夹下的文件。

图 4-43　"网络"窗口

如果已经知道共享资源的机器的名字或者是 IP 地址,可以在资源管理器的地址栏中直接按照如下格式进行访问:\\共享资源的机器的名字或者是 IP 地址。例如:\\docServer 或\\192.168.0.23\,回车后可以查看该机器下的共享文件夹。

通过"网络"和地址栏等方式对网络中的共享资源进行访问,需要单击多次才能找到一个文件夹,不是很方便。可以把经常访问的共享文件夹类似驱动器一样作为根目录记录下来。Windows 系统提供了一种访问的方式,将共享文件夹映射为一个驱动器,即"映射网络驱动器"。在"计算机"或"网络"的右键菜单中均可实现。如图 4-44 即将网络中的共享 Media 文件夹映射成驱动器 Z,设置成功后在打开"计算机"窗口可看到 Media 类似 C 盘、D 盘等驱动器一样显示在窗格内,如图 4-45 所示,单击该驱动器就可以直接打开映射的共享文件夹。

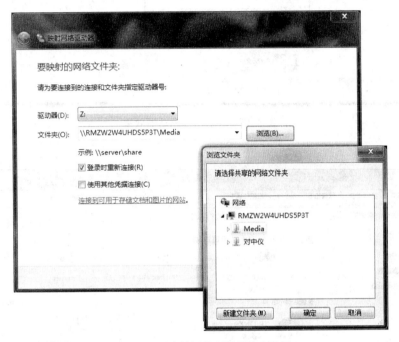

图 4-44 "映射网络驱动器"对话框

实现方法为,找到桌面上的"计算机"图标,右击,选择"映射网络驱动器"选项。打开"映射网络驱动器"对话框,"驱动器"就是选择被映射的网络驱动器号,随意选择一个即可。选择"驱动器"后,要特别注意"文件夹"路径的设置,路径的格式为\\对应计算机的 IP\共享文件夹名字。然后勾选"登录时重新连接"复选框,系统将会开机后自动连接。配置完成后,在计算机中双击对应的驱动盘,即可打开对方的共享目录。

右击桌面上的"网络"图标,从弹出的快捷菜单中选择"属性"命令,打开"网络和共享中心"窗口,在此网络的连接变得更加容易、更易于操作,它将几乎所有与网络相关的向导和控制程序聚合在此,如图 4-46 所示。如果不习惯 Windows 7 网络和共享中心的映射图,传统方式查看的方法:单击左侧的"更改适配器设置"即可,如图 4-47 所示。

图 4-45　映射网络驱动器效果

图 4-46　"网络和共享中心"窗口

图 4-47　更改适配器设置后效果

网络的连接类型可以选择"无线",但不推荐在"网络和共享中心"进行配置,因为
Windows 7 提供了更加方便的无线连接方式。当启用无线网卡后,单击系统任务栏托盘
区域网络连接图标,系统就会自动搜索附近的无线网络信号,所有搜索到的可用无线网络
就会显示在上方的小窗口中。每一个无线网络信号都会显示信号如何,而如果将鼠标
移动上去,还可以查看更具体的信息,如名称、强度、安全类型等,如图 4-48 所示。如果
某个网络是未加密的,则会多一个带有感叹号的安全提醒标志。点选要连接的无线网
络,然后单击"连接"按钮,如图 4-49 所示。当无线网络连接上后,再次点选,即可断开
连接。

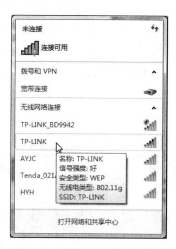

图 4-48　搜索到无线网络信号

图 4-49　无线信号连接

4. 回收站

"回收站"是硬盘上的一块区域,暂存用户已删除的文件、文件夹等。在未清空"回收

站"之前,这些已删除的文件、文件夹等并未从硬盘上删除,可以在需要的时候使用"回收站"恢复误删除的文件,也可以清空"回收站"实现真正的删除,释放更多的磁盘空间。

5. 用户文档

用户文档以登录的用户名命名,被作为所有应用程序保存文件的默认文件夹(除非某个程序明确要求保存在不同的文件夹中,否则都会截获其保存路径,并将其重定向到该文档文件夹中)。这样,用户保存和查找信息就有了统一的位置,以便用户快速打开、修改或使用自己的文档。

6. Internet Explore 浏览器

Internet Explore 浏览器简称 IE 浏览器,可以通过它来畅游互联网。

4.3 Windows 7 的文件系统

4.3.1 文件系统基础

1. 文件

文件是计算机存储信息的基本单位,是一组相关信息的集合。所有程序和数据均以文件的形式存放在计算机外存储器上。使用时,给每一个文件取一个名,称为文件名,操作系统通过文件名对文件进行存取。

文件名包括主文件名和扩展名,其基本格式为:主文件名.扩展名。主文件名是文件的标识,长度不得操作 256 个字符,不区分大小写,不能包含如下字符: * 、?、/、\、|、"、:、<、>等。扩展名由 0~3 个字符组成,用来区别文件的类型。不同类型的文件的扩展名不同。例如 autoExec. BAT,隐形的翅膀. mp3,A%B. doc 均为合法的文件名,而. BAT(无主文件名),ABC;123(使用非法字符)是一些不合法的文件名。

系统可以根据扩展名判断文件可以通过那个应用程序来打开。常用文件类型的扩展名及含义如表 4-3 所示。

表 4-3 常用文件类型的扩展名及含义

扩 展 名	含 义	扩 展 名	含 义
. EXE、. COM	可执行程序文件	. TXT	文本文件
. C、. CPP、. BAS	源程序文件	. DOCX	Word 2010 文档文件
. OBJ	目标文件	. XLSX	Excel 2010 电子表格文件
. RAR、. ZIP	压缩文件	. BMP、. JPG、. GIF	图像文件
. HTM、. ASP	网页文件	. WMV、. RM、. QT	流媒体文件
. WPS	WPS 文档文件	. WAV、. MP3、. MID	音频文件

2. 文件夹

文件夹也称为目录。Windows 文件系统通过文件夹实现对文件的统一管理。每个文件夹下可以存放若干个子文件夹和文件,但在同一文件夹下的不能够出现重名的文件和文件夹。文件夹可以嵌套,或者说文件夹下还可以有任意多个文件夹。文件夹的命名规则与文件名相同,但是文件夹一般是没有扩展名的。

3. 路径

在操作系统中,为实现对文件有效管理,要对文件进行周密的组织和管理。树状文件目录结构是最常用的文件组织和管理形式。文件被找到的路线即文件路径,是指文件或文件夹在磁盘中的存储位置,以字符串的形式描述。第一级目录为根目录,其下文件夹为子目录,文件为叶子结点。文件路径记录了从存储磁盘开始,逐层进入子文件夹,直到目的文件或文件夹所有经过的路径,经过的文件夹之间一般以"/"或"\"分隔。例如:"D:\temp\graph\minTree"就是一个目录的文件路径,第一个字符是目录所在磁盘的盘符,然后是一个冒号,接下来就是各级目录。

4.3.2 文件管理环境

"计算机"和"Windows 资源管理器"是系统提供的用于管理文件和文件夹的工具,利用它们可以显示文件夹的结构和文件的详细信息。用户可根据习惯和要求选择两种工具中的一种。

1. 计算机

"计算机"可从桌面图标中双击进入,打开"计算机"文件夹的一个常见原因是要查看硬盘和可移动媒体上的可用空间,如图 4-50 所示。另外,用户可从各磁盘驱动器开始一层一层打开文件夹,寻找所需文件或文件夹,文件或文件夹路径可以在地址栏内进行详细显示,找到内容后,用户可进行相关操作。"计算机"右键属性菜单已介绍,不再赘述。

2. 资源管理器

资源管理是操作系统一个非常重要的功能,Windows 系统提供了一个专门的资源管理工具——"资源管理器",可以用它查看计算机的所有资源,从"开始"菜单的右键快捷菜单中打开,如图 4-51 所示。它是一个非常重要的应用程序,它是 Windows 7 中各种资源的中心,它能够对计算机系统的所有硬件、软件以及控制面板等进行管理。

资源管理器的左侧是以树的形式显示的资源目录。第一级目录包括:收藏夹、库、家庭组、计算机和网络。主要的资源集中"计算机"中,其下包含了各个逻辑硬盘、光驱和移动存储设备。

与"计算机"不同,"Windows 资源管理器"的左窗格中显示了整个计算机资源的树形组织结构图,资源树可以层层展开,直至最底层的目录。右窗格则类似"计算机"显示左窗格中选定对象所包含的内容。在左窗格中,用鼠标左键单击某个文件夹左边的箭头符号,

图 4-50 "计算机"窗口

图 4-51 Windows 资源管理器

就可并展开其下目录。反之,单击则会收起目录,同时可配合右窗口查看选中文件夹的内容。底部的状态栏显示提示信息。状态栏显示当前资源目录下资源的个数(包括文件和文件夹)以及当前的存储可用空间等基本信息。

"Windows 资源管理器"的左右窗格使得使用"Windows 资源管理器"进行操作相对于"计算机"要方便一些,例如不同磁盘间的复制操作,"Windows 资源管理器"可利用左、右窗格在一个界面内进行,而"计算机"则需返回根目录或者新打开一个"计算机"窗口进行。

3. 关联性更强的文件管理方式——库

在 Windows 7 中,"库"是浏览、组织、管理和搜索具备共同特性的文件的一种方式,即使这些文件存储在不同的地方,如在不同硬盘分区、不同文件夹或多台计算机或设备中,Windows 7 也能够自动地为文档、音乐、图片以及视频等项目创建库,可以轻松地创建自己的库。库的一大优势是它可以有效地组织、管理位于不同文件夹中的文件,而不受文件实际存储位置所影响。无须将分散于不同位置、不同分区甚至是家庭网络的不同计算机中的文件拷贝到同一文件夹中。由于查找文件因为库的管理而变得更简单,因此库可以帮助避免保存同一文件的多个副本。

在某些方面,库类似于文件夹。例如,打开库时将看到一个或多个文件。但与文件夹不同的是,库可以收集存储在多个位置中的文件。这是一个细微但重要的差异。库实际上不存储项目。它监视包含项目的文件夹,并允许以不同的方式访问和排列这些项目。

创建库的方法如下:

(1) 打开"计算机"或"Windows 资源管理器"窗口,然后右击左窗格中的"库";从弹出的快捷菜单中,选择"新建"|"库"命令,输入库的名称,然后按 Enter 键,如图 4-52 所示。

图 4-52　新建库

(2) 单击"开始"按钮,单击用户名,打开个人文件夹,然后单击左窗格中的"库";在"库"中的工具栏上,单击"新建库",输入库的名称,然后按 Enter 键。

新建"库"后,从各磁盘找到需要加入"库"中的文件夹,从右键菜单中加入库内,如图 4-53 所示。最终效果如图 4-54 所示。从图 4-54 可以清楚地看到英语学习库中的内容来自两个不同的物理盘 E 盘和 F 盘,但却因内容的相似或分类相同被组织到同一个库内。这样不用考虑实际内容存放位置的方法,为用户组织分散于不同位置的相关资料提供了极大的便利。

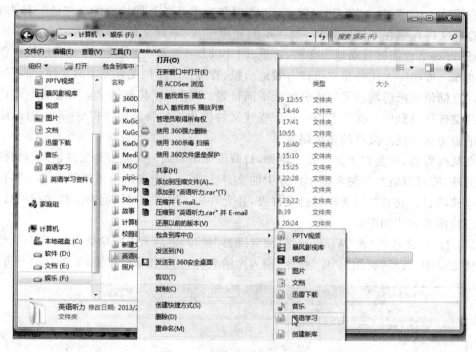

图 4-53　向库内添加关联文件

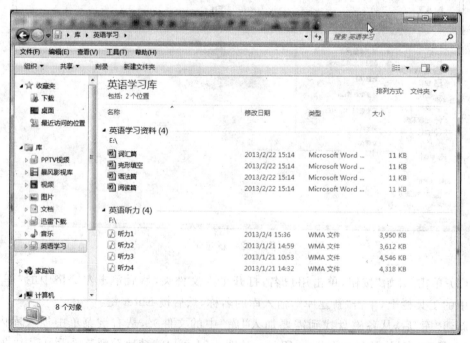

图 4-54　库使用效果

4.3.3　文件管理操作

1. 新建文件或文件夹

在目标地址处右击,从弹出的快捷菜单中选中"新建"则可以创建一个文件夹或相应的可选文件。

或者选中驱动器或目标文件夹,选择"文件"|"新建"命令,在其下的菜单的级联菜单中选择创建文件夹或相应的可选文件。

2. 选定

单击单个文件或文件夹即可选中。

选定多个连续文件或文件夹需先选定首个,配合键盘 Shift 键,再选中最后一个即可实现连选。

选定多个不连续文件或文件夹需先选定首个,配合键盘 Ctrl 键,再选择其他文件或文件夹即可。

要选定全部文件或文件夹,只需选择"编辑"|"全部选定"命令,或按 Ctrl+A 键实现。

反向选定是选定一组文件或文件夹后再选择"编辑"|"反向选择"菜单命令。

3. 复制、移动与删除

右击目标,从弹出的快捷菜单中选择"复制"命令,右击选择好的目的地址,从弹出的快捷菜单中选择"粘贴"命令即可。或者在同一驱动器内,配合 Ctrl 键拖曳目标文件或文件夹至目的地址。如果在不同驱动器之间,直接拖曳即可实现复制操作。

右击目标,从弹出的快捷菜单中选择"剪切"命令,右击选择好的目的地址,从弹出的快捷菜单中选择"粘贴"命令即可。或者在同一驱动器内,直接拖曳目标文件或文件夹至目的地址。如果在不同驱动器之间,配合 Shift 键拖曳至目的地址实现移动操作。

右击目标,从弹出的快捷菜单中选择"删除"命令,或直接按 Delete 键,即可将对象放入回收站。也可直接将对象拖曳至回收站。此时回收站内的文件均可通过 Ctrl+Z 键或右击回收站图标,从弹出的快捷菜单中选择"还原"命令进行恢复。如果要"清空回收站",可按 Shift+Delete 键删除对象,则无法直接恢复,需使用恢复工具恢复数据。

4. 重命名

重命名的方法很多,可以选择"文件"|"重命名"命令,或右击目标文件,从弹出的快捷菜单中选择"重命名"命令,或按 F2 键进行重命名,但最直接的还是直接选中目标,单击名称部分,待其变成文本框形式后插入光标输入新文件名回车确定即可。

5. 查看并设置属性

右击目标文件,从弹出的快捷菜单中选择"属性"命令,可以很方便地了解文件夹或文件的位置、大小、创建日期等重要属性,如图 4-55 所示。也可在高级属性中设置存档索引及压缩加密属性,如图 4-56 所示。

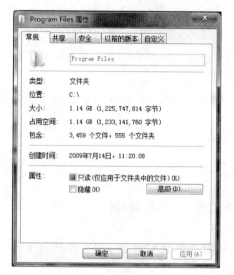

图 4-55　文件夹属性

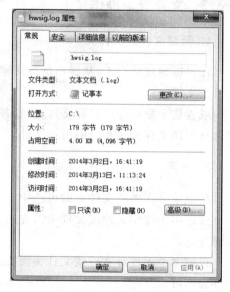

图 4-56　文件属性

文件夹属性中的"常规"选项卡显示文件夹的名称、位置、大小、占用空间和包含子文件和文件夹的信息等。用户也可以在这里直接修改文件夹名称。共享选项卡可以设置文件夹的共享属性和共享权限,如图 4-57 所示的"高级共享"对话框。设定共享权限后有权限者即可通过网络内的工作组计算机查看本机文件夹内容。

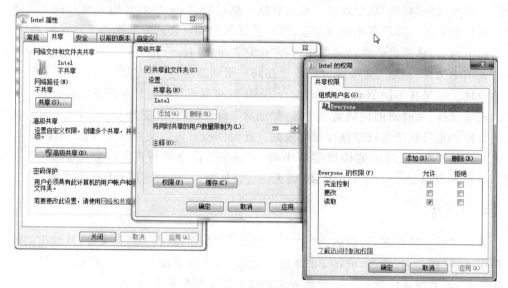

图 4-57　设置文件夹共享

在文件属性中除基本信息外还可对文件的"打开方式"进行修改,如将记事本程序用Word 字处理软件打开,如图 4-58 所示。同时文件属性做以下说明。

只读:文件只能读,不能修改或删除,起保护作用。

图 4-58　修改文件"打开方式"

隐藏：隐藏文件一般不显示，即便设置显示也是虚显，表明与普通文件不同。

存档：任何新建或修改文件都有存档属性，当选择"开始"|"附件"|"系统工具"|"备份"命令，并进行程序备份后，存档属性将消失。

6. 设置文件夹选项

在"计算机"或"Windows 资源管理器"或任意一个文件夹的窗口内，"工具"菜单下的"文件夹选项"可用来设置查看文件和文件夹的方式，如图 4-59 所示。"常规"选项卡可以设定任务显示方式，浏览文件夹方式，打开项目的方式。在"查看"选项卡中可以设置隐藏文件是否显示，文件扩展名是否显示，地址栏内是否显示完整地址等，如图 4-60 所示。"搜索"选项卡可以设定搜索内容和搜索方式。

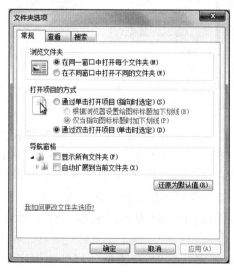

图 4-59　"文件夹选项""常规"选项卡

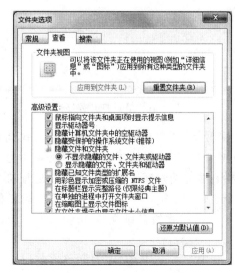

图 4-60　"查看"选项卡

7. 搜索文件或文件夹

搜索是查找文件或文件夹最直接的方法。如果查找常规文件类型或记得查找对象的全部或部分名称,或知道最近修改文件的时间等都可进行搜索。

而在 Windows 7 中,搜索功能融于每一个程序中,变得更加方便。单击"开始"按钮,就可以看到这里记录这最近运行的程序,而将鼠标移动到程序上,即可在右侧显示使用该程序最近打开的文档列表,如图 4-61 所示。在"开始"菜单下方的搜索框,在其中依次输入"i"、"n"、"t"…开始面板中会显示出相关的程序、控制面板项以及文件,如图 4-62 所示。

图 4-61 最近打开程序列表

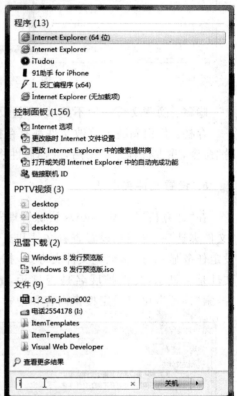
图 4-62 自动匹配搜索选项

"开始"菜单中的"搜索框"是查找文件或文件夹最直接的工具。但为方便使用,Windows 7 系统设置了许多便利的搜索方式,如"计算机"中任意磁盘或文件夹窗口的地址栏右端的搜索框。查找时可使用通配符"＊"和"?",其中"＊"代表文件或文件夹中任意多个或 0 个字符,"?"代表任意一个字符。例如,文件名以 a 开头的文件可表示为a＊.＊,所有 mp3 格式的音频文件可表示为＊.mp3,而第二个字符为 a 的文本文件则应表示为?a＊.＊。

在 Windows 7 中,搜索结果将更加精准。在搜索结果中,搜索所使用的关键字会高亮显示在文件内容片段或文件路径中,可以更方便地从排列有序的搜索结果中发现想要找到的文件。还可以指定搜索位置，如某个硬盘上的特定位置、跨多个特定位置或者特定的网站，Windows 7 的搜索结果将更具有相关性。从开始菜单和 Windows 资源管理器中都可以进行搜索。

此外，在"Windows 资源管理器"的搜索框中，还可以通过系统智能和动态的提示，进一步缩小搜索范围，使查询更有效，如图 4-63 所示。例如，可以依据文件的修改日期或文件类型，定义一个更加精准的搜索范围。搜索框还会将最近搜索的列表记忆下来。

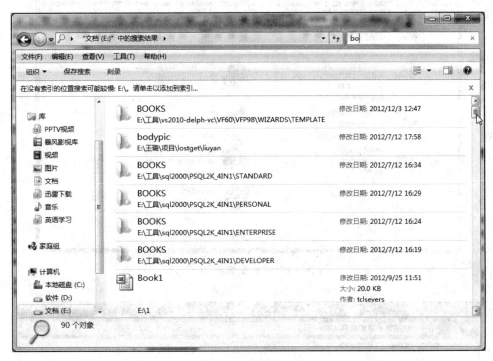

图 4-63 资源管理器搜索

查找想要的内容首先需要提出正确的问题。Windows 7 可以帮助进行更加智能的搜索，即根据之前的搜索提示输入建议，并动态过滤这些建议来缩小结果范围，帮助更快地搜索到所需内容。

4.4 控制面板

控制面板是计算机的系统环境进行设置和控制的地方，通过它，用户可以根据自己的爱好更改或管理显示器、键盘、鼠标、桌面等硬件的设置，以便更有效地使用。可以说它是用来对系统进行设计的一个工具集，例如，"系统"就是桌面"计算机"文件夹的右键快捷菜单的属性；"个性化"是桌面右键菜单；"任务栏和开始菜单"就是任务栏属性等等。已经介绍过的就不再赘述，本节主要讲解未涉及的一些常用控制工具。

启动控制面板的方法有以下几种。

（1）"开始"菜单中"控制面板"。

（2）"计算机"上端"打开控制面板"。

启动控制面板后，可以通过单击不同的类别（例如，系统和安全、程序或轻松访问）并查看每个类别下列出的常用任务来浏览"控制面板"，如图 4-64 所示。或者在"查看方式"下，单击"大图标"或"小图标"以查看所有"控制面板"项目的列表，如图 4-65 所示。

图 4-64 "控制面板"窗口

图 4-65 "控制面板"大图标窗口

4.4.1 程序和功能

在控制面板中,"程序和功能"工具的作用是保护安装和删除过程的控制,不会因为误操作而造成对系统的破坏,界面如图 4-66 所示。

图 4-66 "程序和功能"窗口

1. 卸载/更改程序

大部分经过安装的应用程序,在运行菜单中都有一个"卸载"(或 uninstall)菜单,单击该菜单即可从系统中将程序卸载。对于没有卸载菜单的应用程序,可以通过此处来协助处理。界面的右侧是系统中已经安装的应用程序,选中要卸载的应用程序,在界面上端单击"卸载/更改",系统提示是否要删除选中的程序,如果选择"是",则进入删除程序。删除程序绝大部分是自动完成的,不需要用户参与。

2. 添加新程序

一般的应用程序都有安装程序,无须"控制面板"协助。安装程序的作用是将应用程序的相关文件复制到安装目录,并在系统中写入一些支持应用程序运行的配置,创建快捷方式和运行菜单等。安装程序从组织形式上大体可以分为 3 种。

(1) 单个安装文件。这安装程序只有一个可执行文件,双击该文件即可进入安装程序。

(2) 一个安装目录。目录中包含一个 install.exe 或 setup.exe,运行该文件进入安装程序。

（3）自运行光盘。安装程序放在光盘中，将光盘放入光驱，安装程序会自动运行。

3. 打开或关闭 Windows 功能

Windows 附带的某些程序和功能（如 Internet 信息服务）必须打开才能使用。某些其他功能默认情况下是打开的，但可以在不使用它们时将其关闭。

在 Windows 的早期版本中，若要关闭某个功能，必须从计算机上将其完全卸载。在 Windows 的此版本中，这些功能仍存储在硬盘上，以便可以在需要时重新打开它们。关闭某个功能不会将其卸载，并且不会减少 Windows 功能使用的硬盘空间量。某些 Windows 功能在文件夹中分组在一起，并且某些文件夹包含具有其他功能的子文件夹。如果部分选中了某个复选框或复选框变暗，则该文件夹中的某些项目已打开，而某些尚处于关闭状态。若要查看文件夹中的内容，双击该文件夹，如图 4-67 所示。

图 4-67 "Windows 功能"对话框

4.4.2 区域和语言选项

"区域和语言选项"可以根据不同的地区设定区域选项、语言、输入法等，非常适合跨国界的使用。"区域和语言"中的格式选项卡的"其他设置"中还可设定数字、货币、时间、日期的显示方式，如图 4-68 所示。

"键盘和语言"选项卡下的"更改键盘"控制输入法的设置，如图 4-69 所示。默认输入语言选项决定了在打开一个可输入应用程序时，默认使用什么输入法。如果经常做文字编辑，可选中文输入法；如果经常编代码，那么选择"美式键盘"默认的英文输入。在已"安装的服务"栏中，显示的是系统安装的输入法。系统默认会安装好几个输入法，以供不同的用户根据自己的习惯进行选择。用户可单击"删除"按钮将不用的输入法删除。需要时单击"添加"按钮，从列表中选择即可。"键设置"按钮提供输入法的快捷键模式，例如，按 Alt＋Shift 键就可以在不同的输入法之间切换。

图 4-68　区域和语言

图 4-69　输入法设置

4.4.3　鼠标和键盘

（1）鼠标设置。在控制面板中双击"鼠标"图标，弹出鼠标设置窗口。可以通过"切换主要和次要按钮"复选框，可以将鼠标的左键和右键进行交换。交换后，单击左键弹出菜单，单击右键进行单击和拖曳等工作。这种方式适合于习惯用左手使用鼠标的人。通过设置界面，可以调节鼠标的速度、鼠标指针的形状以及滚轮浏览时每格滚动的行数等等。如图 4-70 显示鼠标更换方案及模式的界面，也可通过"浏览"按钮使用本机个性化鼠标，文件格式为 * . Ani 或 * . Cur。

图 4-70　更换鼠标方案

（2）键盘设置。在控制面板中双击"键盘"图标，弹出键盘设置窗口。在"速度"配置页，设置键盘输入的重复延迟、重复速度和输入光标闪烁频速度。重复延迟是指一直按住某一个键多长时间开始重复录入该键（相当于再按一次该键）。重复速度是指第二次重复以后的连续重复的速度（即多长时间重复同一键值）。输入光标闪烁速度即提示输入点的光标多长时间闪烁一次。

4.4.4　声音

"声音"对话框中包含播放、录制、声音和通信四个选项卡，设置相对都比较简单，在"播放"|"属性"|"增强功能"选项卡中，可选择"低音增强"、"虚拟环绕"等增强功能应用到当前扬声器配置中。

"声音"选项卡中的声音方案是应用于 Windows 和程序事件中的一组声音，更换现有的声音方案，则 Windows 开关机等声音均会随方案变化而变化。另外，也可对一些程序事件添加方案，如图 4-71 所示，可以给"最大化"事件添加上"Windows 7 登录音"，则每当最大化窗口时都会有登录背景音乐响起。也可以单击"浏览"按钮，从本机中寻找合适音乐配用。

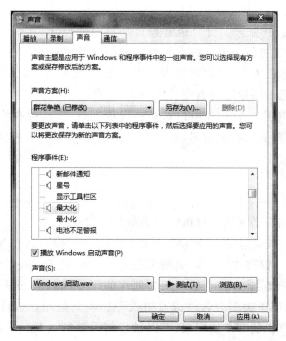

图 4-71　更改事件声音

另外,Windows 7 对蓝牙音频设备的设置也是非常简单的。Windows 7 中包含一个标准的蓝牙音频驱动程序,可用于所有与发布的蓝牙音频规范相兼容的设备。只需从可用的蓝牙设备列表中选择设备,Windows 7 即可自动配对设备并加载所需的驱动器,自动进行流管理。Windows 7 可自动将声音(如音乐、语音电话以及 Windows 声音)路由到正确的设备。例如,有一个耳机将接收网络电话(VOIP)的音频,如 Windows Live Messenger 或 Skype 的通话。但如果正在收听音乐或观看电影,该声音将自动被路由到扬声器,而不是耳机。声音会按照逻辑被自动路由到正确的设备中,因此,用户无须忙于操纵众多通信和娱乐设备。如果计算机带有多个声音设备,只需在"通知"区域中单击熟悉的扬声器图标,即可单独控制每个设备的音量。

4.4.5　用户账户

为了保护系统安全,体现用户的个性化和保护个人隐私,Windows 7 支持多用户。不同的用户拥有各自独立的用户文档文件夹、不同的桌面设置和用户访问权限。每个用户有了自己的账户以后,可以实现以下具体的功能:自定义计算机上每个用户的 Windows 窗口和桌面的外观方式;拥有自己喜爱的站点和最近访问过的站点的列表;保护重要的计算机设置;拥有自己的用户文档文件夹,并可以使用密码保护私用的文件;登录速度更快,在用户之间快速切换不需要关闭用户程序。

1. 用户账户的类型

用户账户类型分为两类:"计算机管理员"账户和"受限用户"账户,两种类型账户的权限是不同的。

（1）"计算机管理员"账户。计算机管理员账户能够打开"计算机管理"控制台，允许用户对所有计算机设置进行更改。拥有的权限包括安装软件和硬件，进行系统范围的更改，访问和读取所有非私人文件，创建和删除用户账户，更改其他人的账户，更改自己的账户名和类型，更改自己的图片以及创建、更改和删除自己的密码等。

（2）"受限用户"账户。只允许用户对某些设置进行更改，拥有的权限包括更改自己的图片，创建、更改和删除自己的密码，查看自己创建的文件和在共享文档文件夹中查看文件等。

2. 创建新账户

创建新账户时，用户必须以计算机管理员账户身份登录。

（1）在控制面板中，双击"用户账户"，弹出"用户账户"窗口。

（2）在"用户账户"窗口中，选择"管理其他账户"单击"创建一个新账户"命令，弹出"命名账户并选择账户类型"窗口。输入想要创建的账号的名称，选择标准用户或管理员用户。标准用户可以使用大多数软件以及更改不影响其他用户或计算机安全的系统设置；管理员账户有计算机的完全访问权，可以做任何需要的更改。单击"创建账户"按钮，完成创建新用户账户的操作。

3. 更改用户账户

作为计算机管理员账户的用户，不仅可以创建、更改和删除自己的密码，也可以更改自己的账户名和类型，还可以更改其他人的账户；而作为受限账户的用户，就只能创建、更改和删除自己的密码。

在"用户账户"窗口中，单击"管理账户"，选择一个要更改的账户，进入"更改用户账户"的窗口，如图 4-72 所示。此处可对账户名称、密码、图片、家长控制、账户类型等进行修改。

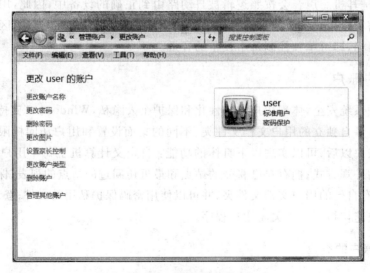

图 4-72　更改用户账户

4. 用户账户设置

在对计算机进行更改（需要管理员级别的权限）之前，用户账户控制（UAC）会通知您。默认 UAC 设置会在程序尝试对计算机进行更改时通知您，但您可以通过调整设置来控制 UAC 通知您的频率。表 4-4 描述了 UAC 设置以及每个设置对计算机安全的潜在影响。

表 4-4　用户账户设置

设　　置	描　　述	安　全　影　响
始终通知	在程序对计算机或 Windows 设置进行更改（需要管理员权限）之前，系统会通知用户	这是最安全的设置。 收到通知后，应该先仔细阅读每个对话框中的内容，然后再允许对计算机进行更改
仅在程序尝试对我的计算机进行更改时通知我	在程序对计算机进行更改（需要管理员权限）之前，系统会通知用户。 如果您尝试对 Windows 设置进行更改（需要管理员权限），系统将不会通知您。 如果 Windows 外部的程序尝试对 Windows 设置进行更改，系统会通知您	通常允许对 Windows 设置进行更改而不通知您是很安全的。但是，Windows 附带的某些程序可以传递命令或数据，某些恶意软件可能会通过使用这些程序安装文件或更改计算机上的设置来利用这一点。您应该始终小心对待允许在计算机上运行的程序
仅当程序尝试更改计算机时通知我（不降低桌面亮度）	在程序对计算机进行更改（需要管理员权限）之前，系统会通知您。 如果您尝试对 Windows 设置进行更改（需要管理员权限），系统将不会通知您。 如果 Windows 外部的程序尝试对 Windows 设置进行更改，系统会通知您	此设置与"仅当程序尝试更改计算机时通知我"相同，但您不会在安全桌面上收到通知。 由于 UAC 对话框不在带有此设置的安全桌面上，因此其他程序可能会影响对话框的可视外观。如果已有一个恶意程序在您的计算机上运行，这会是一个较小的安全风险
从不通知	在对您的计算机进行任何更改之前，您都不会收到通知。如果您以管理员的身份登录，则程序可以在在您不知道的情况下对计算机进行更改。 如果您以标准用户身份登录，则任何需要管理员权限的更改都会被自动拒绝	这是最不安全的设置。如果将 UAC 设置为从不通知，您在打开计算机时会有潜在的安全风险

4.4.6　BitLorker 驱动器加密

Windows 7 企业版和旗舰版中的 BitLocker 功能实现了对计算机中像 C 盘、D 盘这样的硬盘分区的加密，有效保障了硬盘分区中数据的安全。

BitLocker 功能可以对每一个硬盘分区进行加密，并自动加密任何添加到该硬盘分区的文件或文件夹。受到 BitLocker 保护的设备都可以确保只有授权的用户才能读取数据,即使计算机中硬盘被单独取出,也无法在其他计算机上读取。这样,在计算机被盗或丢失的情况下,也可以很好的保护数据。该设置磁盘的右键菜单中即可依据向导实现,如图 4-73 和图 4-74 所示。

图 4-73　启用 BitLocker

BitLocker To Go 功能将 BitLocker 加密功能延伸到了便携式设备,即使设备丢失或被盗,也能保护这些数据。在 Windows XP 或 Vista 的计算机上也可以查看该移动设备上的信息,但只能查看,无法进行编辑。实现方法与 BitLocker 类似。

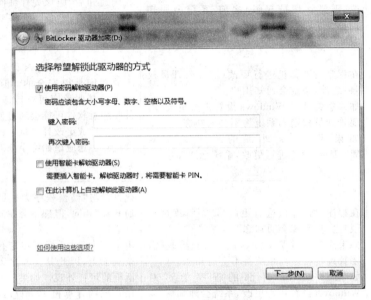

图 4-74　BitLocker 向导

4.4.7　设备和打印机

在控制面板的"硬件和声音"栏中单击"查看设备和打印机"超链接,弹出对话框如图 4-75 所示。

1. 添加打印机

(1) 添加打印机。单击"添加打印机"图标,系统弹出添加打印机向导如图 4-76 所示,单击"下一步"按钮,进入"本地或网络打印机"选择界面。本地打印机是指直接连接到当前机器的打印机,而网络打印机是指网络上已经共享的打印机。

由于现在打印机也多设有 USB 接口,直接从 USB 接口安装,系统会自动搜索连接到本机的打印机,进入安装程序,选择安装程序所在目录,或者将打印机自带光盘放入光驱,依据向导界面的指示完成打印机的安装。

图 4-75　打印机设置对话框

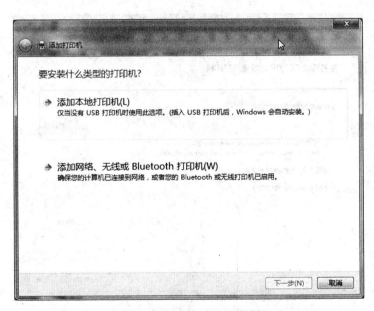

图 4-76　"添加打印机"对话框

　　如果安装网络打印机,选择第二项,单击"下一步"按钮,进入"添加打印机"界面如图 4-77 所示,如果能自动搜索到可用的网络打印机,可直接单击"下一步"按钮进行调试,否则单击"我需要的打印机不在列表中",手动选择查找网络打印机,如图 4-78 所示。

　　可以通过 3 种方式找到共享的打印机:一是通过浏览打印机界面选择打印机,从局域网中选择带有共享打印机的机器,如图 4-79 所示;二是输入打印机的路径,路径前面是安装打印机的计算机的名称或者是 IP 地址,如例子中的"computername",紧接着是共享

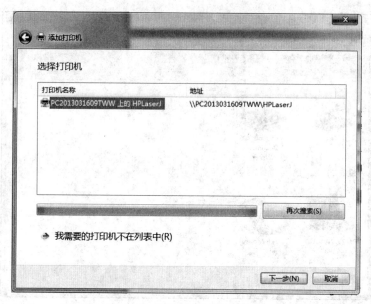

图 4-77 "添加打印机"对话框

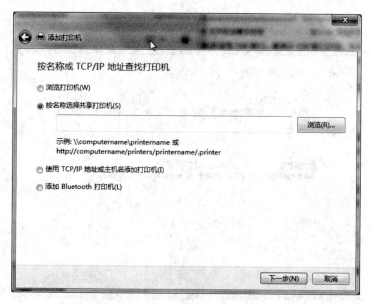

图 4-78 查找打印机

打印机的名字,如例子中的"printername";三是对于 internet 上提供的打印机服务,同样按照例子中的格式输入打印机的地址。查找好后可继续下一步添加,如图 4-80 所示。

添加打印机成功后,"打印机和传真"界面会新增一个打印机图标。

(2) 设置默认打印机。在非默认打印机图标上右键弹出菜单,选择"设为默认打印机菜单",该打印机将被设置为默认打印机,图标上增加了一个"√"。计算机使用默认打印机进行打印,所有的打印任务都将发送给默认打印机处理。

图 4-79　手动查找打印机

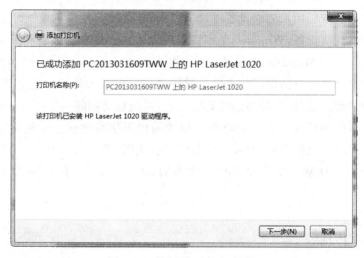

图 4-80　"添加打印机"对话框

（3）打印任务控制。单击默认打印机图标，弹出打印机任务控制对话框如图 4-81 所示，可以对打印机的当前处理的任务进行控制。

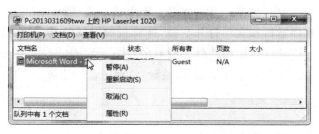

图 4-81　打印机任务控制对话框

在任务上右击,从弹出的快捷菜单中选择"暂停"命令可以暂停打印任务,并通过"重新启动菜单"命令继续打印。通过"取消"命令将当前打印任务取消,不再打印。

2. 添加设备

"设备和打印机"文件夹中显示的设备通常是外部设备,可以通过端口或网络连接连接到计算机或从计算机断开连接,计算机也会显示。列出的设备包括:随身携带以及偶尔连接到计算机的便携设备,如移动电话、便携式音乐播放器和数字照相机;插入到计算机上 USB 端口的所有设备,如外部 USB 硬盘驱动器、闪存驱动器、摄像机、键盘和鼠标;接到计算机的所有打印机,如通过 USB 电缆、网络或无线连接的打印机;连接到计算机的无线设备,如 Bluetooth 设备和无线 USB 设备;连接到计算机的兼容网络设备,如启用网络的扫描仪、媒体扩展器或网络连接存储设备(NAS 设备)。

过去,必须转到 Windows 中的不同位置来管理不同类型的设备。现在"设备和打印机"用于连接、管理和使用打印机、电话和其他设备。从此处可以与设备交互、浏览文件以及管理设置。Windows 7 简化了将设备连接到 PC 的过程,使管理所使用的设备变得更加简单,并且能帮助用户轻松访问与常用设备相关的任务。

简单的向导将带领用户完成设置过程,将以前复杂的配置任务减少为几次单击鼠标。无论以何种方式连接设备,Windows 7 都将识别设备并尝试自动下载和安装任何设备需要的驱动程序。因为 Windows 7 是基于强大的即插即用机制的设备管理,能够识别并自动为其配置驱动程序。即插即用技术的关键特征之一就是事件的动态处理,可对安装的硬件进行自动的动态设备,包括初始的系统安装,系统启动期间对硬件更改的识别以及对运行时的硬件事件的反应。它允许以用户模式的代码执行注册并收集某些即插即用事件。要安装即插即用设备,只需要进行设备的硬件安装,不需要安装该设备的驱动程序,系统会自动识别并加载它的驱动程序。大多数设备不需要安装任何其他的软件就能工作。

4.5 系统工具

4.5.1 磁盘管理工具

在计算机的日常使用过程中,应用程序的安装、卸载,文件的移动、复制、删除或从网络上下载文件等多种操作,会使计算机硬盘上产生很多磁盘碎片或大量的临时文件等,致使运行空间不足,程序运行和文件打开变慢,计算机的系统性能下降。因此,用户需要定期对磁盘进行管理,以使计算机始终处于较好的状态。Windows 系统提供的对磁盘的管理包括:查看磁盘属性、格式化磁盘、清理磁盘、整理磁盘碎片等。

1. 查看磁盘属性

在资源管理中,在某个磁盘结点上右键弹出菜单,单击"属性"菜单项,系统弹出该磁盘的属性界面,如图 4-82 所示。在界面的上部,以录入框的形式显示磁盘的卷标,该卷标可以直接进行修改,在单击"确定"按钮后修改生效。界面的中部显示了该磁盘的类型、文件系统、已用空间及可用空间等信息。界面的下部显示了该磁盘的容量,并用饼图的形式显示了已用空间和可用空间的比例信息。其中"磁盘清理"按钮可启动磁盘清理程序,进行磁盘清理动作。

图 4-82　查看磁盘属性

2. 磁盘清理

磁盘清理是因为计算机使用一段时间后,系统对磁盘进行大量的读写以及安装操作,使得磁盘上残留许多临时文件或已经没用的应用程序。这些残留文件和程序不但占用磁盘空间,而且会影响系统的整体性能,因此需要定期进行磁盘清理工作,清除掉没用的临时文件和残留的应用程序,以便释放磁盘空间,同时也使文件系统得到巩固。

"磁盘清理"选项卡,如图 4-83 和图 4-84 所示。除上述方法外,也可选择"开始"|"所有程序"|"附件"|"系统工具"|"磁盘清理"命令,在弹出的对话框中进行操作。在"要删除的文件"列表框中列出了可删除的文件类型及其所占用的磁盘空间大小,选中某文件类型前的复选框,在进行清理时即可将其删除;在"获取的磁盘空间总数"中显示了若删除所有选中复选框的文件类型后,可得到的磁盘空间总数;在"描述"框中显示了当前选择的文件类型的描述信息,单击"查看文件"按钮,可查看该文件类型中包含文件的具体信息。

图 4-83　磁盘清理 1

图 4-84　磁盘清理 2

3. 格式化磁盘

磁盘是计算机的重要组成部分,计算机中的各种文件和程序都存储在上面。格式化将清除磁盘上的所有信息。新磁盘在使用前一般要"格式化"磁盘,即在磁盘上建立可以存放文件或数据信息的磁道(track)和扇区(sector)。格式化步骤包括硬盘的低级格式化、硬盘的分区和硬盘的高级格式化。

对磁盘进行格式化的操作为:选中想要格式化的磁盘分区,右击,从弹出的快捷菜单中选择"格式化"命令,在弹出的对话框中单击"开始"按钮即可,如图 4-85 所示。

4. 磁盘扫描与修复

使用 Windows 7 内置的系统工具对磁盘进行错误检查的操作步骤如下。

选定要进行磁盘检查的驱动器图标,右击,从弹出的快捷菜单选择"属性"命令,在弹出的属性对话框中选择"工具"选项卡,在"查错"选项区域中,单击"开始检查"按钮,弹

图 4-85　磁盘格式化对话框

出"检查磁盘"对话框,如图 4-86 和图 4-87 所示。在"磁盘检查选项"选项区中包含两个复选框选项:"自动修复文件系统错误"和"扫描并尝试恢复坏扇区"。如果用户需要修复选定磁盘中的文件系统错误,可选择第一个选项复选框。如果用户希望扫描磁盘并修复磁盘上的坏扇区,可选择第二个选项复选框。如果用户选择了第二个复选框,可以不再选择第一个复选框,因为该选项具有自动修复功能。

图 4-86　"工具"选项卡

图 4-87　磁盘检查对话框

5. 磁盘碎片整理

经过一段时间后,计算机的整体性能会有所下降。主要是因为对磁盘多次进行读写操作后,磁盘上碎片文件或文件夹过多。这些碎片文件和文件夹被分割在一个卷上的许多分离的部分,Windows 系统需要花费额外的时间来读取和搜集文件和文件夹的不同部分,同时建立新的文件和文件夹也会花费很长时间,因为磁盘上的空闲空间是分散的,Windows 系统必须把新建的文件和文件夹存储在卷上的不同地方。基于这个原因,需要定期对磁盘碎片进行整理。

在进行磁盘碎片整理之前,可以使用碎片整理程序中的分析功能得到磁盘空间使用情况的信息,信息中显示了磁盘上有多少碎片文件和文件夹,根据这些信息来决定是否需要对磁盘进行整理,整理磁盘碎片的操作步骤如下。

右击要进行磁盘检查的驱动器图标,从弹出的快捷菜单中选择"属性"命令,在弹出的对话框的"工具"选项卡的"碎片整理"选项区域中,单击"开始整理"按钮,弹出"磁盘碎片整理程序"对话框。也可选择"开始"|"所有程序"|"附件"|"系统工具"|"磁盘碎片整理程序"菜单命令。在弹出的窗口中单击"分析磁盘"按钮,启动磁盘碎片分析功能,可通过查看分析报告确定磁盘是否需要运行碎片整理,如图 4-88 所示。单击"查看报告"按钮,弹出"分析报告"对话框,单击"碎片整理"按钮系统自动进行碎片整理工作。

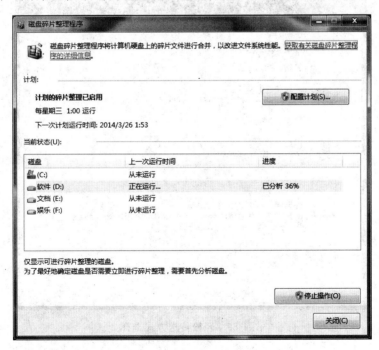

图 4-88 "磁盘碎片整理程序"对话框

4.5.2 Windows 轻松传送

Windows 7 提供类似手机 PC 套件备份功能的"Windows 轻松传送"程序,能够帮助用户备份之前的数据以及可以应用与 windows 7 的有效位置,当 Windows 7 安装完成后,只需要将备份恢复到新计算机或系统当中即可免去很多手动操作,回复过程无须用户干预。Windows 轻松传送能一次将大量文件、文件夹和程序设置从一台计算机移动到另一台计算机,包括:用户账户、文档、音乐、图片,程序设置等,传送完成后,Windows 轻松传送报告将显示传送了哪些内容,并提供可能想在新计算机上安装的程序列表,以及指向用户可能希望下载的其他程序的链接。在使用 Windows 轻松传送将文件和设置移动到新计算机或其他介质之后,新计算机将拥有用户熟悉的文件、文件夹和程序设置,可使继续工作变得更加轻松。要注意的是只有在使用管理员账户时才能打开 Windows 轻松传送。

　　选择"开始"|"所有程序"|"附件"|"系统工具"|"Windows 轻松传送"菜单命令,可轻松传送可通过轻松传送电缆、网络、USB 闪存驱动器或外接硬盘传输,如图 4-89 所示。以 USB 闪存驱动器或外接硬盘为例,确定现在为旧计算机后,系统分析出用户可以传送的用户账户中的文件和设置,用户可在"自定义"|"高级"中通过左侧的树状文件夹重新选择所需项目,选定了备份数据后,Windows 轻松传送向导会询问是否需要设置密码,其后选择保存路径,如图 4-90 和图 4-91 所示。最终完成后可在新计算机的 Windows 7 环境下运行。

图 4-89　轻松传送方式选择

4.5.3　备份和还原

　　磁盘驱动器损坏、病毒感染、供电中断、网络故障以及其他一些原因,可能引起磁盘中数据的丢失和损坏,因此,定期备份硬盘上的数据是非常必要的。数据被备份之后,在需

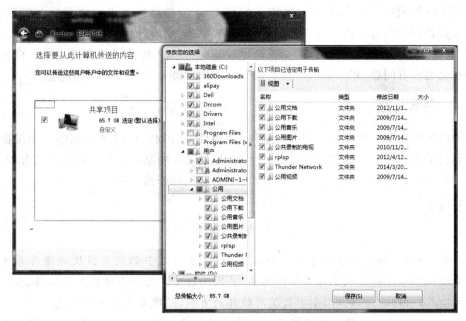

图 4-90　轻松传送目标选择

图 4-91　保存路径选择

要时就可以将它们还原。这样，即使数据出现错误或丢失的情况，也不会造成大的损失。注意，备份文件和源文件不必放在同一个磁盘上。

　　在 Windows 7 中，只需 3 次单击操作便可配置备份设置，捕获所有个人文件和可选择的系统文件。也可以轻松地安排定期备份，以免忘记手动备份它们；可以备份整个系统，或仅备份具体的文件；甚至还可以从许多高级备份选项中进行选择，如将文件备份到某个网络位置或将执行 ad-hoc 的系统备份到 DVD。选择好备份文件存放位置后,即可选择进行备份的内容。确认文件无误后,还能够单击"更改计划",让系统定期备份。单击"保存设置并运行备份",就可以开始备份了。Windows 7 将显示备份的进度。即使将界面最小化也没有问题,Windows 7 特有的任务栏同样能显示备份程序的进度。

4.5.4 任务计划程序

如果用户定期使用特定的程序,则可以使用任务计划程序向导来创建一个根据选择的计划自动为用户打开该程序的任务。例如,如果每月的某一天都使用某个财务程序,则可以计划一个自动打开该程序的任务,以便不会忘记打开该程序。

阅读材料 4

比尔·盖茨

如今,如果你的办公桌上有一台个人计算机、里面几乎都装有微软的操作系统。比尔·盖茨使个人计算机成了日常生活用品,并因而改变了每一个现代人的工作、生活乃至交往的方式。因此有人说,比尔·盖茨对软件的贡献,就像爱迪生之于灯泡。

长着一头沙色头发的 7 岁男孩盖茨最喜欢反复看个没完的是那套《世界图书百科全书》。他经常几个小时地连续阅读这本几乎有他体重 1/3 的大书,一字一句地从头到尾地看。他常常陷入沉思,冥冥之中似乎强烈地感觉到,小小的文字和巨大的书本,里面蕴藏着多么神奇和魔幻般的一个世界啊!文字的符号竟能把前人和世界各地人们的无数有趣的事情,记录下来,又传播出去。他又想,人类历史将越来越长,那么以后的百科全书不是越来越大而更重了吗!能有什么好办法造出一个魔盒那么大,就能包罗万象地把一大本百科全书都收进去,该有多方便。这个奇妙的思想火花,后来竟被他实现了,而且比香烟盒还要小,只要一块小小的芯片就行了。

盖茨看的书越来越多,想的问题也越来越多。一次他忽然对他四年级的同学卡尔·爱德蒙德说:与其做一棵草坪里的小草,还不如成为一株耸立于秃丘上的橡树。因为小草千篇一律,毫无个性,而橡树则高大挺拔,昂首苍穹。他坚持写日记,随时记下自己的想法,小小的年纪常常如大人般的深思熟虑。他很早就感悟到人的生命来之不易,要十分珍惜这来到人世的宝贵机会。他在日记里这样写道:人生是一次盛大的赴约,对于一个人来说,一生中最重要的事情莫过于信守由人类积累起来的理智所提出的至高无上的诺言……那么诺言是什么呢?就是要干一番惊天动地的大事。他在另一篇日记里又写道:也许,人的生命是一场正在焚烧的火灾,一个人所能去做的,就是竭尽全力要从这场火灾中去抢救点什么东西出来。这追赶生命的意识,在同龄的孩子中是极少有的。

盖茨所想的诺言也好,追赶生命中要抢救的东西也好,表现在盖茨的日常行动中,就是学校的任何功课和老师布置的作业,无论是演奏乐器,还是写作文,或者体育竞赛,他都会倾其全力,花上所有的时间去最出色地完成。

老师给他所在的四年级学生布置了一篇有关人体特殊作用的作文,要求四五页的篇幅。结果盖茨利用他爸爸书房里的百科全书和其他医学、生理、心理方面的书籍,洋洋洒洒地一口气写了 30 多页。又有一次,老师布置同学写篇不超过 20 页的故事,盖茨浮想联翩,竟写出长达 100 页的神奇而又曲折无比的故事,使老师和同学都十分惊讶!大家说他:不管盖茨做什么事,他总喜欢来个登峰造极,不鸣则已,一鸣惊人,不然他是不会甘心的。

盖茨在体育和社会活动方面也表现出这种不落人后的精神。有一次暑假童子军的 80km 徒步行军,时间是一个星期,他穿了一双崭新的高筒靴,显然新鞋不大合脚,每天 13km 的徒步行军,又是爬山,又是穿越森林,使他吃尽苦头,第一天晚上,他的脚后跟磨破了皮,脚趾上起了许多水泡。他咬紧牙关,坚持走下去。第二天晚上,他的脚红肿得非常厉害,开裂的皮肤还流了血。同伴们都劝他停止前进,他却摇摇头,只是向随队医生要点药棉和纱布包扎一下,又要了些止痛片服用,继续上路了。就这样他一直坚持到一个途中检查站,当领队发现他的脚发炎严重,下令医治,才中止了这次行军。盖茨的母亲从西雅图赶来,看到他双脚溃烂的样子时,难过地哭了,直埋怨儿子为什么不早点停止行军。盖茨却淡淡地说:"可惜我这次没有到达目的地。"

1969 年,盖茨所在的西雅图湖滨中学是美国最早开设计算机课程的学校。当时还没有 PC,学校只搞到一台终端机,还是从社会和家长那里集了大批资金才买来的。这台终端机连接其他单位所拥有的小型电子计算机 PDP-10,每天只能使用很短时间,每小时的费用也很高。盖茨像发现了新大陆一样,只要一有时间,便钻进计算机房去操作那台终端机,几乎到了废寝忘食的地步。13 岁时,他便独立编出了第一个计算机程序,可以在计算机屏幕上玩月球软着陆的游戏。这一年的 7 月 20 日正好是美国宇航员阿姆斯特朗和奥尔德林乘登月舱,代表人类第一次踏上了月球表面的日子。盖茨心里想,我不能坐宇宙飞船去月球,那么让我用计算机来实现我的登月梦吧!

习题 4

一、选择题

1. 为了便于不同的用户快速登录来使用计算机,Windows 7 提供了(　　)的功能。
   A. 重新启动　　　　B. 切换用户　　　　C. 注销　　　　D. 登录

2. 当用户较长时间不使用计算机,而又希望下次开机时可以直接进入自己的桌面时,可以使用(　　)的功能。
   A. 注销　　　　　　B. 切换用户　　　　C. 待机　　　　D. 休眠

3. 在下列关于文件的说法中,正确的是(　　)。
   A. 在 Windows 7 中,具有系统属性的文件是不可见的
   B. 文件的扩展名不能超过 3 个字符
   C. 在文件系统的管理下,用户可以按照文件名访问文件
   D. 在 Windows 7 中,具有只读属性的文件不可以删除

4. Windows 7 的窗口与对话框,下列说法正确的是(　　)。
   A. 窗口与对话框都有菜单栏
   B. 对话框既不能移动位置也不能改变大小

C. 窗口与对话框都可以移动位置

D. 窗口与对话框都不能改变大小

5. 操作系统是根据文件的(　　)来区分文件类型的。

    A. 打开方式　　　　　B. 名称　　　　　C. 建立方式　　　D. 文件扩展名

6. 回收站的正确解释是(　　)。

    A. 是 Windows 7 中的一个组件

    B. 可存在于各逻辑硬盘上的系统文件夹

    C. 是 Windows XP 下的应用程序

    D. 是应用程序的快捷方式

7. 在 Windows 7 "系统属性"对话框中,单击"硬件"选项卡,单击"设备管理"按钮,打开相应窗口,如果某个设备有问题,前面将出现(　　)。

    A. 黄色叉号　　　　　B. 黄色感叹号　　　C. 红色叉号　　　D. 红色感叹号

8. 画图程序的扩展名是(　　)。

    A. .BAS　　　　　　　B. .BMP　　　　　　C. .DOC　　　　　D. .DOT

9. 把一个文件拖到回收站,则(　　)。

    A. 复制该文件到回收站　　　　　　　　B. 删除该文件,且不能恢复

    C. 删除该文件,但可恢复　　　　　　　D. 系统提示"执行非法操作"

10. 下列计算机设备中,不是输入设备是(　　)。

    A. 键盘　　　　　　　B. 鼠标　　　　　　C. CD-ROM　　　D. 显示器

二、填空题

1. 不经过回收站,永久删除所选中文件和文件夹中要按_____键。

2. 选定多个不连续的文件或文件夹,先选定一个文件或文件夹,然后按住_____键,再选择其他的文件或文件夹。

3. 操作系统是控制和管理计算机_____资源,以合理有效的方法组织多个用户共享多种资源的程序集合。

4. 在 Windows 7 安装期间将自动创建名为_____的账户,是 Windows XP 初始的管理员账户。

5. 在 Windows 7 中,采用_____结构来管理磁盘文件。

6. 键盘操作_____可启动任务管理器。

7. 键盘操作_____可关闭当前窗口。

8. 不同运行程序间的键盘切换方法是_____。

三、操作题

1. 将菜单中的一个应用程序创建快捷方式,并将快捷方式拖动到快速启动栏。

2. 按照自己喜欢的风格整理桌面图标。

3. 从系统中卸载一个不再使用的程序。

4. 为自己最常用的输入法设置组合键,并用组合键打开该输入法。

5. 用画图工具画一幅画或者一个图标。

6. 查看一个磁盘的空间,清理不再使用的文件。

7. 连接局域网内的一个打印机,并打印一页文档。

8. 打开"计算机"窗口后依次作如下操作:移动该窗口,单击该窗口右上角的最大化(恢复)按钮,再次单击该窗口上的"最大化"/"恢复"按钮,单击该窗口右上角的"最小化"按钮,设法重新显示"计算机"窗口,最后单击该窗口右上角的"关闭"按钮。

9. 打开一个有多个文件夹和文件的窗口,在"查看"菜单分别选择不同的显示方式,比较其不同之处。分别选择不同的排列图标方式,比较其不同之处。

10. 在 Windows 系统下依次进行下列操作:

① 首先在 D 盘上建立一个名为练习的文件夹,然后在该文件夹下建立两个新的文件夹 LX1 与 LX2;

② 在 LX1 下建立名为 ABC.TXT 与 XYZ.DOCX 的两个文件;

③ 将 LX1 下名为 ABC.TXT 与 XYZ.DOCX 的两个文件复制到 LX2 下;

④ 将 LX2 下的 ABC.TXT 重命名为课堂练习.TXT;

⑤ 将课堂练习.TXT 设置为只读和隐含属性;

⑥ 关闭文件夹窗口,重新打开 LX2 文件夹窗口,注意观察;

⑦ 将课堂练习.TXT 的只读和隐含属性取消;

⑧ 将 LX1 下的 XYZ.DOCX 放入"回收站"内;

⑨ 将"回收站"内的文件 XYZ.DOCX 恢复;

⑩ 将 D 盘上名为练习的文件夹复制到 C 盘上。

11. 练习使用 Windows 的帮助功能。

第5章

办公软件

本章介绍目前广泛应用的 Microsoft Office 2010 办公软件,主要包括 Word 2010 文字处理软件,Excel 2010 电子表格软件、PowerPoint 2010 演示文稿软件。

5.1 文字处理软件

5.1.1 文字处理软件的基础知识

1. 文字处理软件的发展

文字处理软件的主要功能是对文字进行修饰、排版等功能,使用文字处理软件主要适用于打印,友好的操作界面及所见即所得的文字处理软件受到了广大用户的青睐。针对我国汉字的特点,香港金山公司的 WPS 和微软公司的 Word 已经成为了市场主导产品。Word 的最初版本是由 Richard Brodie 为了运行 DOS 的 IBM 计算机而在 1983 年编写的。随后的版本可运行于 Apple Macintosh(1984 年),SCO UNIX 和 Microsoft Windows(1989 年),并成为了 Microsoft Office 的一部分。目前 Office 的最新版本是 Office 2013,于 2012 年 7 月 16 日上市。WPS 和 Word 的版本也在不断更新,WPS 为 2013 版,考虑到目前教学及实验环境的制约,本书以 Word 2010 版为蓝本。

2. Word 2010 的界面与基本功能

Word 2010 将 Word 2003 菜单栏中的功能与工具栏合为一体,以选项卡的形式供用户进行选择,更加直观,使用时也更加方便,如图 5-1 所示。

"文件":文档的创建、保存以及打印和设定,这是 Word 基本功能。

"开始":集合对文字基础的编辑功能。

"插入":对于已经成形的文章、演讲稿、说明等,通常需要对文章的深层次加工,例如插入封面、图片、超链接、页眉页脚、艺术字等来完善文章的内容。

"页面布局":开始录入和编辑文章时,如果工作或作业上有特殊要求,即对页面布局有某些要求就能在一开始就进行调整,而页面布局之所以放在以上功能的后面,很大程度上是基于一般情况,即录入与编辑完文章之后,才对文章的调整,这样可能更符合一般操作。

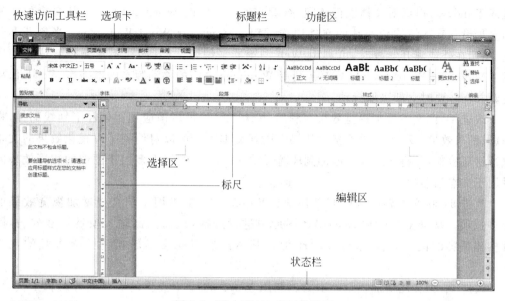

图 5-1 Word 2010 的工作界面

Word 2010 提供了五种不同的视图模式,页面视图、阅读版式视图、Web 版式视图、大纲视图、草稿,以满足不同用户的需求,如要进行切换选中"视图"选项卡,如图 5-2 所示,可以在文档视图项目中进行切换;也可以在状态栏的显示区域  选择不同的视图。

页面视图是 Word 2010 默认采用的视图模式,以所见即所得的形式显示文档的内容,适用于编排需要打印的文档。

图 5-2 文档视图功能区的 5 种不同视图

阅读版式视图,选择该视图后,将自动切换为全屏显示,文档以缩略图的方式进行显示,可以设置为一次分两页进行显示,用户可以选择一次阅读一页或者一次查看两页,主要适用于阅读文档、修订、批注等操作。

Web 版式视图,模拟 Web 浏览器的显示方式。

3. Word 2010 的新增功能

改进 1:利用导航窗格的搜索与导航体验。在 Word 2010 中,可以更加迅速、轻松地查找所需的信息。利用改进的新"查找"体验,可以在单个窗格中查看搜索结果的摘要,单击以访问任何单独的结果。改进的导航窗格会提供文档的直观大纲,以便对所需的内容进行快速浏览、排序和查找。

改进 2:与他人协同工作,而不必排队等候。Word 2010 重新定义了人们可针对某个文档协同工作的方式。利用共同创作功能,可以在编辑论文的同时,与他人分享您的观点。可以查看一起创作文档的他人状态,并在不退出 Word 的情况下轻松发起会话。

改进 3:几乎可从任何位置访问和共享文档。在线发布文档,然后通过任何一台计算机或 Windows 电话对文档进行访问、查看和编辑。借助 Word 2010,可以从多个位置使用多种设备来尽情体会非凡的文档操作过程。Microsoft Word Web App:当离开办公室、出门在外或离开学校时,可利用 Web 浏览器来编辑文档,同时不影响查看体验的质量。Microsoft Word Mobile 2010:利用 Windows 电话的移动版本的增强型 Word,保持更新并在必要时立即采取行动。

改进 4:向文本添加视觉效果。利用 Word 2010,可以像应用粗体和下划线那样,将阴影、凹凸效果、发光、映像等格式效果应用到文本中。可以对使用了可视化效果的文本执行拼写检查,并将文本效果添加到段落样式中。现在可将很多用于图像的相同效果同时用于文本和形状中。

改进 5:将文本转换为醒目的图表。Word 2010 提供用于使文档增加视觉效果的更多选项。从众多的附加 SmartArt 图形中进行选择,从而只需输入项目符号列表,即可构建精彩的图表。使用 SmartArt 可将基本的要点句文本转换为引人入胜的视觉画面。

改进 6:为文档增加视觉冲击力。利用 Word 2010 中提供的新型图片编辑工具,可在不使用其他照片编辑软件的情况下,添加特殊的图片效果。可以利用色彩饱和度和色温控件来轻松调整图片。还可以利用所提供的改进工具更轻松、精确地对图像进行裁剪和更正。

改进 7:利用 Word 2010,可以像打开任何文件那样轻松恢复最近所编辑文件的草稿版本,即使从未保存过该文档也是如此。

改进 8:Word 2010 可以使用不同语言进行有效地工作和交流。比以往更轻松地翻译某个单词、词组或文档。针对屏幕提示、帮助内容和显示,分别对语言进行不同的设置。利用英语文本到语音转换播放功能,为以英语为第二语言的用户提供额外的帮助。

改进 9:将屏幕截图插入到文档。直接从 Word 2010 中捕获和插入屏幕截图,以快速、轻松地将视觉插图插入文档。

改进 10:利用增强的用户体验完成更多工作。Word 2010 可简化功能的访问方式。新的 Microsoft Office Backstage 视图将替代传统的"文件"菜单,只需单击几次鼠标即可保存、共享、打印和发布文档。利用改进的功能区,可以更快速地访问常用命令,方法为,自定义选项卡或创建自己的选项卡,使工作风格体现出自己的个性化经验。

5.1.2 文档创建与输入

1. 创建文档

在 Word 2010 中创建文档的方式有多种,一般可以在"文件"选项卡中单击"新建"选项卡来实现,如图 5-3 所示,可以在这里创建空白文档、利用模板创建文档、根据内容创建文档等方式。

(1) 创建空白文档。第一次启动 Word 2010,系统会自动新建一个空白文档,文档名默认为文档 1.docx,也可以在"文件"选项卡中单击"新建"选项卡,选中"空白文档"后单击"创建"按钮,或者按 Ctrl+N 键。

图 5-3　新建文档

（2）利用模板创建文档。模板是用于创建文档的模式。模板提供了预先配置的设置（例如文本、基准线、格式设置和页面布局），相对于从空白页开始而言，使用模板可以更快地创建文档。Word 中预先安装了许多模板，可以在"样本模板"中进行选择，选中后在右侧会出现缩略图的形式，单击缩略图下方的"创建"按钮，即可直接使用该模板。也可以从Office.com 网站下载更多模板。在"Office.com 模板"下，选择相应的模板，将会自动连接微软官方网站，"下载"后即可使用并创建比较专业的 Word 文档。

在实际应用的环节中经常会使用一些固定格式的模板，可以自己动手创建模板，并将模板保存在"我的模板"中，然后可以重复使用它来创建文档。

（3）也可根据现有内容新建文档，如果需要在原有文档的基础上更改部分内容，可以通过"根据现有内容新建"的按钮，创建和已有文档格式内容完全一样的新文档。

2. 打开文档

可以直接打开文档文件，也可以打开 Word 程序后，在"文件"选项卡中单击"打开"按钮，从弹出的"打开"对话框中选择已有的文档打开，如图 5-4 所示，Word 2007 之前的版本编辑的文档的扩展名为.doc，Word 2010 兼容以往的版本，会以兼容模式打开，如图 5-5 所示。

3. 保存文档

可以使用"文件"菜单命令下的"保存"和"另存为"命令存储自己的文档，在"快速访问工具栏"单击"保存" 按钮首次保存文档，或者按 Ctrl+S 键。

首次保存文档与另存为命令操作后弹出的对话框是一致的，都是"另存为"对话框，如图 5-6 所示，选择需要保存的位置，为文档输入一个名称，选择需要文档的保存类型，单击"保存"按钮。

图 5-4　打开文档

图 5-5　兼容模式打开 doc 类型文档

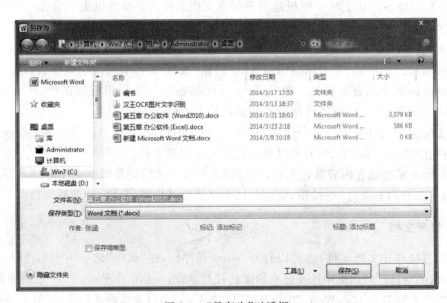

图 5-6　"另存为"对话框

对于以往编辑的文档,打开后如果对内容或格式进行了修改,在关闭时,会弹出 Microsoft Word 的警告框,如图 5-7 所示,提示是否要将更改保存在原有的文档中,如果选择保存,则将原有文档的内容和格式进行覆盖式地更改。

通过"Word 选项"对话框还可以设置文档自动

图 5-7　Microsoft Word 的提示框

保存的间隔时间,自动恢复文件位置、默认文件位置,以及设置文件保存的格式等选项,通过文档自动保存的设置可以避免一些突发情况丢失数据的情况。

4. 文档的输入

在 Word 中输入文本,首先需要注意光标的位置,光标即插入点的位置,然后确认状态栏上所显示的是"插入"还是"改写",键盘上的 Insert 键可以进行切换。在 Word 中输入的途径有多种,可以使用语音输入、通过键盘输入、手写输入等。

(1)键盘输入。键盘输入前,通常要选择合适的输入法,Windows 一般会自带"智能ABC"输入法,Office 在安装时也会自动的安装"微软拼音-简捷 2010"及"微软拼音-新体验 2010"两款输入法。用户也可以根据自己的需要从网络上下载其他的输入法,如"搜狗拼音","QQ 输入法","百度输入法"等。现在的输入法都具备词库,如图 5-8 所示,"微软拼音"输入法中自带的词库,可以智能地根据拼音的声母来判断用户可能需要的词组。

图 5-8　微软拼音新体验中的词典管理

(2)手写输入。手写输入分为联机设备手写输入和输入法手写输入两大类,通常借助于紫光笔和手写板联机后,安装专门的软件可以实现手写功能,微软拼音输入法还支持手写功能,在输入法提示栏中单击"开启/关闭输入板"按钮如图 5-9 所示,开启输入板后就可以在输入板内进行手写输入,如图 5-10 所示。

图 5-9　Office 2010 自带输入　　　　　图 5-10　微软拼音的输入板-手写识别
　　　　　法中的手写输入

（3）语音输入。语音输入就是用语音代替键盘输入文字或发出控制指令，也就是要计算机能够识别语音，听懂并能够执行相关的命令，这就是语音识别技术。对于打字不太熟练的中老年用户非常受用。

计算机对语音的识别主要是通过匹配法来实现，为了提高语音识别系统的识别率，需要用户在使用语音识别系统之前，做大量的练习，以便掌握使用者的语调、语速、口音以及朗读习惯。

目前的语音输入软件有"讯飞语音输入法"、"百度语音输入法"、"微软语音识别系统"，IBM 的"Via Voice"等诸多软件，如"讯飞输入法"安装完成后，单击"讯飞语音输入法提示栏"中的 ，如图 5-11 所示，即可以开始用语音录入文字。单击输入法提示栏右

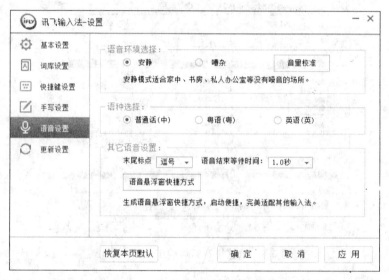

图 5-11　讯飞语音输入法提示栏

侧的设置按钮，可以对"讯飞输入法"的语音设置相关的参数，如图 5-12 所示。已达到更高的识别率。

图 5-12　识别系统对麦克风音量校准

5.1.3　文档的编辑与格式设置

1. 文本的编辑

文本的编辑主要是指对文本的删除、改写、插入以确保文本输入的正确性。

（1）选中文本。可以使用鼠标从左向右拖曳的方式选择文本，选中的文本会以反色显示。选择词组，双击鼠标左键可以选中词组；选择文本中的行，当鼠标指针移向编辑区左侧，鼠标指针会以反向箭头显示时，单击鼠标左键，会选中当前的一行，和 Ctrl 键配合使用，可以选择多行文本；选中一列文本时，按住 Alt 键拖动鼠标以选择一列文本；选择段落，在文本的某段落内三击鼠标左键，也可将鼠标指针移向编辑区左侧，双击完成对该段落的选择；选择整篇文档，将鼠标指针移向编辑区左侧，三击鼠标左键，也可按 Ctrl＋A

键,选择整篇文档;选择不连续文字,按住 Ctrl 键,拖曳鼠标选择不连续的文字。

（2）删除文本。Backspace 键可以删除光标前的文字,Delete 键可以删除光标后的文字。

（3）文本的复制、剪切与粘贴。

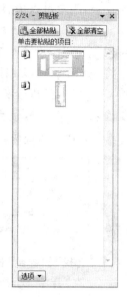

图 5-13　Office 剪贴板

① 复制文本。选中需要复制的文字后,按 Ctrl＋C 键或右击选中的文字,从弹出的快捷菜单中选择"复制"命令,都会将需要复制的内容临时存进 Office 剪贴板,将光标定义在需要插入的位置上,右击,再从弹出的快捷菜单中选择"粘贴选项"区域内的"文字"按钮,或 Ctrl＋V 键,即可实现粘贴。

也可以选中需复制的文本后,按住 Ctrl 键,使用鼠标拖曳的方式,直接拖放至插入点。

② 剪切文本。选中需要剪切的文字后,按 Ctrl＋X 键或右击选中的希望剪切的文本,从弹出的快捷菜单中选择"剪切"命令,都会将需要复制的内容临时存进 Office 剪贴板。Office 剪贴板可以保存最近复制或剪切的 24 次内容,通过"开始"选项卡|"剪贴板"组|右下角的剪贴板启动器,启动 Office 剪贴板任务窗格,如图 5-13 所示。将光标定义在需要插入的位置上右击,从弹出的快捷菜单中选择"粘贴选项"区域内的"文字"按钮,或按 Ctrl＋V 键,即可实现粘贴。

也可以选中需移动的文本,使用鼠标拖曳的方式,直接拖放至插入点。

③ 粘贴文本。快捷菜单中的粘贴选项通常包含三个按钮,如图 5-14 所示,分别是"保留源格式" ,被粘贴的文本的格式与原始文件相同,"合并格式" ,被粘贴文本的原有格式与当前文本的格式叠加使用,"只保留文本" 只粘贴文本。如果在编辑同一篇文档的过程中多次用到同一种粘贴选项,可以在"文件"选项卡中单击"选项"按钮,在弹出的"Word 选项"对话框中选中"高级"选项卡,在其中进行设置,在剪切、复制和粘贴区域单击"在同一文档内粘贴"下拉列表按钮,根据需要选择"保留源格式"、"合并格式"或"仅保留文本"选项,并单击"确定"按钮即可,如图 5-15 所示。

图 5-14　粘贴选项

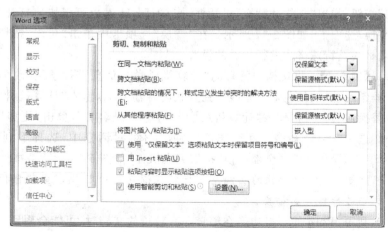

图 5-15　默认粘贴选项设置

（4）撤销与恢复。在编辑 Word 2010 文档的时候，如果误操作想返回到上一步或之前的状态，则可以通过撤销输入或恢复输入功能实现。撤销功能可以保留最近执行的操作记录，用户可以按照从后到前的顺序撤销若干步骤，但不能有选择地撤销不连续的操作。用户可以按 Alt＋Backspace 键或 Ctrl＋Z 键执行撤销操作，也可以单击"快速访问工具栏"中的"撤销输入"按钮，![图标]单击"撤销输入"按钮，执行撤销操作后，还可以将 Word 2010 文档恢复到最新编辑的状态。当用户执行一次"撤销"操作后，用户可以按 Ctrl＋Y 键，执行恢复操作，也可以单击"快速访问工具栏"中已经变成可用状态的"恢复输入"按钮，![图标]。

（5）查找与替换。使用 Word 编辑文档时，常会遇到一些操作重复、任务量繁重的操作。

图 5-16 "显示"与"编辑"组

如批量的将文档中所有英文姓名首字母大写、批量更改某种格式等，这就需要借助通配符替换操作。查看某些较长的文档时，有时需要根据关键字快速地定位以便查找相关的内容。根据输入的要查找或替换的内容，系统自动地在指定范围或全文范围查找和替换。在"开始"选项卡的"编辑"组中，有"查找"、"替换"和"选择"3 个按钮，如图 5-16 所示。

① 在"开始"选项卡的"编辑"组中单击"查找"按钮，在编辑区的左侧会出现"导航"栏。也可以在"视图"选项卡的"显示"组中单击"导航窗格"复选框，打开"导航"窗格，如图 5-16 所示。

"导航"窗格分为 3 个选项卡：在"浏览您的文档中的标题"选项卡 ▤ 中，Word 2010 会对文档进行智能分析，并将文档标题在"导航"窗格中列出，只要单击标题，就会自动定位到相关段落，适合对长文档进行操作；在"浏览您的文档中的页面导航"选项卡 ▦ 中，Word 2010 会在"导航"窗格上以缩略图形式列出文档分页，只要单击分页缩略图，就可以定位到相关页面查阅；在"浏览您当前搜索的结果"选项卡 ▤ 中，在文本框中输入关键字后，"导航"窗格上就会列出包含关键字（词）的导航链接，单击这些导航链接，就可以快速定位到文档的相关位置。

② 替换功能可以将文档中查找到的内容替换为其他文字或另外一种格式，单击"替换"按钮，弹出"查找和替换"对话框，按 Ctrl＋H 键也可以快速打开"查找和替换"窗口的"替换"选项卡，如图 5-17 所示。在"替换"选项卡中单击"更多"按钮可以对搜索范围、选项、格式及特殊格式进行相关的设置。

【例 5.1】 将文档中所有的"计算机科学与信息工程学院"改为"计算机科学与信息工程学院"并加红色双下划线。在查找内容输入框，输入"计算机科学与信息工程学院"，在替换内容输入框输入"计算机科学与信息工程学院"，单击"更多"按钮，单击"格式"按钮。选中"字体"命令。在弹出的"替换字体"对话框中，选择下划线的种类和颜色，如图 5-18 所示。单击"全部替换"按钮完成操作，如图 5-19 所示。

注意："替换"按钮的功能是在指定范围内逐个替换，"全部替换"按钮的功能是对全部文档进行搜索和替换。

利用 Word 的替换功能在编辑一些较长的文档时，可能会用到重复出现的专业名词，如 Microsoft Office 2010 Word 等，类似的词汇，在输入时麻烦且容易出错，为了避免这类

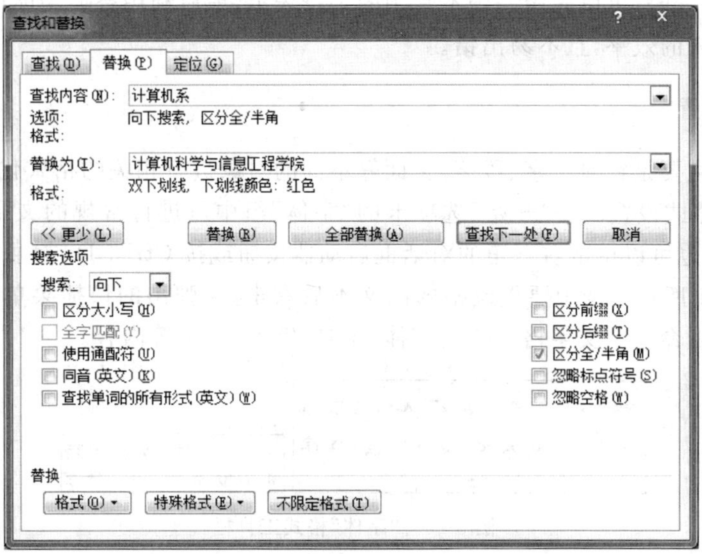

査找和替换
査找(D) 替换(P) 定位(G)

査找内容(N): 计算机系
选项: 向下搜索，区分全/半角
格式:
替换为(T): 计算机科学与信息工程学院
格式: 双下划线，下划线颜色：红色

<< 更少(L)　替换(R)　全部替换(A)　查找下一处(F)　取消

搜索选项
搜索: 向下

☐ 区分大小写(H)
☐ 全字匹配(Y)
☐ 使用通配符(U)
☐ 同音(英文)(K)
☐ 查找单词的所有形式(英文)(W)

☐ 区分前缀(X)
☐ 区分后缀(T)
☑ 区分全/半角(M)
☐ 忽略标点符号(S)
☐ 忽略空格(W)

替换
格式(O)▼　特殊格式(E)▼　不限定格式(T)

图 5-17　"查找和替换"对话框

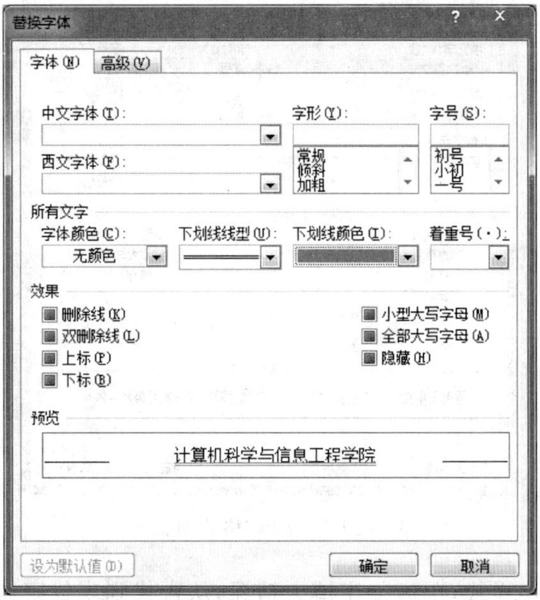

替换字体
字体(N)　高级(V)

中文字体(T):
西文字体(F):
字形(Y): 常规 倾斜 加粗
字号(S): 初号 小初 一号

所有文字
字体颜色(C): 无颜色
下划线线型(U):
下划线颜色(I):
着重号(·):

效果
☐ 删除线(K)
☐ 双删除线(L)
☐ 上标(P)
☐ 下标(B)
☐ 小型大写字母(M)
☐ 全部大写字母(A)
☐ 隐藏(H)

预览
　　　计算机科学与信息工程学院

设为默认值(D)　　确定　　取消

图 5-18　"替换字体"对话框

Microsoft Word

Word 已完成对所选内容的搜索，共替换 2 处。是否搜索文档的其余部分？

是(Y)　否(N)　帮助(H)

图 5-19　"搜索结果"提示框

情况，在文本输入时，可以先用一个不常用的字符表示，最后利用替换功能进行替换，这样不仅提高了输入的效率，且不易出错。

2. 格式设置

格式设置主要是针对文字、段落、页面等不同的对象进行相关的格式化操作。

（1）文字格式设置。在"开始"选项卡的"字体"组中可进行常规的文字格式设置，如图 5-20 所示。也可以单击右下角的对话框启动器按钮或按 Ctrl＋D 键，可启动"字体"对话框，如图 5-21 所示。选中要更改格式的文本后右击，从弹出的快捷菜单中列出了相应的文字格式设置命令。文字格式包括字体、字号、字形、效果等内容。

图 5-20 "字体"格式工具栏

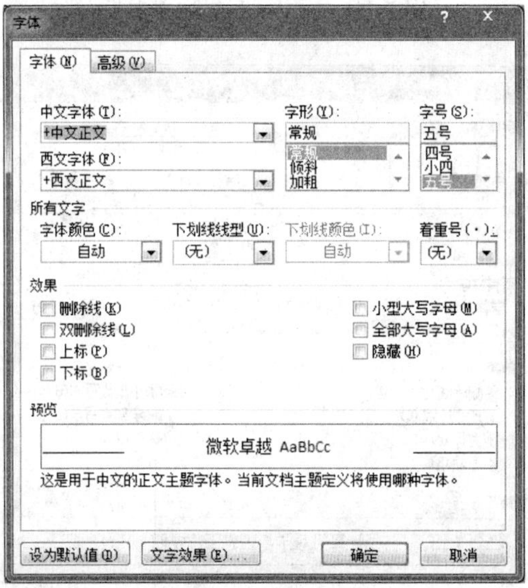

图 5-21 "字体"格式对话框

字体即文字的风格样式，中国文字博大精深，从古代到现代字体分为很多种，如宋体、仿宋、隶书、楷书、黑体、方正姚体。Word 还提供了西方文字的不同字体如 Times New Roman，Calibri 等。

字号，即文字的大小，在 Word 中，有两种单位"号"和"磅"，号的数字越大，文字越小；磅值数字越大，文字越大。为了方便快捷地调整文字的大小，在功能区和快捷菜单中，可以通过 A⁺ A⁻ 两个按钮来实现增大字号和减小字号。

字形，即文字的形状，在 Word 中的字形设置主要有加粗、倾斜、下划线、删除线、下标、上标等形式。

文本效果是指对所选文本应用外观效果（如阴影、发光或映像），突出显示可以使文字看上去像用荧光笔作了标记一样，更改字体颜色，为所选文字增加字符底纹、带圈字符等，通过上述的一些文本效果，使文字在文章中显得突出。可以在"字体"对话框的"字体"选项卡中单击"文字效果"按钮，打开"设置文本效果格式"对话框，在其中进行设置，如图 5-22 所示。

更改大小写按钮 **Aa**▾ 可以将所选的所有文字更改为全部大写，全部小写或其他常见的大小写形式。

清除格式按钮 可以清除所选内容的所有格式，只留下纯文本。拼音指南按钮 主要对汉字进行注音，以明确发音方便阅读。对于汉字中的"简体"与"繁体"之间的转换，则需要借助于"审阅"选项卡功能区的"中文简繁转换"组来实现，如图 5-23 所示。

图 5-22　"设置文本效果格式"对话框　　　　图 5-23　中文简繁转换

（2）段落格式设置

在 Word 中并不是前面空两格就为一个段落，而是看文本的末尾有没有段落标记符" ↵ "，一般按 Enter 键后，就会产生段落标记符，若不显示段落标记，可以在"开始"选项卡下功能区的段落组中单击 ↓ 按钮隐藏段落标记。段落的排版指的是整个段落的外观，包括段落的对齐方式，缩进方式、行间距、段前段后间距等格式设置。可以通过段落对话框进行设置，也可以通过功能区中的段落组进行快捷设置。

"开始"选项卡的"段落"组提供了对段落格式的常用设置，如图 5-24 所示。

在当前段落中右击，从弹出的快捷菜单中选择"段落"命令，在弹出"段落"对话框中进行设置。也可以在"开始"选项卡的"段落"组单击右下角的对话框启动器按钮，在弹出的"段落"对话框中进行设置，如图 5-25 所示。

① 段落对齐方式是指段落在水平方向以何种方式对齐，可以使文本更容易阅读，条理更加清晰，在 Word 2010 中提供了两端对齐、居中、左对齐、右对齐和分散对齐 5 种对齐方式。

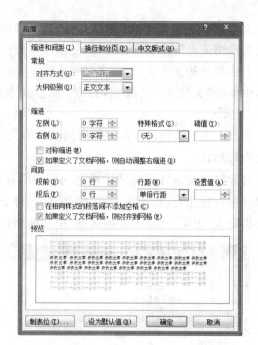

图 5-24 "段落"格式工具栏　　　　　图 5-25 "段落"格式对话框

两端对齐：将文字左右两端同时对齐，并根据需要增加字符间距，这样可以在页面左右两侧形成整齐的外观；居中：将文字置于页面中间；左对齐：将文字左对齐；右对齐：将文字右对齐；分散对齐：使段落两端同时对齐，并根据需要增加字符间距，这样可以创建外观整齐的文档。

② 项目符号、编号和多级列表 ⠿ ⠿ ⠿

项目符号主要用于区分文档中不同类别的文本内容，使用圆点、星号等符号表示项目符号，并以段落为单位进行标识。单击下拉箭头可以展开"项目符号库"可选择不同的项目符号样式。

编号。通常设置为连续的数字或字母，根据层次不同，有相应的编号。

使段落两端同时对齐并根据需要增加字符间距。这样可以创建外观整齐的文档。单击右侧的下拉箭头可展开"编号库"可选择不同的编号格式，或定义新编号格式，如图 5-26 所示。

多级列表。Word 中的多级列表，是指在 Word 文档中编号或项目符号列表的嵌套，以实现层次效果。单击下拉箭头可以展开列表库可以选择不同的多级列表样式。

③ 缩进是为了调整文本与页面边界之间的距离，在"页面布局"选项卡的"段落"组中调整缩进栏中"左"、"右"列表的值，可以实现对整个段落的左缩进和右缩进进行调整，如图 5-27 所示。通过"开始"选项卡的"段落组中也可以进行设置"；也可以通过拖曳标尺来调整缩进量。

④ 行距与段前段后间距。行距决定段落中各行文字之间的垂直距离，段落间距决定段落上方和下方的空间。通过 ⠿ 图标右侧的箭头选择系统预设的 1.0～3.0 进行设置，选择行距选项自己来定义行距，也可以设置当前段落距离上一段落之间的距离和当前段落距离下段落的距离；段前间距和段后间距的设置也可以通过"段落"对话框进行设置；通

过"页面布局"选项卡功能区"段落"组也能对段落的左右缩进和段前段后间距进行调整。

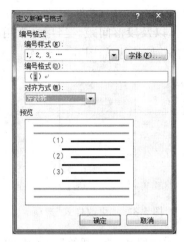

图 5-26 "定义新编号格式"对话框

图 5-27 段落"缩进"与"间距"工具栏

　　根据中文写作的一些特点,Word 还提供了中文版式,在"段落"功能区 ,单击右侧的下拉箭头,可以对文字进行"纵横混排"、"合并字符"、"双行合一"、"字符缩放"等操作,如图 5-28 所示。首行缩进和悬挂缩进两种特殊的缩进设置。首字下沉是指在段落开始时使用一个大号字符,从而吸引读者的眼球。首字下沉有两种不同位置:"下沉"和"悬挂",其中,使用"下沉"位置时,该段首字字号变大按指定行数占用该段文字的行数。段落其他文字在一起。使用"悬挂"位置时,首字下沉后将悬挂在段落其他文字的左侧。选中需要设置首字下沉的段落,通过"插入"选项卡功能区文本组 按钮来设置首字下沉的位置、字体、行数,如图 5-29 所示。可以通过"段落"对话框进行相关设置。通过功能区段落组的 按钮,可以自定义中文或混合文字的版式。

图 5-28 中文版式

图 5-29 "首字下沉"对话框

　　⑤ 利用样式格式化。样式包括字体、字号、字体颜色、行距、缩进等,运用样式可以快速改变文档中选定文本的格式设置,从而方便用户进行排版工作,大大提高工作效率。当文档中有多处文本需要应用同样的多种格式时,可以直接将这些格式保存为样式,快速应用到文档的多处段落。

　　Word 提供了多种预设的样式,在"开始"选项卡的"样式"组中选择合适的标题样式进行应用,如图 5-30 所示,如"标题 1"、"标题 2"等样式。在格式化段落时,可以直接使用这些预设样式对文档进行格式的设置。

更改样式。更改文档中使用的样式集、颜色、字体以及段落间距。当用户常用的样式只需要在预设样式中进行简单修改,可以通过更改样式来实现,如图 5-31 所示。

图 5-30 "样式"工具栏   图 5-31 "更改样式"选项

若要使用 Word 中预设的样式,需选中要应用样式的段落,在"开始"选项卡的"样式"组选择相应的样式,单击右下角的对话框启动器按钮,在弹出的"样式"任务窗格中查看 Word 中预设的全部样式,也可以按 Ctrl+Shift+Alt+S 键,打开"样式"任务窗格,单击相应图标,即可应用,如图 5-32 所示。

- 新建样式。首先选中需要应用样式的段落,在样式对话框中单击 按钮,输入样式名称,设置相应格式。
- 删除样式。在"样式"任务窗格中,在需要删除的样式上右击,从弹出的快捷菜单中选择"删除"命令。

⑥ 边框和底纹的设置。通过此设置可以把边框加到页面、文本、图形及图片中。可以为段落和文本添加底纹,可以对图形对象进行颜色或纹理填充。边框和底纹能增加对文档的显示效果从而引起阅读者的注意。

选中需要加边框或底纹的文本或段落,在"开始"选项卡的"段落"组中单击 按钮,选择"边框与底纹"命令,弹出"边框和底纹"对话框,如图 5-33 所示。

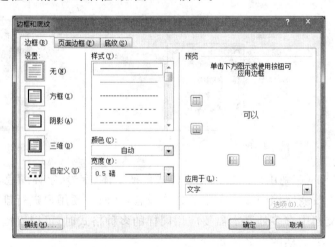

图 5-32 "样式"任务窗格   图 5-33 "边框和底纹"对话框

"边框和底纹"对话框中包括"边框"、"页面边框"、"底纹"3个选项卡。"边框"选项卡可以对文字或段落加边框,可以设置边框的类型、边框线样式、颜色、宽度,通过右侧的预览区域还可以设置边框的范围和应用对象;"页面边框"对整篇文档、本节、仅首页或除首页以外的整篇文档进行加边框的设置,边框类型的设置多出了艺术型;"底纹"选项卡中的设置只针对文字或段落,分为"填充"和"图案"两大类,"填充"是指选择一种颜色作为背景色,"图案"则是选择一种颜色以百分比的形式显示填充点(即前景色)。

⑦ 分栏。分栏就是将文档中的整篇文档、某一段或几段选中的文本设置为多栏,使版面变得更加生动,让阅读者在阅读内容时感到形式多样。选中需要设置分栏的内容,若不选中特定文本则为整篇文档设置分栏。在"页面布局"选项卡的"页面设置"组中,单击 ☰ 分栏 ▾ 按钮,如图5-34所示。在展开的"分栏"下拉列表中选择分栏类型,如一栏、两栏等,选择"更多分栏"命令,则会出现"分栏"对话框,可以进行更多参数的设置,如图5-35所示。

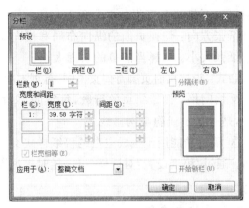

图5-34 "页面设置"工具栏   图5-35 "分栏"对话框

注意:只有在页面视图下才可以看到分栏的效果,若要对文档的最后一段进行分栏的设置,需要在其后再加一个空段落。

⑧ 格式刷。当需要为不同文本重复设置相同格式时,格式刷是一个很好的功能,它能使工作效率提高。在"开始"选项卡的"剪贴板"组中单击 ⌁ 按钮,来实现复制一个位置的格式,然后将其应用到另一个位置。首先选中需要被复制格式的文本,然后单击格式刷,此时就会完成格式的复制,将光标进行拖曳选中需要复制格式的内容即可完成复制格式。

注意:如果要将复制的格式应用到多个位置,则需要双击格式刷按钮 ⌁ 。当不需要再次复制格式时,单击 ⌁ 按钮,关闭该功能。

(3)页面格式设置

页面格式包括文档的主题、页边距、纸张方向、页面背景等内容,设置文档的页面格式主要是为了打印时纸张与文档正文之间更加和谐,一般情况下对于规范性文档如论文、著作等,对页面的格式要求也非常的严格。在"页面布局"选项卡中可以实现对页面主题、页面设置、稿纸、页面背景等进行相关的设置,如图5-36所示。

① 文档主题是一组格式选项,其中包括一组主题颜色、一组主题字体(包括标题和正文文本字体)和一组主题效果(包括线条和填充效果)。通过应用文档主题,可以快速轻松

地使文档具有专业外观。在"页面布局"选项卡的"主题"组中,单击主题可以查看 Word 2010 提供的模板,也可以通过调整颜色、字体和效果后保存自己的主题。

图 5-36 "页面布局"选项卡

② 在"页面布局"选项卡的"页面设置"组包括了对页边距、纸张方向、纸张大小分隔符等相关设置,单击"页面设置"组的对话框启动器按钮,在弹出的"页面设置"对话框中可进行详细设置,如图 5-37 所示。

页边距:是指文本与纸张边缘的距离,正文会显示在页面边距以内,而脚注、尾注、页码、页眉、页脚都会打印在页边距上。

纸张方向:切换页面的纵向布局和横向布局。

纸张大小:选择当前节的页面大小。

版式:设置页眉页脚奇偶页不同,首页不同,页眉页脚距离页边界的距离,为每行加行号。

文档网格:设置每页的行数,每行的字数,文字打印的方向,网格的水平间距和垂直间距,是否显示或隐藏网格线等。

③ 稿纸功能用于生成空白的稿纸样式文档,或将稿纸网格应用于 Word 文档中的现有文档。通过"稿纸设置"对话框,可以随时根据需要轻松地设置稿纸属性,如图 5-38 所示。

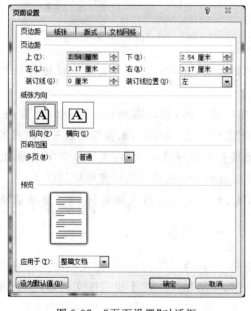

图 5-37 "页面设置"对话框

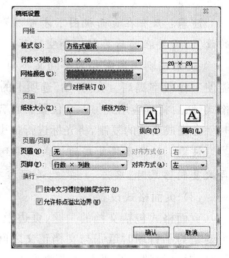

图 5-38, "稿纸设置"对话框

网格样式:网格样式包含方格式稿纸、行线式稿纸和外框式稿纸 3 种。

行数×列数:每页的行数×每行的字符数。有 5 个选项:10×20、15×20、20×20、

20×25 和 24×25。

网格颜色：用于设置稿纸网格的线条颜色。

纸张大小：用于设置稿纸文档的纸张大小。有 4 个选项：A3、A4、B4 和 B5。

页面方向：可以是纵向或横向。运行稿纸功能时，默认的页面方向与 Word 文档的页面方向相同。

页眉和页脚：可以选择使用预定义的页眉/页脚，也可以通过输入内容来使用自定义的页眉/页脚。页眉/页脚的位置还可在左对齐、右对齐或居中对齐三者间变换。

换行：此选项专门用于亚洲版式。如果要按中文习惯控制行的首尾字符，或允许文档中的标点溢出边界，则可以选中该选项。

④"页面背景"组通过设置页面背景可以设置文档的背景颜色、图案、图片、纹理特效，如图 5-39 所示。并能添加水印文字以满足在实际工作中的需要。

水印。单击自定义水印后会弹出"水印"对话框，可以设置文字水印和图片水印，如图 5-40 所示。为了不影响阅读正文内容，文字水印可以设置为半透明，图片水印可以设置为"冲蚀"效果。

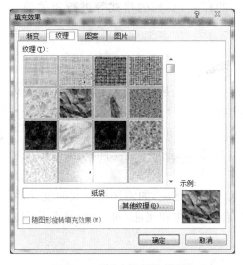

图 5-39 "填充效果"对话框

图 5-40 "水印"对话框

页面颜色。通过"页面颜色"按钮可以实现选择任意一种颜色作为文档的背景颜色，选择填充效果则会弹出"填充效果"对话框，通过这里可以设置背景填充的方案，系统提供了渐变、纹理、图案的一些预设方案也可以选择一幅图片作为文档的页面背景。

5.1.4 长文档的排版

长文档指论文、著作等篇幅较长的文档，在编辑这类文档时，往往涉及对文档的封皮、目录、索引、页眉页脚、脚注尾注、自动更正、字数统计等方面进行设置。

1. 封面

封面，即文档的封皮，Microsoft Word 提供了一个封面库，其中包含预先设计的各种封面,使用起来很方便。选择一种封面,并用自己的文本替换示例文本。不管光标显示在文档中的什么位置,总是在文档的开始处插入封面。在"插入"选项卡上的"页"组中,单击"封面"。单击选项库中的封面布局。插入封面后,通过单击选择封面区域即可对标题、作者、日期等相关信息进行更改。

2. 页眉和页脚

页眉和页脚分别位于文档页面的顶部和底部的页边距中,通常用来插入页码、时间日期、章节名称、公司标志等信息。

图 5-41 "页眉和页脚"组

通过"插入"选项卡的"页眉和页脚"组对页眉和页脚进行设置,如图 5-41 所示。系统为页眉和页脚提供了多种内置样式,也可以通过页眉和页脚的下拉菜单选择编辑页眉或编辑页脚的命令,启用页眉和页脚工具对页眉和页脚进行编辑。

如要对已设置好的页眉或页脚进行删除,则可以通过页眉或页脚按钮下方的下拉菜单选择删除页眉或删除页脚的命令。

通过"页码"下拉列表可以对页码的位置、页码的样式、页码的格式等进行相关的设置,如图 5-42 所示。

3. 脚注和尾注

脚注和尾注是对文本的补充说明:脚注一般位于页面的底部,可以作为文档某处内容的注释;尾注一般位于文档的末尾,列出引文的出处等。

脚注和尾注由两个关联的部分组成,包括注释引用标记和其对应的注释文本。用户可让 Word 自动为标记编号或创建自定义的标记。在添加、删除或移动自动编号的注释时,Word 将对注释引用标记重新编号。

通过"引用"选项卡的"脚注"组可以对文档插入脚注和尾注,如需进行格式的设置,可以单击右下角的"脚注和尾注"对话框启动器按钮,启动"脚注和尾注"对话框,并在其中进行设置,如图 5-43 所示。

图 5-42 "页码格式"对话框

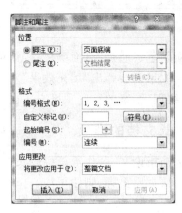

图 5-43 "脚注和尾注"对话框

4. 索引和目录

索引，以关键词为检索对象的列表，通常位于文章封底页之前。索引的作用在于，阅读者可以根据相应的关键词，比如人名、地名、概念、术语等，快速定位到正文的相关位置，获得这些关键词的更详细的信息。在使用过的中学数理化课本中，最后通常都有索引，列出了重要的概念、定义、定理等，方便人们快速查找这些关键词详细信息。

目录，文档中各级标题的列表，通常位于文章扉页之后。目录的作用在于，方便读者可以快速地检阅或定位到感兴趣的内容，同时比较容易了解文章的纲目结构。

索引侧重于找到要找的文章，目录侧重于显示整篇文章的结构。

索引和目录的创建都可以通过"引用"选项卡来实现。通过"索引"组可以在文档中进行插入索引、更新索引以及标记索引项的操作，如图 5-44 所示。

图 5-44 "引用"选项卡下的功能区

可以手动输入目录，但工作量大且页码与标题在录入时容易出错，一旦文档修改过以后，页码发生变化，而目录不会自动更新。

也可以自动创建目录，自动创建目录最简单的方法是使用内置标题样式（标题样式：应用于标题的格式设置。Microsoft Word 有 9 个不同的内置样式：标题 1 到标题 9）。可以创建基于所应用的自定义样式的目录。还可以向各个文本项指定目录级别。通过对要包括在目录中的文本应用标题样式（如标题 1、标题 2 和标题 3）来创建目录。

Word 搜索这些标题，然后在文档中插入目录。以这种方式创建目录时，如果在文档中进行了更改，可以自动更新目录。Word 2010 提供了一个自动目录样式库。标记目录项，然后从选项库中单击需要的目录样式。标记目录项之后，就可以生成目录了。

（1）使用目录库中的样式插入目录。

① 单击要插入目录的位置，通常在文档的开始处。

② 在"引用"选项卡的"目录"组中单击"目录"按钮，然后选择所需的目录样式，如图 5-45 所示。

注意：如果要指定更多选项（例如，要显示的标题级别数目），单击"插入目录"以打开"目录"对话框。要进一步了解有关不同选项的信息，设置目录格式。

（2）创建自定义目录。

① 在"引用"选项卡的"目录"组中单击"目录"按钮，从下拉菜单中选择"插入目录"命令，如图 5-46 所示。

② 在"目录"对话框中，可以进行如下设置。

要更改在目录中显示的标题级别数目，请在"常规"栏的"显示级别"列表框中输入所需的数目。

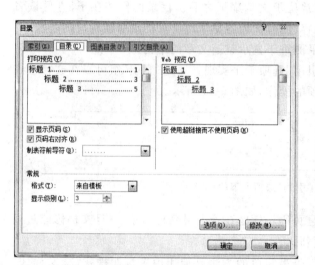

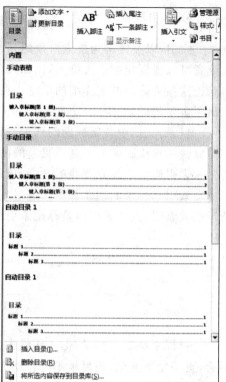

图 5-45 "目录"对话框　　　　　　　图 5-46　目录"样式"

要更改目录的整体外观,可单击"格式"列表中的其他格式,在"打印预览"和"Web 预览"区域查看选择。

要更改输入文本和页码间显示的行的类型,可单击"制表符前导符"列表中的选项。

要更改在目录中显示标题级别的方式,可单击"修改"按钮。在"样式"对话框中,单击要更改的级别,然后再次单击"修改"按钮。在"修改样式"对话框中,可以更改字体、字号和缩进量。

注意:选择适合文档类型的目录。如果正在创建读者将在打印页上阅读的文档,则在创建目录时,应使每个目录项列出标题和标题所在页面的页码。读者可以翻到需要的页;对于读者要在 Word 中联机阅读的文档,可以将目录中各项的格式设置为超链接,以便读者可以通过单击目录中的某项转到对应的标题。

(3)更新目录。如果添加或删除了文档中的标题或其他目录项,可以快速更新目录。

① 在"引用"选项卡上的"目录"组中,单击"更新目录"按钮。

② 在弹出的"更新目录"对话框中选中"只更新页码"或"更新整个目录"单选按钮。

(4)删除目录。

① 在"引用"选项卡的"目录"组中单击"目录"按钮。

② 选择"删除目录"命令。

5．字数统计

在编辑长文档时，有时会有字数限制的要求，为把握好书写的篇幅，需要进行字数的统计。

在文档中输入内容时，Word 将自动统计文档中的页数和字数，并将其显示在工作区底部的状态栏上。 页面: 22/24 | 字数: 16,998 ，如果在状态栏中看不到字数统计，右击状态栏，从弹出的快捷菜单中选择"字数统计"命令。

若要统计一个或多个选择区域中的字数，选择要统计字数的文本。状态栏将显示选择区域中的字数。例如，100/1440 表示选择区域中的字数为 100，文档中的总字数为 1440。

在字数统计中包括脚注、尾注和文本框中的文本，如果不需要统计脚注和尾注中的字数，可以在"审阅"选项卡的"校对"组单击"字数统计"按钮，在弹出的"字数统计"对话框中，选中"包括文本框、脚注和尾注"复选框，如图 5-47 所示。

图 5-47 "字数统计"对话框

6．自动更正

Word 自带拼写和语法检查功能，根据 Word 中内嵌的词典，如认为文档中出现了拼写错误，会以红色曲线的下划线形式显示，语法错误则会以绿色的下划线显示。这些显示的线条是不会被打印的。

在"文件"选项卡中，单击"选项"按钮，在弹出的"Word 选项"对话框中选择"校对"选项卡，单击"自动更正选项"按钮，在弹出的"自动更正"对话框中，可以更改输入时 Word 更改文字和设置其格式的方式，如图 5-48 所示。

在"审阅"选项卡上的"校对"组中单击"拼写和语法"按钮，在弹出的对话框中可以设置检查文档中文字的拼写和语法的规则，如图 5-49 所示。

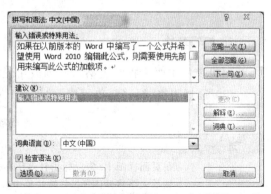

图 5-48 "自动更正"对话框 　　图 5-49 "拼写和语法：中文（中国）"对话框

5.1.5 表格

1. 创建表格

创建表格的方法主要有插入表格、将文本转换成表格或绘制表格 3 种。

（1）创建表格的最快方法是在"插入"选项卡"表格"组中单击"表格"按钮，然后将光标移至网格上，单击鼠标完成创建。

为了更好地控制表格大小，可以在"插入"选项卡的"表格"组中单击"表格"按钮，从下拉菜单中选择"插入表格"命令，弹出"插入表格"对话框，如图 5-50 所示。设置行和列的精确数目，并使用"自动调整'操作"选项来调整表格的大小。

（2）将文本转换成表格。若要将现有文本转换成表格，必须对文本进行一定的格式化操作，在要转换的文本中，在要开始新列的每个位置，插入制表符或逗号。在要开始新行的每个位置，插入段落标记。选择文本后，在"插入"选项卡的"表格"组中单击"表格"按钮，从下拉菜单中选择"将文字转换成表格"命令，在弹出的"将文字转换成表格"对话框中完成表格的转换。

（3）绘制表格。如果需要创建含有不同大小的行和列的表格，则可以使用光标绘制表格。工作方式如下：光标定义好插入表格的位置，在"插入"选项卡的"表格"组中单击"表格"按钮，从下拉菜单中选择"绘制表格"命令。指针会变为铅笔状。绘制一个矩形来制作表格的边框。然后在该矩形中绘制列和行的线条。要擦除某条线，在"表格工具|设计"选项卡的"绘图边框"中单击"橡皮擦"按钮，单击要擦除的线条，如图 5-51 所示。

图 5-50 "插入表格"对话框

图 5-51 "绘图边框"工具栏

2. 编辑表格

编辑表格主要是指对表格、行、列或单元格的删除、复制、插入、合并、拆分等操作。

（1）选择表格、行、列、单元格，如表 5-1 所示。

表 5-1 表格编辑对象的选择

选　择	执　行	图　示
整张表格	在页面视图中，将鼠标指针停留在表格上，直至显示表格移动图柄⊞，然后单击表格移动图柄	

续表

选 择	执 行	图 示
一行或多行	单击相应行的左侧	
一列或多列	单击相应列的顶部网格线或边框	
一个单元格	单击该单元格的左边缘	

（2）添加行、列。添加行和列的操作需先将光标定义在表格中，在"表格工具|布局"选项卡的"行和列"组中单击相应按钮进行添加，如图5-52所示。

也可以按以下方式通过快捷菜单来操作。

① 在上方或下方添加一行，在要添加行处的上方或下方的单元格内右击。从弹出的快捷菜单中选择"插入"|"在上方插入行"或选择"插入"|"在下方插入行"命令。

当光标定义在右下最后一个单元格内单击然后按 Tab 键，可以快速在表格的末尾添加一行。

② 在左侧或右侧添加一列，在要添加列处左侧或右侧的单元格内右击，从弹出的快捷菜单中选择"插入"|"在左侧插入列"或选择"插入"|"在右侧插入列"命令。

（3）删除行、列、表格。

① 删除行、列、整个表格前，需要先选中要删除的对象，在"表格工具|布局"选项卡的"行和列"组中单击"删除"按钮来操作，如图5-53所示。也可以在右键快捷菜单中选择"删除单元格"命令来实现删除行、列或单元格，若要删除整个表格，在表格左上角的⊞图柄按钮上右击，即可从弹出的快捷菜单中选择"删除表格"命令。

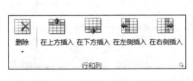

图 5-52 "行和列"工具栏

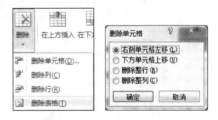

图 5-53 删除操作

② 删除表格的内容。选中要删除内容的行、列、或单元格，按 Delete 或 Backspace 键可以清除所选范围里的内容。

（4）单元格的拆分与合并

① Word 2010 文档表格中，通过使用"拆分单元格"功能可以将一个单元格拆分成两个或多个单元格。通过拆分单元格可以制作比较复杂的多功能表格，可以在"表格工具|

163

布局"选项卡的"合并"组中单击"拆分单元格"按钮,弹出"拆分单元格"对话框,如图 5-54 所示。也可以在单元格上右击,在弹出的快捷菜单中选择"拆分单元格"命令。

② 将两个或多个连续的单元格,合并成一个单元格,这种方法就叫做合并单元格。选中准备合并的两个或两个以上的单元格。右击被选中的单元格,从弹出的快捷菜单中选择"合并单元格"命令;也可以在"表格设计|布局"选项卡的"合并"组中单击"合并单元格"命令;除了使用"合并单元格"命令合并单元格,还可以通过擦除表格框线,实现

图 5-54 单元格的"拆分"操作

合并单元格的目的。单击表格内部任意单元格,在"表格工具|设计"选项卡的"绘图边框"组中单击"擦除"按钮,鼠标指针呈橡皮擦形状。在表格线上拖动鼠标将其擦除,可以实现两个单元格的合并。完成合并后按 Esc 键或者再次单击"擦除"按钮取消擦除表格线状态。

3. 格式化表格

(1)表格外观。表格外观主要是对行高、列宽、边框、底纹的设置,选中表格中需要更改行高或列宽的行、列或单元格,在"表格工具|布局"选项卡的"表"组中单击"属性"按钮,或在选中范围上右击,从弹出的快捷菜单中选择"表格属性"命令,弹出"表格属性"按钮,即可通过不同的选项卡对行、列、单元格进行设置,如图 5-55 所示。

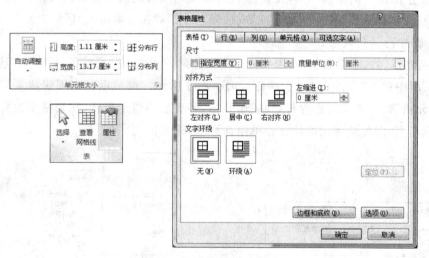

图 5-55 "表格属性"对话框

在"表格工具|设计"选项卡的"绘图边框"组中,可以为表格更换不同颜色、不同粗细、不同线形的框线。

Word 2010 提供了许多内置的表格样式,在"表格工具|设计"选项卡的"表格样式"组中,不仅可以选择内置的表格样式,还可以设置表格中的底纹。

(2)表格内容的对齐方式。表格内容的对齐方式主要有水平和垂直两个方向,默认

情况下,单元格中输入的文本以底端左对齐,选中需要对齐的单元格、行、列或表格后,在"表格工具|布局"选项卡的"对齐方式"组中,选择合适的对齐方式;也可以在选中范围上右击,从弹出的快捷菜单中选择合适的单元格对齐方式,如图5-56所示。单击"表格工具|布局"选项卡中的文字方向按钮,可以改变单元格内文本文字的方向。

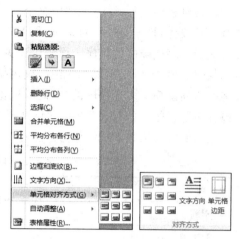

4. 表格中的运算与排序

在Word 2010文档中,用户可以利用算术运算符及Word所提供的函数去进行一些运算,如求和、平均值、最大值、条件统计等运算,将光标位置定位于需要存放结果的单元格,在"表格工具|布局"选项卡的"数据"组中单击"公式"按钮,打开"公式"对话框,进行公式的编辑,如图5-57所示。

图5-56 表格内容的对齐方式

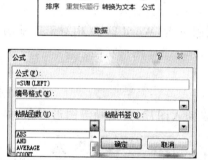
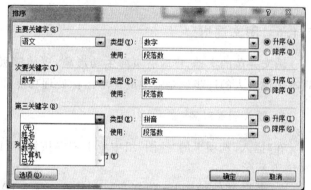

图5-57 表格的"公式"与"排序"

在编辑公式时可以像Excel一样对单元格地址进行引用,在Word中表格每一列的地址依次用字母A、B、C…表示,每一行依次用数字1、2、3、…表示,如表5-2中段欣欣的数学成绩,可以直接引用地址C3来表示,要表示单元格的区域要采用如下形式:起始单元格地址:结束单元格地址,如要计算李莉三门课的总分,可以在公式里输入=SUM(B2:D2)。

表5-2 排序前学生成绩表

姓名	语文	数学	计算机	总分
李莉	78	89	85	252
段欣欣	87	98	65	250
刘玉静	78	97	78	253

注意：Word 中表格公式没有 Excel 自动化强，如果第一次利用函数求解出结果后，更改函数参数的值，统计结果不能自动重新计算。

若要对表格进行排序，先选中整个表格，在"表格工具|布局"选项卡的"数据"组中单击"排序"按钮，打开"排序"对话框后，Word 中可以根据数字、笔画、拼音、日期等方式对表格进行升序或降序的排序。设置主要关键字、次要关键字（当主要关键字的一列出现了多个相同的值，此时根据第二关键字决定排列顺序）、第三关键字（当主要关键字和次要关键字的两列出现了多个相同的值，此时根据第三关键字决定排列顺序），所选的表格里是否包含标题行等。如对表 5-2 按照语文成绩排序后，李莉和刘玉静的成绩是相同的，这时要根据第二关键字数学成绩做升序排序，如表 5-3 所示。

表 5-3 排序后学生成绩表

姓名	语文	数学	计算机	总分
李莉	78	89	85	252
刘玉静	78	97	78	253
段欣欣	87	98	65	250

5.1.6　图文混排

图文并茂的文档，排版后页面生动形象，更能够吸引读者，Word 2010 相对于以前的版本来说最大的进步就是强大的图形图像处理功能和 SmartArt 图形功能。

1. 插入图形对象

在"插入"选项卡的"插图"组中单击相应按钮，可以插入图片、剪贴画等图形对象，如图 5-58 所示。

① 来自文件的图片，包括 EMF、JPG、PNG、BMP、GIF 等多种格式的图片文件。

② Office 剪辑库中的剪贴画，如图 5-59 所示。

③ 线条、矩形、基本形状、公式形状等多种形状，如图 5-60 所示。

图 5-58　"插图"工具栏

④ 以直观的方式交流信息的 SmartArt 图形包括图形列表、流程图以及更为复杂的图形，如图 5-61 所示。

⑤ 用于演示和比较数据的图表包括条形图、饼图、折线图等图表类型。

⑥ 未最小化到任务栏的程序屏幕截图

⑦ 在"插入"选项卡的"文本"组中单击"艺术字"按钮，可以插入特殊视觉效果的艺术字。

⑧ 插入常见的数学公式或利用数学符号库构造自己的公式。

2. 图片的编辑和格式化

对插入的图片，进行编辑和格式化主要通过功能区来实现，选中图片后"图片工具|格

式"选项卡就会自动出现,其中包括"调整"、"图片样式"、"排列"、"大小"几个组,如图 5-62
所示。

图 5-59 "剪贴画"任务窗格

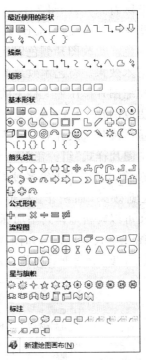

图 5-60 Word 可插入的图形及艺术字

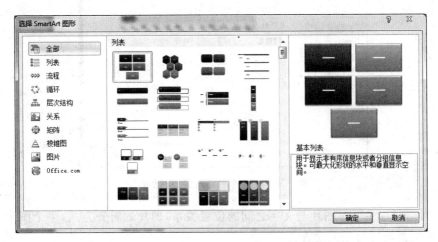

图 5-61 "选择 SmartArt 图形"对话框

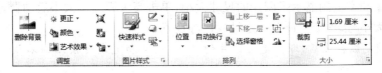

图 5-62 "图片工具"选项卡下的功能区

（1）"调整"组。"调整"包含"删除背景"、"更正"、"颜色"、"艺术效果"、"压缩图片"、"更改图片"、"重设图片"几个按钮，如图 5-62 所示。

① 删除背景。Word 2010 中的新功能，能够自动删除不需要部分的图片。

② 更正。调节亮度、对比度或清晰度。

③ 颜色。更改图片颜色以提高质量或匹配文档内容。

④ 艺术效果。将艺术效果添加到图片，使图片更像草图或油画。

⑤ 压缩图片。压缩文档中的图片，以减小尺寸。

⑥ 更改图片。更改为其他图片，但保留当前图片的格式和大小。

⑦ 重设图片。放弃对图片所做的全部修改。

（2）"图片样式"组。在 Word 2010 文档中，可以为选中的图片应用多种图片样式，包括透视、映像、边框、投影等多种样式，"图片效果"按钮的下拉菜单还可以为选中的图片应用某种视觉效果，如阴影、发光、三维、映像等。"图片版式"则是将所选图形转换为 SmartArt 可以轻松地排列添加标题，并调整图片大小。通过单击对话框启动器按钮，启动"设置图片格式"对话框，如图 5-63 所示，可以进一步地设置填充、边框线、阴影、映像、三维格式、亮度、对比度等操作，效果如图 5-64 所示。

图 5-63 "设置图片格式"对话框

（3）"排列"组主要对图片与文字之间的位置关系，图片的对齐方式，多个图形对象的组合，图片的翻转进行相关设置。

（4）"大小"组更改图片的尺寸大小。如"裁剪"工具按钮用来裁剪图片，删除不需要的部分。高度和宽度则显示了图片的尺寸大小，单击高级版式－大小启动器，启动"布局"对话框，在"大小"选项卡下设置锁定纵横比等设置。

注意：锁定纵横比后，即使更改图片的尺寸，高度和宽度会按比例缩放，不会使图片变形。

(a) 原始图片

(b) 删除背景后

(c) 柔化边缘效果后

(d) 三维旋转后

(e) 水平翻转、三维旋转、阴影效果

图 5-64　Word 2010 中"图片工具"的应用

3. 艺术字的插入与设置

将文字以艺术化的形式展示已达到装饰、美化效果。在 Word 2010 中将艺术字划分到"文本"组进行插入，首先需要从预设的 30 种方案中选择一种。"请在此放置您的文字"就会出现在插入点的位置上，此时的艺术字编辑框中的文字是被选中，如果输入文字则会将编辑框中的文字覆盖掉。

选中艺术字后，在"绘图工具|格式"选项卡中设置形状样式及艺术字样式，如图 5-65 所示。

图 5-65　艺术字的样式设置

4. 公式的插入

Microsoft Word 2010 包括编写和编辑公式的内置支持。以前的版本使用 Microsoft Equation 3.0 加载项或 Math Type 加载项，在 Word 2010 中包含 Equation 3.0，也可以使用此加载项。

若要编写公式,可使用 Unicode 字符代码和"数学自动更正"项将文本替换为符号。在输入公式时,Word 可以将该公式自动转换为具有专业格式的公式,Word 提供了很多的公式符号,用户也可以自己编写公式,在"插入"选项卡的"符号"组中单击 π 按钮后,可以在"公式工具"选项卡下进行编辑,如图 5-66 所示。

图 5-66   "公式工具"选项卡

Word 2010 中预置了很多常用的公式,在"插入"选项卡的"符号"组中单击"公式"按钮,从下拉菜单中选择所需的公式,如图 5-67 所示。

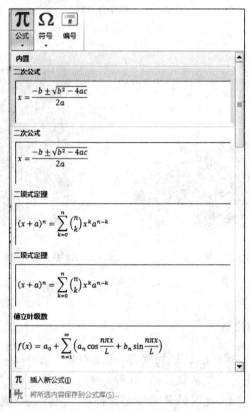

图 5-67   Word 2010 中内置的公式

注意:如果在以前版本的 Word 中编写了一个公式并希望使用 Word 2010 编辑公式,则需要使用之前用来编写此公式的加载项。如果购买了 Math Type,则需要安装 Math Type。

5.1.7   文档的打印与安全

1. 打印设置

打印设置,在"文件"选项卡中选择"打印"选项卡,默认打印机的属性自动显示在第一部分中,文档的预览自动显示在右侧的预览区域中,如图 5-68 所示。

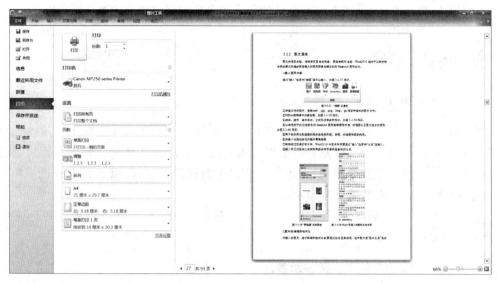

图 5-68 "打印"选项卡

如果打印机的属性以及文档看起来均符合要求,请单击"打印"。

在 Word 2010 中打印与打印预览出现在同一界面,并且预览区域会随着窗口的大小而自动进行缩放。

默认情况下,页面中的前景色、背景图案是不打印的,通过"文件"选项卡中单击"选项"按钮,在弹出的"Word 选项"对话框中"显示"选项卡下选中"打印背景色和图像",可将前景、背景进行打印。

2. 文档的安全设置

(1) 对文档应用密码。通过使用密码,阻止未经授权的访问,可以对文档进行保护,如图 5-69 所示。

在"文件"选项卡中选择"信息"选项卡,单击"保护文档"按钮,从下拉菜单中选择"用密码进行加密"命令。

在"加密文档"框中,输入一个密码,然后单击"确定"按钮。

在"确认密码"框中,重新输入该密码,然后单击"确定"按钮。

注意:密码区分大小写。请确保在首次输入密码时已关闭 CapsLock 键。如果丢失或忘记了密码,Word 将无法恢复数据。

(2) 标记为最终状态,让读者知晓文档是最终版本,并将其设为只读。

(3) 限制编辑,控制其他人对此文档所做的更改类型。

(4) 按人员限制权限,授予用户访问权限,同时限制其编

图 5-69 "保护文档"设置

辑、复制、打印的能力。

(5) 添加数字签名,通过添加不可见的数字签名来确保文档完整性。

5.2 电子表格软件

5.2.1 Excel 2010 基础

Excel 是 Microsoft Office 中的电子表格程序。可以使用 Excel 创建工作簿(电子表格集合)并设置工作簿格式,以便分析数据和做出更明智的业务决策。特别是,可以使用 Excel 跟踪数据,生成数据分析模型,编写公式以对数据进行计算,以多种方式透视数据,并以各种具有专业外观的图表来显示数据。

Excel 的一般用途包括会计专用、预算、账单和销售、报表、计划,Excel 是用于创建专业计划或有用计划程序。

1. Excel 2010 的工作界面及基本概念

启动 Excel 2010 后,显示屏幕上就会出现 Excel 的工作界面,如图 5-70 所示。

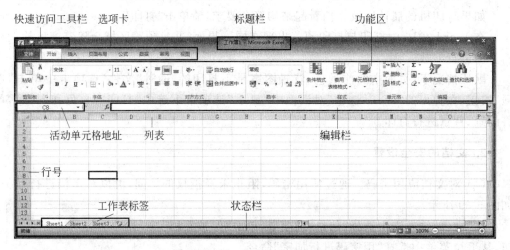

图 5-70 Excel 2010 的工作界面

(1) 标题栏。位于窗口最上方,显示当前正在编辑的工作簿文件名称及软件名称。

(2) 选项卡。Excel 2010 的功能区由"开始"、"插入"、"页面布局"、"公式"、"数据"、"审阅"、"视图"选项卡组成。各选项卡是面向任务的,每个选项卡以特定任务或方案为主题组织其中的功能控件。例如,"开始"选项卡以表格的日常应用为主题设置其中的功能控件,其中包含了实现表格的复制、粘贴,设置字体、字号、表格线、数据对齐方式以及报表样式等常见操作的功能控件;"页面布局"选项卡则与表格打印和外观显示任务相关,其中放置的都是与表格打印功能或外观样式相关的控件,如设置打印纸的大小、选择打印机、设置打印纸张的边界、是否显示网格线和标题,以及单元格数据对齐方式等。

每个选项卡中的控件又细分为几个逻辑分组,每个组中再放置实现具体功能的控件。

图 5-71 显示出的是"开始"选项卡中的内容。

功能区中的选项卡是动态的,为了减少屏幕混乱,某些选项卡平时是隐藏的,在执行相应的操作时,它们会自动显示出来。如果在图 5-70 中没有显示出"图表工具"选项卡,但若在工作表中插入了图表,当图表被激活后,Excel 就会自动在功能区中添加一个"图表工具"选项卡。

(3)组。Excel 2010 将 2003 以前版本中一些隐藏在菜单和工具栏中的选项和按钮,放置在功能区不同的组中,每个组能够完成某种类型的子任务。每个组都与某项特定任务相关,剪贴板中包括有实现工作表复制和粘贴等功能的控件,字体组则包括了设置字体大小、型号、颜色等功能的控件。

(4)快速访问工具栏。包含一组独立于当前所显示的选项卡的命令,无论选择哪个选项卡,它将一直显示,为用户提供操作的便利。在默认情况下,快速访问工具栏中仅包括文件保存、撤销和恢复最近操作 3 个工具按钮。但它其实是一个可自定义的工具栏,用户可将经常使用的命令按钮添加到其中。

2. 工作表区

工作表区是 Excel 为用户提供的"日常办公区域",它由多个工作表构成,每个工作表相当于人们日常工作中的一张表格,可在网格内输入数据、执行计算、处理财务数据、绘制图表,并在此基础上制作各种类型的工作报表。

(1)工作表。工作表就是人们平常所说的电子表格,是 Excel 中用于存储和处理数据的主要文档,与人们日常生活中的表格基本相同,由一些横向和纵向的网格组成,横向的称为行,纵向的称为列,在网格中可以填写不同的数据。Excel 2010 的一个工作表最多可有 1048576 行、16384 列数据(而 Excel 2003 为 65536 行、256 列)。当前正在使用的工作表称为活动工作表,如图 5-70 展示的是 Sheet1 工作表的界面。

(2)工作表标签和插入新工作表。工作表标签代表工作表的名称。图 5-70 中的都是工作表标签,代表了个不同的工作表。当存在多个工作表,其中某些工作表的标签不可见时,可以通过标签导航按钮前后滚动工作表标签,显示出被遮住的工作表标签。

单击工作表标签按钮可使对应的工作表成为活动工作表,双击工作表标签按钮可改变它们的名称,因为 Sheet1、Sheet2 这样的名称不能说明工作表的内容,把它们改为"学生名单"、"成绩表"这样的名称更有意义。

在默认情况下,Excel 2010 只打开 3 个工作表:Sheet1、Sheet2 和 Sheet3,往往不够使用。单击插入新工作表按钮就会在后面插入一个新工作表 Sheet4,再单击一次就会插入新工作表 Sheet5……

(3)行标题。Excel 2010 的工作表每行用一个数字进行编号,称为行标题。在图 5-70 中,左边的数字按钮 1,2,3,…,1048576 都是行标题。单击行标题可以选定其对应的整行单元格,右击行标题,从弹出的快捷菜单中选择相应的命令进行设置。上下拖动行标题下端的边线,可增减该行的高度。

(4)列标题。Excel 2010 中,每列用英文字母进行标识,称为列标题。如图 5-70 所示的工作表上边的 A,B,C,D,…就是列标题。当列标题超过 26 个字母时就用两个字母表示,如 AA 表示第 27 列,AB 表示第 28 列,等等。当两个字母的列标题用完后,就用 3 个字母标识,最后的列标题是 XFD。单击列标题可选定该列的全部单元格,右击列标题,从弹出的快捷菜单中选择相应的命令进行设置。左右拖动某列标题右端的边线,可增减该列的宽度,双击列标题的右边线可自动调整该列到合适的宽度。

(5) 单元格、单元格区域。工作表实际上是一个二维表格,单元格就是这个表格中的一个"格子"。单元格由它所在的行、列标题所确定的坐标来标识和引用,在标识或引用单元格时,列标在前,行标在后,如 A1 表示第 1 列、第 1 行的交叉位置所代表的单元格,B5 表示第 2 列、第 5 行的交叉位置所代表的单元格。

当前正在使用的单元格称为活动单元格,其边框不同于其他单元格,是粗黑色的实线,且右下角有一黑色的实心方块,称为填充柄。活动单元格代表当前正在用于输入或编辑数据的单元格。

单元格是输入数据、处理数据及显示数据的基本单位,数据输入和数据计算都在单元格中完成。单元格中的内容可以是数字,文本或计算公式等,Excel 2010 单元格最多可包含 32767 个字符,一个公式中最多有 8192 个字符。

单元格区域是指多个连续单元格的组合,其形式如下。

左上角单元格:右下角单元格,例如 A2:B4 代表一个单元格区域,包括 A2,B2,A3,B3,A4,B4 单元格;C3:E5 单元格区域中的单元格有 C3,D3,E3,C4,D4,E4,C5,D5,E5。只包括行标题或列标题的单元格区域代表整行或整列。例如,1:1 表示第一行的全部单元格组成的区域,1:5 则表示由第 1 至第 5 行全部单元格组成的区域;A:A 表示第一列全部单元格组成的区域,A:D 则表示由 A、B、C、D 共 4 列的全部单元格组成的区域。

(6) 全选按钮、插入函数按钮、名称框和编辑框。工作表的行标题和列标题交叉处的按钮为全选按钮,单击它可以选中当前工作表中的所有单元格。

f_x 是插入函数按钮,单击它时将弹出"插入函数"对话框,通过此对话框可向活动单元格的公式中输入函数。

名称框用于显示活动单元格的位置。在任何时候,活动单元格的位置都将显示在名称框中。名称框还具有定位活动单元格的能力,比如要在单元格 A1000 中输入数据,可以直接在名称框中输入 A1000,按 Enter 键后,Excel 就会使 A1000 成为活动单元格。此外,名称框还具有为单元格定义名称的功能。

编辑栏用于显示、输入和修改活动单元格中的公式或数据。当在一个单元格中输入数据时,用户会发现输入的数据同时也会出现在编辑栏。事实上,在任何时候,活动单元格中的数据都会出现在编辑栏中。当单元格中数据较多时,可以直接在编辑栏中输入、修改数据。

(7) 工作表查看方式与工作表缩放。工作表状态栏右侧提供的 3 个按钮用于切换工作表的查看方式,其中 ▦ 是普通查看方式,这是 Excel 显示工作表的默认方式,图 5-70 就是用这种方式显示工作表的。▣ 是页面布局显示方式,单击它将以打印页面的方式显示工作表。▥ 是分页预览方式,如果工作表数据较多,需要多张打印纸才能打印完成时,在此查看方式下,Excel 将以缩略图方式显示出整个工作表的数据,并在工作表中显示出一些页边距的分割线,相当于将所有打印出的纸张并排在一起查看。

3. 工作簿

在 Excel 中创建的文件称为工作簿,扩展名是.xlsx。工作簿由一个或多个独立的工作表组成,Excel 2003 及之前的版本中最多可包括 255 个工作表,Excel 2010 一个工作簿内的工作表个数仅受内存限制,可以无穷。对于新建的工作簿,系统会将之自动命名为"工作簿 1.xlsx"。在默认情况下,一个工作簿包含 3 个工作表,名字分别为 Sheet1、Sheet2、Sheet3。Excel 可同时打开若干个工作簿,每个工作簿对应一个窗口。工作簿是 Excel 管理数据的文件单位,相当于人们日常工作中的"文件夹",它以独立的文件形式存储在磁盘上。

注意:工作簿与工作表的关系,磁盘上只保存工作簿,工作表只能被包含于工作簿中,不能以独立的文件形式存在,Excel 2010 工作簿的扩展名为.xlsx 或.xlsm。

5.2.2 Excel 的基本操作

1. 建立新工作簿

可以建立一个只含有几个空白工作表的工作簿,也可以基于 Excel 模板建立具有某种格式的工作簿。所谓模板,就是指一个已经输入了内容,并设置好了表格式样(如设置好了标题、字体、字形及表格网格线等)的由 Excel 或其他人建立好的工作簿。根据它建立工作簿,只需在其中进行少量的数据修改就可以建立起需要的表格,如通讯录或财务的资产负债表等。这种建表方式可以利用别人的工作成果,减少表格内容输入以及版面设计所花费的时间,以提高工作效率。

(1)启动 Excel 2010 之后,它会自动建立并打开一个新工作簿,其默认名称为工作簿 1.xlsx。如果在打开了一个工作簿的同时,还要建立另外一个新工作簿,则选择在"文件"选项卡中选择"新建"选项卡,此时的窗口界面称为 Backstage(后台)视图,如图 5-71 所示。其中提供了创建工作簿的许多模板和方法。

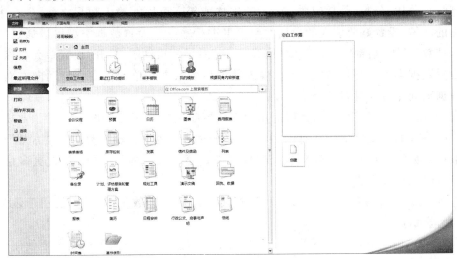

图 5-71　创建工作簿

（2）根据模板建立工作簿。Backstage 视图中的"样本模板"是安装 Excel 时已经安装到了本机中的模板，其中包括贷款分期付款、考勤卡、销售报表、账单等多种日常生活中的常见报表；"我的模板"则是由用户创建的模板，其内容据用户所建模板而异 Office.com 中的模板则由微软网站提供，存储在网站中，其中内容很多且经常更新，用户可以随时将模板下载到本机，然后就可以用它创建工作簿。

当选中上述某种类型的模板后，在 Backstage 视图的右侧就会显示出用该模板所建工作表的式样。满意后，单击预览视图下面的"创建"按钮，就会据此模板建立工作簿。

（3）根据现有内容建立工作簿。如果要建立的工作簿与以前已做好的工作簿相同或相近，则可以根据原有工作簿创建新工作簿，然后再对它进行修改，就能建立需要的工作簿，快捷而有效。

选择如图 5-71 中的"根据现有内容新建"选项，然后通过 Excel 弹出的"打开文件"对话框选择一个以前已经建立的工作簿。Excel 就会创建一个与所选工作簿完全相同的工作簿。

2. 保存工作簿

保存工作簿的方法很简单，在"文件"选项卡中单击"保存"或"另存为"按钮即可。

注意：在执行上述任一操作时，如果是新建文件，就会弹出"另存为"对话框，在该对话框中的"文件名"文本框中输入工作簿名，否则将以"工作簿1. xlsx"作为该工作簿的文件名。如果选择的是"另存为"命令，也会弹出"另存为"对话框。

5.2.3 数据和公式、函数的输入

1. 在工作表中输入数据

（1）Excel 中的数据类型。工作表中的数据类型主要包括数值、货币、会计专用、日期、时间、百分比、分数、科学记数、文本、特殊格式等。可以在输入数据之前，先选中要输入数据的区域，设置好要填入的数据类型后再进行输入。设置数据类型可以通过"开始"选项卡|"数字"组，启动"设置单元格格式-数字"对话框启动器，打开"设置单元格格式"对话框设置数据类型，如图 5-72 所示。输入数值型的数据在单元格内会自动向右对齐，文本型数据则向左自动对齐。

① 常规：输入数字时 Excel 所应用的默认数字格式。多数情况下，采用"常规"格式的数字以输入的方式显示。然而，如果单元格的宽度不够显示整个数字，则"常规"格式会用小数点对数字进行四舍五入。"常规"数字格式还对较大的数字（12 位或更多位）使用科学计数（指数）表示法。

② 数值：用于数字的一般表示，可以指定要使用的小数位数、是否使用千位分隔符以及如何显示负数。

③ 货币：用于一般货币值并显示带有数字的默认货币符号，可以指定要使用的小数位数、是否使用千位分隔符以及如何显示负数。

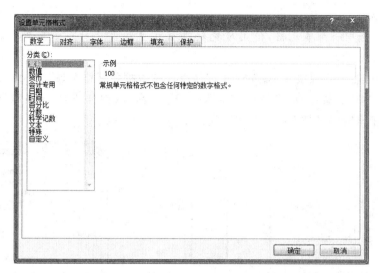

图 5-72　"设置单元格格式"对话框

④ 会计专用：也用于货币值，但是它会在一列中对齐货币符号和数字的小数点。

⑤ 日期：根据指定的类型和区域设置（国家/地区），将日期和时间序列号显示为日期值。

⑥ 时间：根据指定的类型和区域设置（国家/地区），将日期和时间序列号显示为时间值。

⑦ 百分比：将单元格值乘以 100，并用百分号（％）显示结果，可以指定要使用的小数位数。

⑧ 分数：根据所指定的分数类型以分数形式显示数字。

⑨ 科学记数：以指数形式显示较长数据，e 表示以 10 为底数，后面的数字为指数。例如，2 位小数的"科学记数"格式将 12345678901 显示为 1.23E＋10，即用 1.23 乘以 10 的 10 次方。可以指定要使用的小数位数。

⑩ 文本：将单元格的数据视为文本型数据。

⑪ 特殊：将数字显示为邮政编码、电话号码或社会保险号码。

⑫ 自定义：允许修改现有数字格式代码的副本。使用此格式可以创建自定义数字格式并将其添加到数字格式代码的列表中。可以添加 200～250 种自定义数字格式，具体取决于计算机上所安装的 Excel 的语言版本。

注意：Excel 单元格设置数字类型中，在输入时间、日期类型的数据时以星号（＊）开头的日期格式受操作系统中指定的区域日期和时间设置的更改影响。不带星号的格式不受操作系统设置的影响。

（2）填充功能的使用。在输入有规律的数据时可以使用 Excel 中的自动填充功能。

① 使用填充柄，填充柄：位于选定区域右下角的小黑方块。将用鼠标指向填充柄时，鼠标的指针更改为黑十字。首先选中已输入的有规律的数据单元格区域，按住右下方的"＋"进行（水平或垂直方向）拖曳，在拖曳经过的单元格内会依次填充有规律的数据。填充完毕后，在右下角会出现"自动填充选项"按钮，单击后可以从弹出的快捷菜单中

选择填充的选项。

注意：当选中一个单元格，使用填充柄进行拖曳相当于对元单元格数据的复制，如图 5-73 所示。

② 通过功能区实现填充，首先选中需要填充的数据单元格区域，"开始"选项卡的"编辑"组中单击"填充"按钮，从下拉菜单中选择"系列"命令，在打开的"序列"对话框中，进行相关设置后单击"确定"按钮，如图 5-74 所示。

 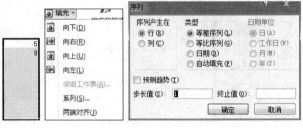

图 5-73　填充柄的使用　　　　　　　　　图 5-74　按序列类型进行填充

③ 填充系统设定的序列或编辑自定义序列，在"文件"选项卡中单击"选项"按钮，在弹出的"Excel 选项"对话框中选择"高级"选项卡，单击"编辑自定义列表"按钮，打开"自定义序列"对话框，可以查看系统设定好的序列也可以手动添加新的序列，如图 5-75 所示。

图 5-75　"自定义序列"对话框

注意：系统序列和自定义序列添加后，只需要在单元格输入序列其中的一项，使用填充柄拖曳就可以按顺序自动填充序列中的其他成员。

（3）数据有效性，可以防止单元格中输入无效数据，例如，在录入学生成绩时，可以拒绝 0 以下或超出 100 的数字；还可以强制从指定的下拉列表值中选择输入。

首先选中需要设置数据有效性的单元格区域，在"数据"选项卡的"数据工具"组中单击"数据有效性"按钮，弹出"数据有效性"对话框，在其中可以进行设置，如图 5-76 所示。

图 5-76 "数据有效性"的启用及"数据有效性"对话框

2. 公式与函数

Excel 的主要功能是计算与统计,通过在单元格中输入公式和函数可以对工作表中的数据进行复杂的运算,如图 5-77 所示。从而避免手工计算的错误,当插入的公式中所涉及的单元格中的数据更改后,公式计算的结果也会自动更新,很大幅度上减少了人工输入的工作量。

	H2		f_x	=(C2+D2+E2+F2+G2)/5*10			
	A	B	C	D	E	F	G	H
1	学号	姓名	网络作业	Windows	office 1	office2	office3	实验成绩
2	13073710102	柴根	8	10	9	7	6	80

图 5-77 插入公式

例如,统计一个学生最终的实验成绩,这里需要将 5 次实验作业的分数求和,除 5 再乘 10 得到百分制成绩,选中 H2 单元格,在编辑栏输入公式"=(C2+D2+E2+F2+G2)/5*10",即可看到运算结果。

(1) 公式是可以进行以下操作的方程式:执行计算、返回信息、操作其他单元格的内容、测试条件等。公式始终以等号(=)开头。

公式可以包含下列部分内容或全部内容:函数、单元格地址引用、运算符和常量。

运算符分为 4 种不同类型:算术、比较、文本连接和引用,如表 5-4 所示。

表 5-4　公式中运算符的种类

算术运算符	+(加)、-(减)、*(乘)、/(除)、%(百分比)、^(乘方)
比较运算符	=(等于)、>(大于)、<(小于)、>=(大于等于)、<=(小于等于)、<>(不等于)
文本连接符	& 连字符
引用运算符	:(区域运算符)、,(联合运算符)、 (空格,交集运算符)

算术运算符主要做基本的数学运算(加法、减法、乘法或除法)、合并数字以及生成数值结果。当使用比较运算符比较两个值时,结果为逻辑值 TRUE 或 FALSE。连字符 & 用于连接一个或多个文本字符串,以生成一段文本。引用运算符对单元格区域进行合并计算。

区域运算符,生成一个对两个引用之间所有单元格的引用(包括这两个引用)。如A1:C5。

联合运算符,将多个引用合并为一个引用,如 SUM(A1:A6,B1:B6)。

交集运算符,生成一个对两个引用中共有单元格的引用,如 B7:D7 C6:C8。

当一个公式中有若干个运算符,Excel 将按表 5-5 中的次序进行计算。如果一个公式中的若干个运算符具有相同的优先顺序(例如,如果一个公式中既有乘号又有除号),则 Excel 将从左到右计算各运算符。

表 5-5 运算符的说明和优先级

运算符	说 明	优先级
:(冒号) (单个空格) ,(逗号)	引用运算符	高
—	负数(如—1)	
%	百分比	
^	乘方	
* 和 /	乘和除	
＋和—	加和减	
&	连接两个文本字符串(串连)	
= < > <= >= <>	比较运算符	低

(2) 输入函数。Excel 2010 提供了 11 类不同功能的函数库。分别是日期与时间函数、财务函数、逻辑函数、查询和引用函数、数学和三角函数、数据库函数、信息函数、统计函数、工程函数、文本函数以及用户自定义函数。

插入函数的方法有多种,单击编辑栏左侧的 f_x 按钮或按 Shift＋F3 键;或在"公式"选项卡的"函数库"组中单击"插入函数"按钮,如图 5-78 所示,都可以打开"插入函数"对话框如图 5-79 所示。也可以通过手工输入的方式在编辑栏输入＝函数名(函数参数)的形式输入。

图 5-78 "公式"选项卡下的功能区"函数库"组

通过打开"插入函数"对话框,"插入函数"对话框将显示函数的名称、其各个参数、函数及其各个参数的说明、函数的当前结果以及整个公式的当前结果。

函数的结构以等号（＝）开始，后面是函数名和一对小括号，括号内以逗号分隔该函数的参数。

如：SUM(number1,number2,…)

参数可以是数字、文本、TRUE 或 FALSE 等逻辑值、数组，Excel 中最多允许输入 30 个参数。

提示：在 Excel 工作表中选取多个文本型数据的单元格，会在状态栏中显示出计数，选取多个数值型数据的单元格后，在状态栏会显示平均值、计数以及求和，如图 5-80 所示。

图 5-79　"插入函数"对话框　　　　　　　图 5-80　状态栏所显示的计算结果

若要更轻松地创建和编辑公式并将输入错误和语法错误减到最少，可使用"公式记忆式输入"。当输入"＝"和开头的几个字母或显示触发字符之后，Excel 会在单元格的下方显示一个动态下拉列表，该列表中包含与这几个字母或该触发字符相匹配的有效函数、参数和名称。然后可以将该下拉列表中的一项插入到公式中，如图 5-81 所示。

参数工具提示。在输入函数时，会出现一个带有语法和参数的工具提示。例如，输入"＝if("时，会出现工具提示，如图 5-82 所示。

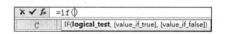

图 5-81　在编辑栏中输入函数名　　　　　　图 5-82　在编辑栏中输入函数参数

注意：仅在使用 Excel 函数库内的函数时才出现工具提示。

① 逻辑函数。Excel 2010 中包含逻辑函数 IF、IFERROR、NOT、OR 等函数。IF 函数指定要执行的逻辑检测；IFERROR 函数如果公式的计算结果错误，则返回指定的值；否则返回公式的结果；NOT 函数对其参数的逻辑求反；OR 函数如果任一参数为 TRUE，则返回 TRUE。

最常用的是 IF 函数，其功能是如果指定条件的计算结果为 TRUE，IF 函数将返回某个值;如果该条件的计算结果为 FALSE,则返回另一个值。

IF 的语法格式如下:

```
IF(logical_test, [value_if_true], [value_if_false])
```

IF 函数语法具有下列:

logical_test 逻辑判断的条件,往往使用关系运算符或逻辑运算符组成的表达式。value_if_truelogical_test 参数的计算结果为 TRUE 时所要返回的值 value_if_false,logical_test 参数的计算结果为 FALSE 时所要返回的值。

【例 5.2】 利用 IF 函数,以 60 分为及格线,判断学生的成绩是否及格。

选中需要存放结果的单元格,单击编辑栏左侧的 *f*_x 按钮,选择 IF 函数,在"函数参数"对话框中输入相关值,在编辑栏显示的表达式如下:＝IF(H2≥60,"及格","不及格"),如图 5-83 所示。

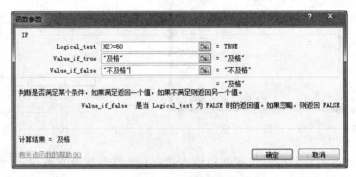

图 5-83 IF 函数的基本使用

要判断多个条件时可以嵌套使用 IF 函数,但最多可以使用 64 个 IF 函数作为 value_if_true 和 value_if_false 参数进行嵌套。

【例 5.3】 将学生的百分之成绩转换为五级制(即优、良、中、及格、不及格)并输出。

选中需要存放结果的单元格,利用 IF 的嵌套在编辑栏输入:＝IF(A1≥90,"优",IF(A1≥80,"良",IF(A1≥70,"中",IF(A1≥60,"及格","不及格"))))或在函数参数中进行设置,如图 5-84 所示。

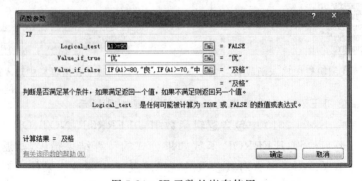

图 5-84 IF 函数的嵌套使用

如要对多人进行转换,可以利用填充柄填充,也可以用复制公式的方法应用到其他单元格。

上例是嵌套 IF 函数的一个示例。若要测试多个条件,使用 LOOKUP、VLOOKUP、HLOOKUP 或 CHOOSE 函数会更加方便。

② 统计函数 COUNTIF。Excel 的统计函数用于对选定数据区域进行统计分析,COUNTIF 函数的功能是计算区域内满足给定条件的单元格个数。

COUNTIF 语法格式为:

`COUNTIF(Range,Criteria)`

Range:数据区域;Criteria:指定的条件。

【例 5.4】 如图 5-85 所示,在"电子信息专业部分学生成绩表"中,统计平均分大于等于 70 分的学生人数。

选择需要放置统计结果的单元格,按 Shift+F3 键或在"插入函数"对话框中的类别选择"统计",在"选择函数"下拉列表中选中 COUNTIF,单击"确定"按钮,如图 5-86 所示。在函数参数 Range 中输入"F3:F14",Criteria 中输入">=70",单击"确定"按钮,如图 5-87 所示。

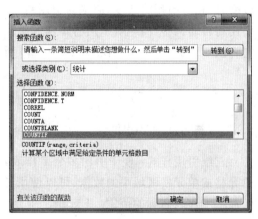

图 5-85 电子信息专业部分学生成绩表　　　图 5-86 COUNTIF 函数的选择

图 5-87 COUNTIF 函数的参数设置

（3）单元格地址的引用。在公示或函数的使用过程中,有时公式或函数中包含了对单元格地址的引用,在复制这些公式或函数时就涉及被复制单元格地址的引用是否会根据公式位置的变化而变化,在 Excel 中引用单元格有 3 种方式。

相对引用:公式中的相对单元格引用(如 A1)是基于包含公式和单元格引用的单元格的相对位置。如果公式所在单元格的位置改变,引用也随之改变。如果多行或多列地复制或填充公式,引用会自动调整。默认情况下,新公式使用相对引用。例如,如果将单元格 B2 中的相对引用复制或填充到单元格 B3,将自动从 ＝A1 调整到 ＝A2,如图 5-88 所示。

绝对引用:公式中单元格地址的引用,列表和行号前都加"＄"符号,表示公式中的绝对单元格引用(如 ＄A＄1)总是在特定位置引用单元格。如果公式所在单元格的位置改变,绝对引用将保持不变。如果多行或多列地复制或填充公式,绝对引用将不作调整。默认情况下,新公式使用相对引用,因此可能需要将它们转换为绝对引用。例如,如果将单元格 B2 中的绝对引用复制或填充到单元格 B3,则该绝对引用在两个单元格中一样,都是＝＄A＄1,如图 5-89 所示。

混合引用:混合引用具有绝对列和相对行或绝对行和相对列。绝对引用列采用＄A1、＄B1 等形式。绝对引用行采用 A＄1、B＄1 等形式。如果公式所在单元格的位置改变,则相对引用将改变,而绝对引用将不变。如果多行或多列地复制或填充公式,相对引用将自动调整,而绝对引用将不作调整。例如,如果将一个混合引用从 A2 复制到 B3,它将从＝A＄1 调整到＝B＄1,如图 5-90 所示。

图 5-88　相对引用　　　　图 5-89　绝对引用　　　　
图 5-90　混合引用

三维引用样式:便于引用多个工作表,如果要分析同一工作簿中多个工作表上相同单元格或单元格区域中的数据,可以使用三维引用。三维引用包含单元格或区域引用,前面加上工作表名称的范围。Excel 使用存储在引用开始名和结束名之间的任何工作表。例如,＝SUM(Sheet2:Sheet13!B5)将计算 B5 单元格内包含的所有值的和,单元格取值范围是工作表 2～工作表 13。

5.2.4　工作表的编辑与格式化

1. 工作表的基本操作

工作表的基本操作包括对工作表的切换、插入、删除、移动重命名、复制以及设定默认工作表数。

（1）工作表切换、插入、删除。

① 工作表切换。单击相应的工作表标签按钮,即可完成切换。

② 工作表插入。在"开始"选项卡的"单元格"组中单击"插入工作表"按钮或按 Shift＋F11 键,或右击工作表标签,从弹出的快捷菜单中选择"插入"命令,在"插入"对话框中选

择工作表,也可以在工作表标签区域单击按钮进行新建。

③ 工作表删除。在需要删除的工作表标签上右击,从弹出的快捷菜单中选择"删除"命令,或在"开始"选项卡的"单元格"组中选择"删除"命令,如图 5-91 所示。

（2）工作表移动。使用鼠标将工作表标签拖放到目标位置就可以完成工作表的移动。

（3）修改工作表标签的名称。在默认情况下,工作表的标签为 Sheet1、Sheet2、Sheet3,这样的标签名称意义不明确。往往需要将其改为与工作表内容相符的名称,双击要修改的标签名,使标签名处于可编辑状态,或在工作表标签上右击,从弹出的快捷菜单中使用"重命名"命令。

图 5-91　工作表的基本操作

（4）复制工作表。按住键盘上的 Ctrl 键,使用鼠标拖曳要复制的工作标签,并将其拖放到另一个工作表标签的前面或后面,完成后,释放 Ctrl 键。

注意: 以上对工作表的操作都可以利用工作表标签的快捷菜单命令进行相应操作。

（5）修改新工作簿的默认工作表个数。Excel 的默认工作表个数是 3 个,如果经常需要包括多个工作表的工作簿,可以修改新工作簿的默认工作表个数。其操作方法如下:在"文件"选项卡中单击"选项"按钮,打开"Excel 选项"对话框,在"常规"选项卡的"新建工作簿时"下面的"包含的工作表数"微调框中指定所需的工作表数目,如图 5-92 所示。

图 5-92　设置默认工作表个数

2. 单元格的编辑

单元格的编辑操作包括对单元格的修改、清除内容、删除、插入、重命名、复制、移动、粘贴。

若要在单元格中自动换行,请选择要设置格式的单元格,然后在"开始"选项卡上的"对齐方式"组中,单击"自动换行"。

单元格是 Excel 处理数据的基本单位,数据的输入、计算和存储等操作都在单元格中进行。单元格的日常操作包括以下几种方式。

(1)修改单元格内容。在需要修改的单元格上双击鼠标左键,可以使单元格的内容进入可编辑状态;也可以选中需要修改内容的单元格后,在编辑栏直接修改内容。

(2)清除单元格内容。当发现不再需要单元格的内容或单元格内容有错误时,可以先选中这些单元格,然后再按键盘上的 Delete 键清除其中的内容;也可以用右击选中的单元格,从弹出的快捷菜单中选择"清除内容"命令。

(3)删除单元格。删除是指将单元格的内容与单元格本身都要删除,删除后原单元格就不复存在了,它所在的位置由其下边或者右边的邻近单元格移过来代替它。删除单元格操作可以通过在需要删除单元格的区域内右击,从弹出的快捷菜单中选择"删除"命令;也可以在"开始"选项卡的"单元格"组中单击"删除"按钮,如图 5-93 所示。

图 5-93　对单元格的基本操作

(4)复制单元格。可以通过快捷菜单的"复制"命令,也可以在"开始"选项卡的"剪贴板"组中单击按钮,将需要复制的内容放入剪贴板。

(5)合并单元格(跨列居中)。对于单元格内容的对齐方式分为水平对齐和垂直对齐,对文本的控制有自动换行、最小字体填充,还可以设置文本的方向,表格的标题往往需要占据多个单元格的宽度,这可以通过单元格的合并来实现。合并单元格就是指把两个或多个单元格合并为一个单元格。在"开始"选项卡的"对齐方式"组中进行设置,也可以在需要设置的单元格区域上右击,从弹出的快捷菜单中选择"设置单元格格式"命令,在弹出的"设置单元格格式"对话框的"对齐"选项卡中进行设置,如图 5-94 所示。

(6)在默认情况下,工作表所有单元格具有相同的宽度和高度。当单元格输入的数据超过列宽时,文本数据会显示不全,超长的文字会被截去,数字则会用"＃＃＃＃＃＃＃"显示。数据还完好的存在单元格内,只是没有办法正常显示,这对于查看数据很不方便,因此可以调整行高和列宽。若要将列宽和行高设置为根据单元格中的内容自动调整,选中要更改的列或行,然后在"开始"选项卡的"单元格"组中单击"格式"按钮。从下拉菜单的"单元格大小"栏中选择"自动调整行高"或"自动调整列宽"的命令,如图 5-95 所示。

注意:若要快速自动调整工作表中的所有列或行,请单击"全选"按钮,然后双击两个列标题或行标题之间的任意边界位置。

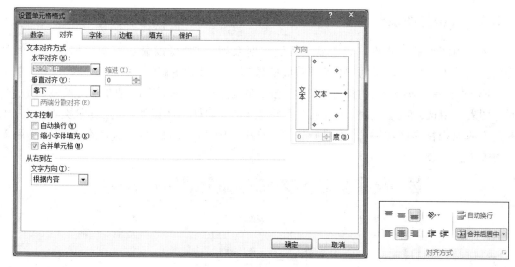

图 5-94　单元格的对齐方式

　　有时,在复制单元格内容时,只需要粘贴值,而不需要粘贴其公式。例如,可能需要将公式的结果值复制到另一个工作表的单元格中。或者,在将结果值复制到工作表的另一个单元格中后,可能需要删除公式中使用的值。这两项操作均会导致在目标单元格中显示无效的单元格引用(♯REF!)错误,这是因为可能不再引用包含公式中所用值的单元格。

　　(7) 选择性粘贴。在 Excel 2010 工作表中,复制过内容之后,可以使用快捷菜单中的"选择性粘贴"命令有选择地粘贴剪贴板中的数值、格式、公式、批注等内容,使复制和粘贴操作更灵活,如图 5-96 所示。

图 5-95　单元格大小　　　　　　　图 5-96　选择性粘贴的使用与设置

5.2.5 数据的图表化

图表用图形的形式更直观地显示数值数据系列,同时可以显示不同数据系列之间的关系。当数据源发生变化时,图表中对应的数据也会自动更新。

Excel 支持多种类型的图表,可以根据反映数据的不同,用不同的方式来显示数据。创建图表或更改现有图表时,可以从各种图表类型(如柱形图或饼图)及其子类型(如三维图表中的堆积柱形图或饼图)中进行选择,如图 5-97 所示。也可以通过在图表中使用多种图表类型来创建组合图。

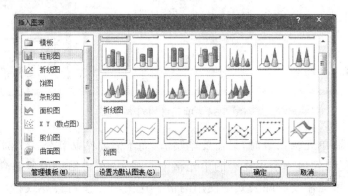

图 5-97 "插入图表"对话框

1. 创建图表

创建图表,首先要在工作表中输入图表的数值数据。然后,选中需要反映的数据,如图 5-98 所示(如果是多个不连续的列,可以使用 Ctrl 键鼠标拖曳的方式选择多列),在"插入"选项卡的"图表"组中选择合适的图表类型来将这些数据绘制到图表中,如图 5-99 所示。或者单击对话框启动器按钮,在弹出的"插入图表"中选择图表类型;若要基于默认图表类型迅速创建图表,可选择要用于图表的数据,然后按 Alt+F1 键或 F11 键。如果按 Alt+F1 键,则图表显示为嵌入图表。如果按 F11 键,则图表显示在单独的图表工作表上。如果不再需要图表,可以将其删除。单击图表将其选中,然后按 Delete 键。

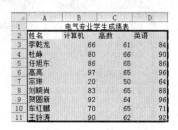

图 5-98 电气专业学生成绩表

图 5-99 "图表"组中的图表类型

【例 5.5】 创建反映电气专业学生成绩图表,首先在 Excel 工作表中选取需要反映的数据区域 A2:D11,在"插入"选项卡的"图表"组中选择柱形图下的三维簇状柱形图子图表类型,之后图表自动地创建至当前的工作表中,如图 5-100 所示。

2. 图表的编辑

图表的编辑是指对已经生成的图表更改图标的类型,修改原始数据区域,对图表中的元素进行修改等操作。

(1)图表的元素。图表中包含许多元素,如图 5-101 所示。默认情况下会显示其中一部分元素,而其他元素可以根据需要添加。通过将图表元素移到图表中的其他位置、调整图表元素的大小或者更改格式,可以更改图表元素的显示。还可以删除不希望显示的图表元素。

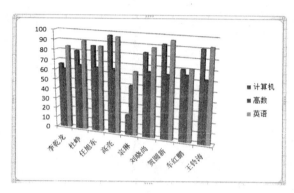

图 5-100　电气专业学生成绩图表

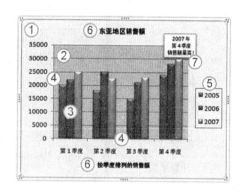

图 5-101　图表区概况图

① 图表区:整个图表及其全部元素。

② 绘图区:在二维图表中,绘图区是指通过轴来界定的区域,包括所有数据系列。在三维图表中,绘图区同样是通过轴来界定的区域,包括所有数据系列、分类名、刻度线标志和坐标轴标题。

③ 数据系列:在图表中绘制的相关数据点,这些数据源自数据表中的行或列。图表中的每个数据系列具有唯一的颜色或图案并且在图表的图例中表示。可以在图表中绘制一个或多个数据系列。饼图只有一个数据系列。数据点:在图表中绘制的单个值,这些值由条形、柱形、折线、饼图或圆环图的扇面、圆点和其他被称为数据标记的图形表示。相同颜色的数据标记组成一个数据系列。

④ 坐标轴:用作度量的参照框架。x 轴为水平轴包含分类。y 轴为垂直坐标轴并包含数据。

⑤ 图例:是一个方框,用于标识为图表中的数据系列或分类指定的图案或颜色。

⑥ 图表标题:图表标题是说明性的文本,可以自动与坐标轴对齐或在图表顶部居中。

⑦ 数据标签:为数据标记提供附加信息的标签,数据标签代表源于数据表单元格的单个数据点或值。

(2)图表中对象的编辑。创建图表以后,可以修改图表的任何一个元素。选中图表后,此时将显示"图表工具|设计"、"图表工具|布局"和"图表工具|格式"选项卡。

① 设置图表区外观样式,鼠标左键双击图表区,或在图表区右击,通过快捷菜单打开

"设置图表区格式"对话框,可以在这里设置图表区的外观及样式,如图 5-102 所示。也可以通过"图表工具|格式"选项卡进行设置。"艺术字样式"组可以设置图表中文本的艺术字效果,如图 5-103 所示。

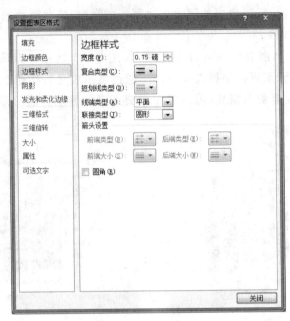

图 5-102 "设置图表区格式"对话框

图 5-103 "图表工具""格式"选项卡下的功能区

② 更改图表绘图区的布局。如果要更改图表绘图区的网格线、背景、数据系列、图表标题、坐标轴标题等设置,可以直接在图标的绘图区中双击该对象,在弹出的相应格式设置对话框中进行设置;也可以通过"图表工具|布局"选项卡进行设置。更改图表元素或设置图表格式。Excel 提供了多种有用的预定义布局和样式(或快速布局和快速样式)供选择;但是可以手动更改各个图表元素的布局和格式,从而根据需要自定义布局或样式,通过"图表工具|布局"选项卡上的"标签"、"坐标轴"或"背景"组中,单击与所选图表元素相对应的图表元素按钮,进行选项设置,如图 5-104 所示。

【例 5.6】 更改"电气专业学生成绩图表"的图表区"鱼类化石"纹理填充、绿色发光柔化边缘,如图 5-105 所示。

为了帮助阐明图表中显示的信息,可以添加图表标题、坐标轴标题和数据标签。

可以指定坐标轴的刻度并调整显示的值或分类之间的间隔。为了使图表更容易理解,还可以在坐标轴上添加刻度线及刻度线标签(刻度线和刻度线标签:刻度线是类似于

图 5-104 "图表工具|布局"选项卡下的功能区

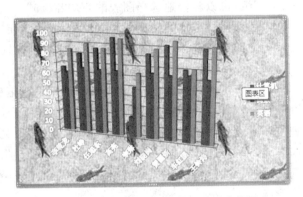

图 5-105 格式化后的电气专业学生成绩图表

直尺分隔线的短度量线,与坐标轴相交。刻度线标签用于标识图表上的分类、值或系列),并指定刻度线的显示间隔。

【例 5.7】 "电气专业学生成绩"图表,为图表中的英语的数据系列增加数据标签,显示具体数据,如图 5-106 所示。

在"电气专业学生成绩"图表的绘图区单击选中代表英语的绿色条形,在选中范围上右击,从弹出的快捷菜单中选择"添加数据标签"命令,如果需要更改显示的数据标签,可以再次右击,从弹出的快捷菜单中选择"设置数据标签格式"命令,在弹出的"设置数据标签格式"对话框的"标签选项"选项卡中进行设置,如图 5-107 所示。

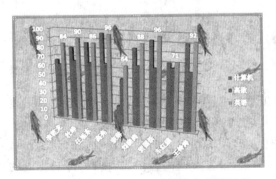

图 5-106 添加数据标签后的学生成绩图表

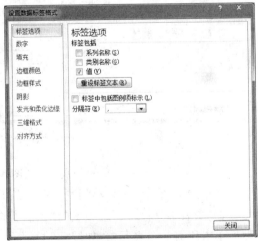

图 5-107 "设置数据标签格式"对话框

③ 应用预定义图表布局

应用预定义的图表布局和图表样式获得专业外观。

可以快速为图表应用预定义的图表布局和图表样式，而不必手动添加或更改图表元素或者设置图表格式。Excel 提供了多种有用的预定义布局和样式，应用预定义的图表布局时，会有一组特定的图表元素(如标题、图例、模拟运算表或数据标签)按特定的排列顺序显示在图表中。Excel 预设了多种图表布局和图表样式供选择，通过"图表工具|设计"选项卡上的"图表布局"组，可以轻松地选择图表的布局与样式。

选择的布局选项会应用到已经选定的图表元素。例如，如果选定了整个图表，数据标签将应用到所有数据系列。如果选定了单个数据点，则数据标签将只应用于选定的数据系列或数据点。

如果要移动图表至另一个工作表或新建一个工作表，使用鼠标拖曳是不方便的，可以借助于"图表工具|设计"选项卡中的移动图表按钮。如图 5-108 所示，若更换 x 轴及 y 轴显示的数据，在"图表工具|设计"选项卡的"数据"组中单击"切换行/列"按钮，若需要重新选择图表反映的数据区域，单击"选择数据"按钮，如图 5-109 所示。此时工作表里的原始数据区域已用虚线框选，如果需要调整，可以直接使用鼠标在工作表数据区域重新选择，如图 5-110 所示。

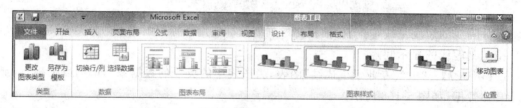

图 5-108 "图表工具"设计选项卡下的功能区

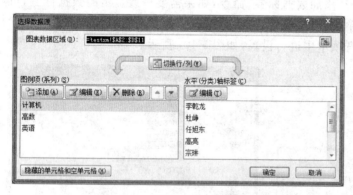

图 5-109 "选择数据源"对话框

	A	B	C	D
1	电气专业学生成绩表			
2	姓名	计算机	高数	英语
3	李乾龙	66	61	84
4	杜峥	80	66	90
5	任旭东	86	65	86
6	高亮	97	65	96
7	宗琳	20	50	64
8	刘晓尚	83	65	88
9	贺圆新	92	64	96
10	车红鹏	70	65	71
11	王铃涛	90	62	92

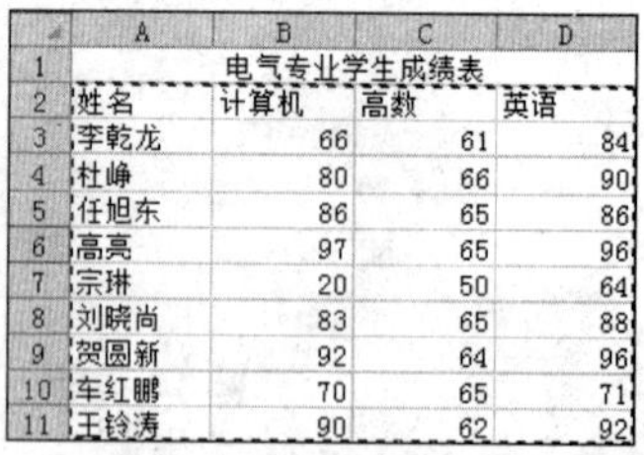

图 5-110 在工作表中选择数据源

④ 手动更改图表元素的布局。在"图表工具|设计"选项卡的"图表布局"组中单击要更改其布局的图表元素，或者执行下列操作以从图表元素列表中选择它。

在"图表工具|格式"选项卡的"当前所选内容"组中，展开"图表元素"框的下拉菜单，然后单击所需的图表元素，如图 5-111 所示。单击"设置所选内容格式"按钮，打开相应的对话框进行相关设置，如图 5-112 所示。

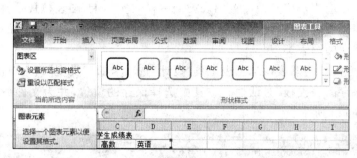

图 5-111　更改图表元素的布局

图 5-112　"设置背景墙格式"对话框

【例 5.8】 为"电气专业学生成绩"图表,设置图表的背景墙与侧面墙为蓝色,透明度50％,如图 5-113 所示。

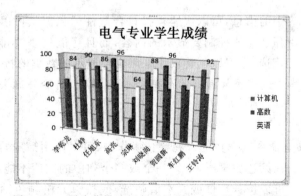

图 5-113　更改背景墙颜色后的电气专业学生成绩图表

⑤ 通过创建图表模板重复使用图表。如果要重复使用根据自己需要自定义的图表，可以将该图表作为图表模板(*.crtx)保存在图表模板文件夹中。以后创建图表时，就可以应用该图表模板，就像应用任何其他内置图表类型一样。实际上，图表模板是自定义图表类型，可以使用图表模板更改现有图表的图表类型。如果经常使用某个特定的图表模板，可以将其另存为默认的图表类型。

选中当前要保存为模板的图表，在"图表工具|设计"选项卡的|"类型"组中单击"另存为模板"按钮，弹出"保存图表模板"对话框。在其中选择保存的位置，并为文件命名后单击"保存"按钮，如图 5-114 所示。

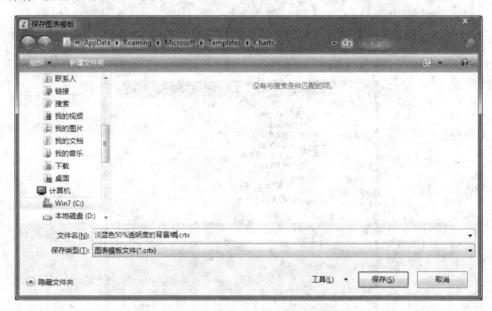

图 5-114 将图表保存为图表模板

5.2.6 数据管理

1. 筛选与排序

通过筛选工作表中的信息，可以快速查找符合条件的数据。可以筛选一个或多个数据列。不但可以利用筛选功能控制要显示的内容，而且还能控制要排除的内容。既可以从列表中选择性进行筛选，也可以创建仅用来限定要显示的数据的特定筛选器。

提示：没有被筛选出来的数据依然存在，只是隐藏了，清除筛选条件后隐藏的数据即可显示。

(1) 筛选。

① 使用自动筛选命令筛选数据。在筛选操作中，可以使用筛选器界面中的"搜索"框来搜索文本和数字。在筛选数据时，如果一个或多个列中的数值不能满足筛选条件，整行数据都会隐藏起来。可以按数字值或文本值筛选，或按单元格颜色筛选那些设置了背景色或文本颜色的单元格。

在"数据"选项卡的"排序和筛选"组中单击"筛选"按钮,如图 5-115 所示。在字段名的右侧会显示一个筛选器按钮,如图 5-116 所示。根据列中的数据类型,Excel 会在列表中显示"数字筛选"或"文本筛选",如图 5-117 所示。

图 5-115　"排序和筛选"组

图 5-116　筛选后的结果显示

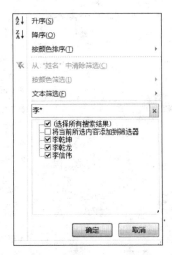

图 5-117　输入筛选的条件

从列表中选择值和搜索是最快的筛选方法,在启用了筛选功能的列中单击箭头时,该列中的所有值都会显示在列表中。通过选择值或搜索进行筛选,在"搜索"框输入要搜索的文本或数字,选中或清除用于显示从数据列中找到的值的复选框。若要在列中搜索文本,请在"搜索"框中输入文本或数字。还可以选择使用通配符,例如星号（＊）或问号（?）。

【例 5.9】　将"电气专业学生成绩"中所有姓李的同学筛选出来,选中"姓名"列,在"数据"选项卡的"排序和筛选"组中单击"筛选"按钮,单击"姓名"右侧的筛选器按钮，在搜索框中输入"李＊",单击"确定"按钮后,所有姓李的同学将被筛选出来。

提示:筛选完成后,设置条件的一列列头上的筛选器按钮会变为，这说明当前数据表中显示的数据,是根据该列进行筛选的。

② 按指定的条件筛选数据。通过指定条件,创建自定义筛选器,完全按照所需的方式缩小数据范围。可以通过构建筛选器实现此操作,如图 5-118 所示。

选择一个条件,然后选择或输入其他条件。单击"与"按钮组合条件,即筛选结果必须同时满足两个或更多条件;而选择"或"按钮时只需要满足多个条件之一即可,如图 5-119 所示。

【例 5.10】　将"电气专业学生成绩表"中高数成绩在 50～60 分的数据筛选出来,如图 5-120 所示。

单击"高数"右侧的筛选器按钮,从下拉菜单中选择"数字筛选"|"介于"命令,在弹出的"自定义自动筛选方式"的对话框中进行设置。

注意:其中的某些条件仅适用于文本,而其他条件仅适用于数字。

【例 5.11】 已有公交卡持有人信息表如图 5-121 所示，现公交公司进行统计，60 岁以上老人和 12 岁以下儿童，乘公交车半价，请将符合条件的人员信息筛选出来。

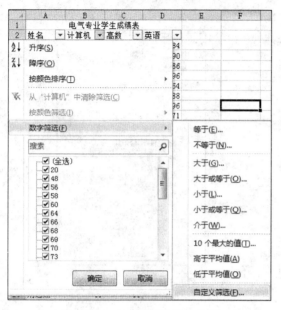

图 5-118 自定义筛选数字数据

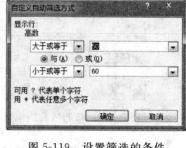

图 5-119 设置筛选的条件

	A	B	C	D
1	电气专业学生成绩表			
2	姓名	计算机	高数	英语
4	杜峥	80	66	90
5	任旭东	86	65	86
6	高亮	97	65	96
8	刘晓尚	83	65	88
9	贺圆新	92	64	96
11	王铃涛	90	62	92
15	刘杰	82	66	80
16	张鹏	80	66	84
18	刘玉超	80	66	88
19	王磊	87	65	88
20	智晓坡	85	65	90
21	常帅	87	65	94
22	孙超	83	66	92
24	李信伟	92	66	90
28	刘慧杰	89	66	92
30	马世林	85	65	84
34	蔡刘伟	86	66	90
36	刘慧慧	83	66	88
38	石嘉靖	94	65	94
45	宋士青	84	66	88
48	钟丽晶	82	64	88
54	陈博	85	66	88
55				

图 5-120 筛选后符合条件的数据

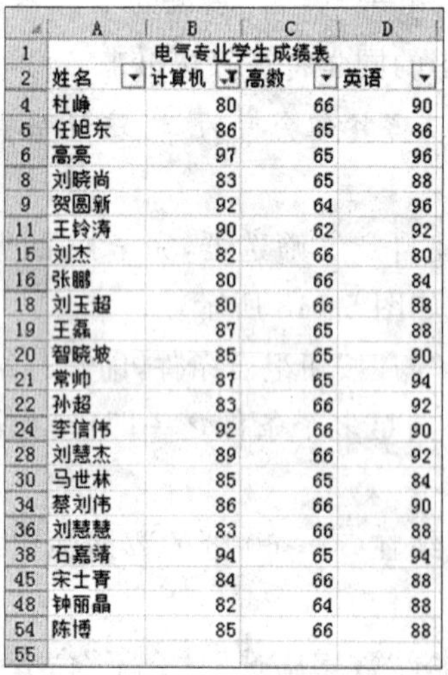

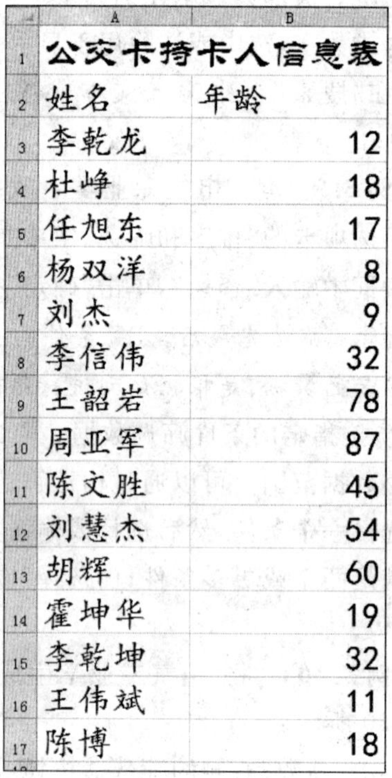

	A	B
1	公交卡持卡人信息表	
2	姓名	年龄
3	李乾龙	12
4	杜峥	18
5	任旭东	17
6	杨双洋	8
7	刘杰	9
8	李信伟	32
9	王韶岩	78
10	周亚军	87
11	陈文胜	45
12	刘慧杰	54
13	胡辉	60
14	霍坤华	19
15	李乾坤	32
16	王伟斌	11
17	陈博	18

图 5-121 公交卡持卡人信息表

单击"年龄"右侧的筛选器按钮,从下拉菜单中选择"数字筛选"|"介于"命令,在弹出的"自定义自动筛选方式"的对话框中进行设置,如图 5-122 所示。

图 5-122　设置自定义筛选的条件

（2）排序。对数据进行排序是数据分析不可缺少的组成部分。需要执行以下操作:将名称列表按字母顺序排列;按从高到低的顺序编制产品存货水平列表,按颜色或图标对行进行排序。对数据进行排序有助于快速直观地显示数据并更好地理解数据,有助于组织并查找所需数据,有助于最终做出更有效的决策。

① 简单排序。如果仅对某一列进行排序,为了获得最佳结果,要排序的单元格区域应包含列标题可以直接使用排序按钮,"升序" 按钮,如果排序对象是文本,则会按照拼音的首字母作从 A 到 Z 的排序;如果是数值型数据,则会按从小到大的顺序排序,"降序" 按钮反之。

排序按钮:在"开始"选项卡的"编辑"组中单击"排序和筛选"按钮,从下拉菜单中选择相应的命令或"数据"选项卡的"排序和筛选"组中或单击"排序"按钮,也可以直接在选中区域上点鼠标右键,从弹出的快捷菜单中选择"排序"如图 5-123 所示。

(a)"排序和筛选"组

(b)"编辑"组

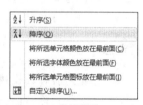
(c)快捷菜单

图 5-123　启动排序功能

② 复杂排序。按多个列或行进行排序时,可以在"数据"选项卡的"排序和筛选"组中单击的"排序"按钮 ,在弹出的"排序"对话框中进行多列排序依据的设置。Excel 2010 最多可以对 64 列进行排序。

【例 5.12】　如图 5-124 所示,在电子信息专业部分学生成绩表中按平均分升序排序,平均分相同的按高数成绩升序排序,高数成绩相同的按计算机成绩升序排序,结果如图 5-125 所示。

	A	B	C	D	E
1	电子信息专业部分学生成绩表				
2	姓名	计算机	高数	英语	平均分
3	车红鹏	70	65	71	69
4	陈文胜	68	65	78	70
5	高亮	97	65	96	86
6	胡辉	64	65	82	70
7	李乾龙	66	61	84	70
8	刘慧杰	89	66	92	82
9	牛帅鹏	56	61	70	62
10	王磊	87	65	88	80
11	王韶岩	60	58	72	63
12	杨双洋	69	66	78	71
13	郑云飞	64	66	72	67
14	宗琳	20	50	64	45

图 5-124　电子信息专业部分学生成绩表

	A	B	C	D	E
1	电子信息专业部分学生成绩表				
2	姓名	计算机	高数	英语	平均分
3	宗琳	20	50	64	45
4	牛帅鹏	56	61	70	62
5	王韶岩	60	58	72	63
6	郑云飞	64	66	72	67
7	车红鹏	70	65	71	69
8	李乾龙	66	61	84	70
9	胡辉	64	65	82	70
10	陈文胜	68	65	78	70
11	杨双洋	69	66	78	71
12	王磊	87	65	88	80
13	刘慧杰	89	66	92	82
14	高亮	97	65	96	86

图 5-125　排序后的工作表图

本例中，平均分都为 70 分的有 3 人，这 3 人的顺序将由次要关键字"高数"来决定，这时"高数"65 分有两人，再根据下一个次要关键字"计算机"来决定顺序。启用自定义排序设定主要关键字和次要关键字，如图 5-126 所示。

图 5-126　"排序"对话框

默认情况下 Excel 以列为单位进行排序，通过在排序选项中设置也可以按行排序，排序的方法也可以更改为按笔化排序。

注意：在排序时若选中二维表中的一列或两列进行排序操作，这时 Excel 会弹出排序提醒，如果选择"以当前选定区域排序"则可能会打乱二维关系表的所属关系，故选择"扩展选定区域"，如图 5-127 所示。

2. 分类汇总

分类汇总就是按类别对数据进行分类，再进行求和、平均、计数等汇总运算。要对工作表中的数据进行分类汇总，首先需要按分类的字段名（即列名）进行排序。

在"数据"选项卡的"分级显示"组中单击"分类汇总"按钮，如图 5-128 所示。

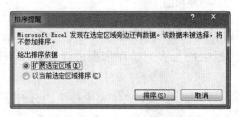

图 5-127　扩展选定区域

图 5-128　"分级显示"组

（1）简单汇总。简单汇总是指分类汇总对一个字段进行分类，使用一种汇总方式。分类字段列举了数据工作表中所有字段名称，但只能执行一个字段的分类。汇总方式包括求和、计数、平均值、最大值等，只能一次选择一种汇总方式。选定汇总项是指对哪个字段进行上面已设定好的汇总方式，可以对多个字段执行汇总方式。

注意：对文本类型的数据字段进行汇总只能使用计数。

【**例 5.13**】对"电子信息专业部分学生成绩表"按性别分类以平均值为汇总方式，分别汇总 3 门课平均分，如图 5-130 所示。选中表中的数据，先按性别进行排序，如图 5-129 所示。在"数据"选项卡的"分级显示"组中单击"分类汇总"按钮，在弹出的"分类汇总"对话框中进行相应设置，分类汇总后的结果，如图 5-131 所示。

图 5-129　已按性别排序的工作表　　　　　图 5-130　分类汇总后的工作表

（2）嵌套汇总。嵌套汇总是指对同一字段进行多种方式的汇总，操作时，只能在上一次分类汇总的基础上，再次的使用分类汇总功能。

【例 5.14】　在例 5.13 中按性别分类统计男、女生三门课的平均成绩的基础上，还要统计男、女生人数。直接选取上次分类汇总的结果区域，再次打开"分类汇总"对话框，设置"汇总方式"为"计数"，"选定汇总项"为"性别"，取消"替换当前分类汇总"，如图 5-132 所示。

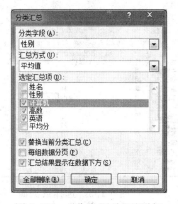

图 5-131　"分类汇总"对话框　　　　　图 5-132　嵌套分类汇总的设置

注意：若要只显示分类汇总和总计的汇总，单击行编号旁边的分级显示符号 ①②③④。使用 ➕ 和 ➖ 符号来显示或隐藏各个分类汇总的明细数据行，如图 5-133 所示。若要删除分类汇总，在"分类汇总"对话框中，单击"全部删除"。

3. 数据透视表

分类汇总只能对一个字段进行分类，如果要按多个字段进行分类并汇总只能借助于数据透视表。数据透视表是一种可以快速汇总大量数据的交互式方法。帮助用户快速地查看源数据的不同汇总。

【例 5.15】　在"电子信息专业部分学生成绩表"中创建数据透视表，显示男、女生各科平均成绩。先将鼠标定位在数据区域的任意单元格中，在"插入"选项卡的"表格"组中单击"数据透视表"按钮，打开"创建数据透视表"对话框，如图 5-134 所示，在该对话框中设置源数据区域及创建数据透视表的位置。可以通过单击 🔳 按钮，在工作表中选择源数据的区域及创建数据透视表的位置，如图 5-135 所示。

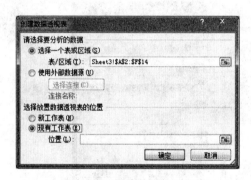

图 5-133　多级分类汇总

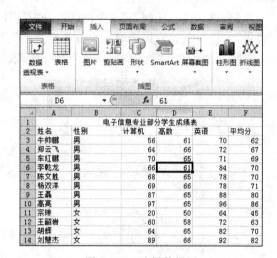

图 5-134　创建数据透视表 　　　　　　　　图 5-135　选择数据源

　　此时数据透视表区域已建立,单击区域内的单元格,右侧会出现"数据透视表字段列表"对话框,如图 5-136 在该对话框中"选择要添加到报表的字段"右侧单击 ![按钮] 按钮,可以改变数据透视表的布局方式,如图 5-137 所示。

图 5-136　"数据透视表字段列表"窗格 　　　　　图 5-137　数据透视表的布局

在数据透视表字段列表选择要添加到报表的字段,如性别、计算机、高数、英语,由于在源数据表是按姓名排序,行标签为性别,单击行标签右边的箭头,可以在下拉菜单中对其进行排序、筛选及搜索。

新添加的报表字段默认汇总方式为求和,可以在数值项目列表中选中添加的报表字段,单击右侧的下拉箭头,在菜单中选择"值字段设置",如图5-138所示,在"值字段设置"对话框中可以更改汇总的方式,如图5-139所示。

如图5-140按"性别"分类,对"计算机"字段以平均值方式进行汇总,"高数"字段以计数的方式进行汇总,"英语"字段以显示最大值的方式进行汇总。

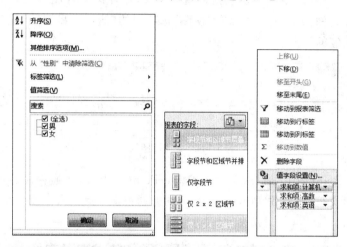

图5-138 设置报表的行标签、字段、汇总方式

图5-139 设置"值字段汇总方式"

行标签	平均值项:计算机	计数项:高数	最大值项:英语
男	72.125	8	96
女	58.25	4	92
总计	67.5	12	96

图5-140 已完成的数据透视表

5.3　演示文稿软件

5.3.1　PowerPoint 2010 概述

1. 演示文稿的作用

在当今社会,为了更直观地将需要表达的内容有条理地进行展示,可以通过演示文稿

软件创作演示文稿来达到目的,演示文稿主要应用于演说、产品推广、论文答辩、会议报告、讲座、教师授课、会议等场合。演示文稿软件可以使用文本、图形、照片、视频、动画和更多手段来设计能够吸引人们眼球的演示文稿。

PowerPoint 2010 中演示文稿由一张或多张幻灯片组成,建立的演示文稿文件以.pptx 为扩展名,使用 PowerPoint 可以以兼容模式打开旧版本编辑的.ppt 文件。

2. 演示文稿的界面与视图方式

PowerPoint 2010 的视图主要包括普通视图、幻灯片浏览视图、阅读视图和幻灯片放映视图 4 种,如图 5-141 所示。可以在"视图"选项卡的"演示文稿视图"组、"母版视图"组或状态栏打开相应的视图。

图 5-141　5 种视图模式

运行 PowerPoint 2010 后,就会进入 PowerPoint 2010 的普通视图界面,普通视图经常用于编辑演示文稿,可以说 PowerPoint 下的普通视图即是工作界面,如图 5-142 所示。

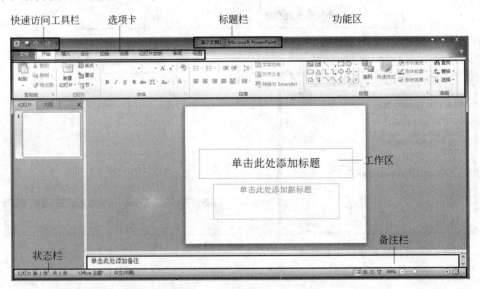

图 5-142　PowerPoint 2010 工作界面

备注栏用于输入幻灯片的一些提示性内容,当需要对文稿的内容或幻灯片的内容进行提示时,可将内容输入在这里,但是在放映幻灯片时备注栏内的内容不显示。

普通视图,是主要的编辑视图,一次显示一张幻灯片,可以在该视图方式下插入内容、编辑幻灯片的内容和设计演示文稿。

幻灯片浏览视图方式,如图 5-143 所示,将演示文稿内的所有幻灯片以图片缩略图的形式展示在工作区中,在该视图方式下可以对幻灯片进行删除、移动、复制等操作,但不能编辑幻灯片的内容。

图 5-143　幻灯片浏览视图

阅读视图,如图 5-144 所示,可快速对幻灯片的效果进行浏览,滚动鼠标中轴即可选择显示上一页或者下一页幻灯片。

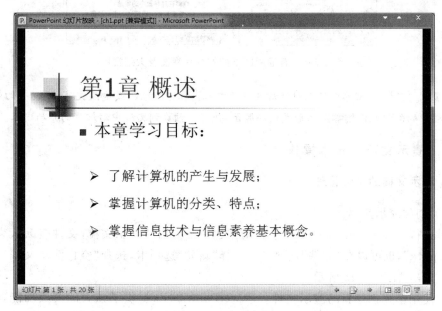

图 5-144　阅读视图

幻灯片放映视图,演示文稿中的幻灯片将以全屏形式放映。此外,在该模式下还可测试其中插入的动画、声音等效果。若要退出幻灯片放映视图,按 Esc 键。

在普通视图左侧的幻灯片选择区提供了"大纲"选项卡和"幻灯片"选项卡,如图 5-145 所示。在"大纲"窗格中可以预览到幻灯片的文本内容,由此可以快速地选择要演示的幻灯片内容,单击该内容在右侧的编辑区就会显示该幻灯片。

图 5-145　普通视图下的幻灯片视图及大纲视图

注意:在"大纲"窗格中可以对幻灯片中的文本内容进行编辑或更改文字格式。"幻灯片"窗格将文稿中的幻灯片以缩略图的形式顺序展示,并可以预览到文稿中幻灯片的布局内容。

5.3.2　演示文稿的基本操作

1. 演示文稿的文件管理

(1) 创建演示文稿。

① 运行 PowerPoint 2010 后,会自动创建一个空白的演示文稿,文件名默认为"演示文稿 1.pptx",也可以在"文件"选项卡中选择"新建"选项卡,选择"空白演示文稿"并单击"创建"按钮,如图 5-146 所示。

② 使用模板创建新的演示文件。PowerPoint 2010 提供了强大的模板功能,具有比以往更丰富的内置模板,不仅可以通过已安装的内置模板创建新的演示文稿,也可以通过

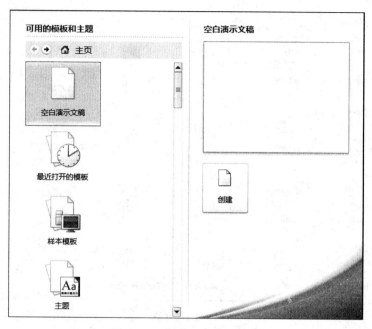

图 5-146　创建空白演示文稿

链接 Office. com 下载更多的模板,还可以使用自定义的模板进行创建。模板文件的扩展名为. pot,PowerPoint 2010 提供了 9 种内置模板。在"文件"选项卡中选择"新建"选项卡,选择"样本模板",单击"创建"按钮,如图 5-147 所示。也可以通过联机下载更多的模板,在"文件"选项卡中选择"新建"选项卡后,可以在 Office. com 模板区域选择模板并下载,下载完成后会直接创建基于该模板的演示文稿文件,而模板则会保存在"我的模板"中。

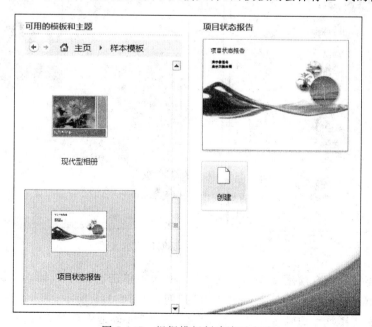

图 5-147　根据模板创建演示文稿

图 5-147（续）

③ 使用主题创建演示文稿，主题可以在 PowerPoint 中使用主题颜色、字体和效果。在"文件"选项卡中选择"新建"选项卡，单击"主题"按钮，如图 5-148 所示，在"主题"列表中选择主题，单击"创建"按钮。

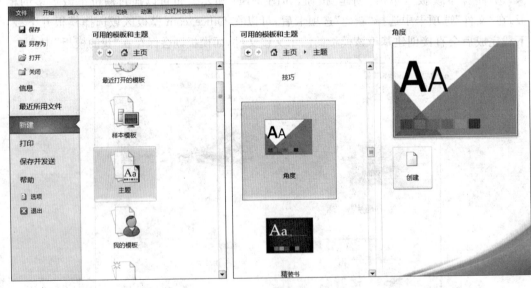

图 5-148　使用主题创建演示文稿

（2）若要打开现有演示文稿，在"文件"选项卡中单击"打开"按钮。从弹出的"打开"对话框中选择所需的文件，然后单击"打开"按钮，如图 5-149 所示。

注意：默认情况下，PowerPoint 2010 在"打开"对话框中仅显示 PowerPoint 演示文稿。若要查看其他文件类型，单击"所有 PowerPoint 演示文稿"，然后选择要查看的文件类型。

图 5-149 "打开"对话框

（3）保存演示文稿

在"文件"选项卡中单击"另存为"按钮，如图 5-150 所示。在弹出的"另存为"对话框的"文件名"文本框中，输入 PowerPoint 演示文稿的名称，然后单击"保存"按钮。如要对现有文档进行修改后的保存，可以单击"快速访问工具栏"中的 按钮，或按 Ctrl＋S 键进行保存。

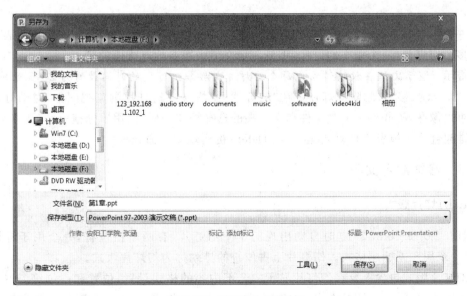

图 5-150 "另存为"对话框

注意：默认情况下，PowerPoint 2010 将文件保存为 PowerPoint 演示文稿（.pptx）文件格式。若要以非.pptx格式保存演示文稿，请单击"保存类型"列表，然后选择所需的文件格式。

2. 幻灯片的基本操作（插入、删除、复制、移动）

（1）插入新幻灯片。要根据自己要演示的内容对演示文稿插入合适的幻灯片数量，在演示文稿中插入新幻灯片。在"开始"选项卡的"幻灯片"组中单击"新建幻灯片"按钮，从下拉菜单中选择所需的幻灯片布局；也可以按 Ctrl＋M 键；或者在"幻灯片"窗格中右击，从弹出的快捷菜单中选择"新建幻灯片"命令，如图 5-151 所示。

图 5-151　新建幻灯片

对于初学者不好确定演示文稿中应包含的幻灯片数量，但最基本的应该包括以下几部分：

一个包含有主副标题的幻灯片、一个介绍演讲文稿目录的幻灯片，阐述观点或表述内容的多个幻灯片，一个摘要幻灯片，重复演示文稿中主要的点或面的列表。

提示：演示文稿在放映过程中每个幻灯片在屏幕上可见的时间最好为 2～5 分钟。

（2）复制、移动、删除幻灯片。在"幻灯片"窗格或在幻灯片浏览视图中，对幻灯片的选择可以像在 Windows 中对文件和文件夹的选择操作一样，使用鼠标拖曳、实现移动，用 Ctrl 键配合鼠标拖曳实现复制操作，按 Delete 键实现删除命令。

5.3.3　修饰演示文稿

1. 幻灯片版式

打开 PowerPoint 2010 时自动出现的单个幻灯片，有两个占位符，一个用于标题格式，另一个用于副标题格式。幻灯片上占位符的排列称为幻灯片版式。

幻灯片版式包含上要在幻灯片显示的全部内容的格式设置、位置和占位符。占位符是版式中的容器，可容纳如文本、表格、图表、SmartArt 图形、影片、声音、图片及剪贴画等内容。其中，文本包括正文文本、项目符号列表和标题，剪贴画是一张现成的图片，经常以位图或绘图图形的组合的形式出现。主题颜色、主题字体和主题效果三者构成一个主题。主题颜色是文件中使用的颜色的集合,而版式也包含幻灯片的主题颜色。主题字体是应用于文件中的主要字体和次要字体的集合。主题效果是应用于文件中元素的视觉属性的集合。

（1）使用内置版式。在"开始"选项卡的"幻灯片"组中单击"版式"按钮,然后单击所需的新版式。PowerPoint 2010 中包含 11 种内置幻灯片版式,如图 5-152 所示,显示了 PowerPoint 幻灯片中可以包含的所有版式元素。

（2）创建自定义版式。如果在内置版式中找不到作者需求的标准版式,则可以创建自定义版式。自定义版式可重复使用,指定占位符的数目、大小和位置、背景内容、主题颜色、字体及效果等如图 5-153 所示。

图 5-152　幻灯片版式

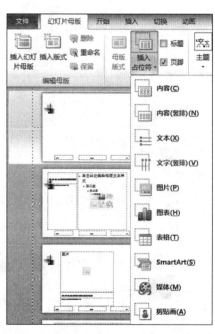

图 5-153　插入占位符

可以在"视图"选项卡的"母板视图"中单击"幻灯片母版"按钮,打开"幻灯片母版"选项卡,如图 5-154 所示。运用"幻灯片母版"选项卡下的工具对版式进行修改。关闭母版视图可以回到编辑状态。

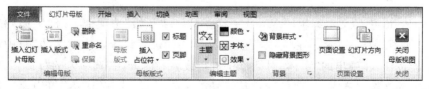

图 5-154　"幻灯片母版"选项卡下的功能区

提示：如果幻灯片上已存在的内容应用的版式没有足够的正确种类的占位符,则会自动创建其他占位符来包含该内容。

2. 在幻灯片中插入对象

（1）文本

在幻灯片中，文本需要在文本框占位符中进行输入，如果文本占位符的位置不合适，可以选中后用鼠标拖曳进行移动，文本框数量不够则可以添加文本框，在"插入"选项卡的"文本"组中单击"文本框"按钮，如图5-155所示。选择文本框后，在编辑区使用鼠标拖曳出文本框后，即可在文本框中输入文本。如果要更改文本框背景与文字的配色方案，可以通过"快速样式"选择系统预设的多种样式，如图5-156所示。

图 5-155　插入"文本框"

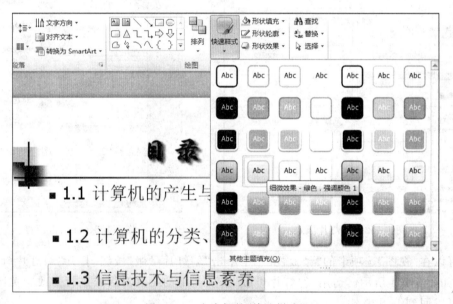

图 5-156　文本框的"快速样式"

PowerPoint中的文本编辑同Word一样，可以在"开始"选项卡中对"字体"和"段落"进行设置，如图5-157所示。在"字体"组，对文字格式进行设置，或在"字体"组中，单击对话框启动器按钮，在弹出的"字体"对话框中进行设置；在"开始"选项卡的"段落"组中可以对文本框中的文本对齐方式、项目符号及编号等进行设置，或在"段落"组中，单击对话框启动器按钮，在弹出的"段落"对话框中进行设置。

对于文本框形状和外观线条的样式PowerPoint 2010给出了快速样式，选中文本框或文本框的内容，在"开始"选项卡的"绘图"组的快速样式中选择应用。如果快速样式中

图 5-157 "开始"选项卡下的功能区

没有满意的文本框外观样式,在"开始"选项卡的"绘图"组中对形状颜色、形状外观、形状
效果进行修改,如图 5-158 所示。

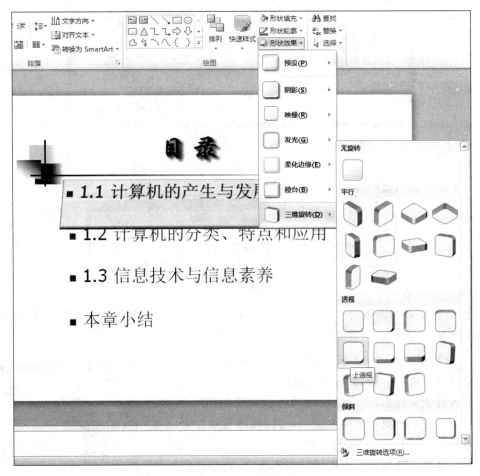

图 5-158 利用"形状效果"更改文本框外观

(2) 音频

为了增强演示文稿的演示效果,可以对幻灯片添加声音,在"插入"选项卡的"媒体"组
中单击"音频"按钮,从下拉菜单中包含了三类音频的插入:文件中的音频、剪贴画中的音
频、录制音频。

① 文件中的声音。选中该按钮后会弹出"插入音频"对话框,如图 5-159 所示。在对
话框中浏览资源并选择需要插入的音频文件。选择"录制音频"命令后,则会出现"录音"
对话框,如图 5-160 所示,分别包括播放键、停止键、录音键,录制好音频后单击确定完成
插入。

图 5-159 "插入音频"对话框

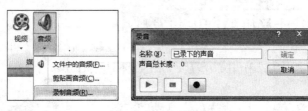

图 5-160 录制音频

② 剪贴画中的音频。选中该按钮后,会在右侧出现"剪贴画"窗格,如图 5-161 所示。在结果类型中会自动选择"音频"项。

③ 录制音频。选中该按钮后,会弹出"录音"对话框,计算机语音设备录制音频,音频总长度以秒为单位。

插入音频文件后,在幻灯片编辑区会出现如图 5-162 的音频控制按钮。在演示文稿放映时,可以通过音频控制面板设置播放的声音及进度,如图 5-163 所示。

如果对插入音频的控制按钮外观不满意,选中音频按钮后,在功能区会出现"音频工具",在"格式"选项卡内可以对音频按钮的图片经调整、更改图片样式、排列图片在幻灯片中的位置及设置按钮图片的大小等操作,如图 5-164 所示。

在"音频工具|播放"选项卡中可以对音频进行编辑、设置音量、在放映演示文稿时打开音频的方式,及音频的播放方式等进行设置,如图 5-165 所示。

(3)视频

① 从演示文稿链接到视频文件。Microsoft PowerPoint 2010 演示文稿中的幻灯片可以链接到外部视频文件或电影

图 5-161 "剪贴画"任务窗格

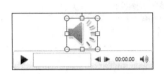

图 5-162　音频控制按钮

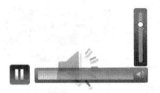

图 5-163　放映时的音频控制按钮

图 5-164　"音频工具|格式"选项卡下的功能区

图 5-165　"音频工具|播放"选项卡下的功能区

文件。在"插入"选项卡的"媒体"组中单击"视频"按钮,从下拉菜单中选择"文件中的视频"命令,找到并单击要链接到的文件,单击"插入"按钮,从下拉菜单中选择"链接到文件"命令,如图 5-166 所示。

(a) 插入"链接到文件"的视频文件

图 5-166　插入视频文件

(b) 插入视频文件至幻灯片

图 5-166（续）

为了防止可能出现与断开的链接有关的问题,最好先将视频复制到演示文稿所在的文件夹中,然后再链接到视频。

注意:虽然建立超链接插入视频的方式能够减小演示文稿的文件大小,但是如果要将文件换其他计算机放映时,需要更改超链接的路径,并且要将链接的目标视频文件一同复制到相应的文件夹。

② 嵌入视频。将视频嵌入到演示文稿中,这样有助于消除缺失文件的问题。若要嵌入演示文稿,可以从 PowerPoint 演示文稿嵌入视频或链接到视频。嵌入视频时,不必担心在传递演示文稿时会丢失文件,因为所有文件都各就各位。如果要限制演示文稿的大小,可以链接到本地驱动器上的视频文件或上载到网站(例如优酷或酷 6)的视频文件。

注意:如果希望节约磁盘空间并改进播放性能,请压缩媒体文件。

用于插入视频的所有选项都位于"插入"选项卡上的"媒体"组中。

③ 来自网站的视频。在浏览器中,转到包含要链接到的视频的网站,例如优酷或酷6。在网站上,找到想要插入的视频,在视频上右击,从弹出的快捷菜单中选择"复制视频地址"命令。

返回 PowerPoint,在"插入"选项卡的"媒体"组中单击"视频"按钮,从下拉菜单中选择"来自网站的视频"命令。在"来自网站的视频"对话框中,粘贴视频地址,然后单击"插入"按钮,如图 5-167 所示。

④ 剪贴画库的 GIF 动画。现在,使用 PowerPoint 2010 可以嵌入来自剪贴画库的 GIF 动画文件。

如果安装了 QuickTime 和 Adobe Flash 播放器,则 PowerPoint 将支持 QuickTime (.mov、.mp4)和 Adobe Flash(.swf)文件。

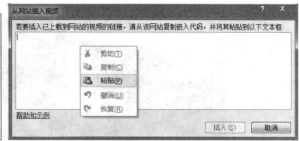

图 5-167　插入网络中的视频

在 PowerPoint 2010 中使用 Flash 存在一些限制,包括不能使用特殊效果(例如阴影、反射、发光效果、柔化边缘、棱台和三维旋转)、淡出和剪裁功能以及压缩这些文件以更加轻松地进行共享和分发的功能。PowerPoint 2010 与 64 位版本的 QuickTime 或 Flash 不兼容。

插入剪贴画视频,可以在"插入"选项卡的"媒体"组中单击"视频"按钮,从下拉菜单中选择"剪贴画视频"命令。在"剪贴画"任务窗格中的"搜索"框中,输入描述所选的要预览的动态 GIF 的关键字。在"搜索范围"框中,选择要应用于搜索范围的复选框。在"结果类型"框中,确保只选中"视频"复选框,如图 5-168 所示。

可以对视频剪辑请求进行修改以得到所需的结果。当在普通视图下,选中视频后,会出现"视频工具"功能区,通过"格式"选项卡可以实现对插入视频的外观样式进行改变,视频窗口进行裁剪等操作,如图 5-169 所示。通过对所插入视频的格式进行更改,可以使普通的视频具有一定的艺术特效,如图 5-170 所示。

图 5-168　插入"剪贴画视频"

"播放"选项卡,可以对播放视频的方式、音量等进行设置,如图 5-171 所示。

图 5-169　更改视频形状及效果

指定要让视频在演示的过程中以何种方式启动,播放视频的相关设置,在"视频工具|播放"选项卡的"视频选项"组中设置"自动播放视频"或"在单击时播放视频"。

插入视频以后,可以对视频的格式进行改变,通过更改视频形状,选择一幅图画作为

图 5-170　更改后的视频效果

图 5-171　设置视频的播放控制

标牌框架、视频效果选择为映像,就可以在 PowerPoint 中插入精美的视频了,如图 5-170
所示。

　　(4) 图片及组织结构图。图文并茂的演示文稿会更加有说服力,在幻灯片中可以插
入的图形图像内容主要包括图片、剪贴画、屏幕截图、相册、形状、SmartArt、图表、公式及
符号。

　　① 图片:插入来自文件的图片。

　　② 剪贴画:将 Office 剪贴画库中的剪贴画插入幻灯片。

　　③ 屏幕截图:插入任何未被最小化到任务栏的程序窗口。

　　④ 相册:根据一组图片创建演示文稿;形状,插入现成的形状,如:矩形、圆、箭头、线
条等。

　　⑤ SmartArt:向幻灯片插入图形列表、流程图、组织结构图等。

　　⑥ 图表:用于演示和比较数据。

　　可以在“插入”选项卡的“图像”组中插入以上对象,如图 5-172 所示。

　　插入对象后,单击该对象可以在“图片工具|格式”选项卡中对图片进行修整,如
图 5-173 所示。

图 5-172　插入图片

图 5-173　"图片工具""格式"选项卡下的功能区

插入图形对象后,在图形对象上右击,可以从弹出的快捷菜单中选择"编辑文字"命令,在图形中添加文字,如图 5-174 所示。

(5) 超链接。在 PowerPoint 中,超链接可以是从一张幻灯片到同一演示文稿中另一张幻灯片的连接,也可以是从一张幻灯片到不同演示文稿中另一张幻灯片、到电子邮件地址、网页或文件的连接。可以从文本或对象(如图片、图形、形状或艺术字)创建超链接。

① 同一演示文稿中的幻灯片。在"普通"视图中选择要用作超链接的文本或对象。在"插入"选项卡的"链接"组中单击"超链接"按钮,如图 5-175 所示。在弹出的"插入超链接"对话框的"链接到"栏下,可以设置"本文档中的位置"、"现有文件或网页"、"电子邮件地址"、"新建文档"。

图 5-174　对图形对象添加文字

本文档中的位置,在"请选择文档中的位置"下,单击要用作超链接目标的本演示文稿中的一张幻灯片,链接到当前演示文稿中的幻灯片,如图 5-176 所示。

图 5-175　"插入超链接"对话框

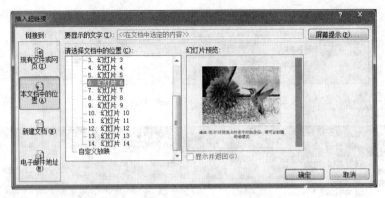

图 5-176　插入超链接至本文档中的位置

② 现有文件或网页。现有文件可以是磁盘中的任何文件,此处以不同演示文稿中的幻灯片作为连接对象插入简单介绍,在"插入超链接"对话框中单击"现有文件或网页"选项卡,通过当前文件夹找到包含要链接到的幻灯片的演示文稿,单击"书签"按钮后,在弹出的"在文档中选择位置"对话框中选择该演示文稿中的位置,如图 5-177 所示。单击要链接到的幻灯片的标题,单击"确定"按钮。

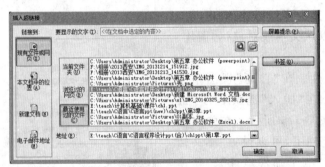

图 5-177　插入超链接至现有演示文稿中的位置

注意:如果在主演示文稿中添加指向演示文稿的链接,则在将主演示文稿复制到便携计算机中时,请确保将链接的演示文稿复制到主演示文稿所在的文件夹中。如果不复制链接的演示文稿,或者如果重命名、移动或删除它,则当从主演示文稿中单击指向链接的演示文稿的超链接时,演示文稿中的链接将不可用。

对于 Web 上的页面或文件,在"插入超链接"对话框单击"现有文件或网页"选项卡,可以通过浏览过的网页列表中选择要插入的网址。如果没有也可以单击"浏览 Web"按钮 ,启动浏览器,找到想插入的网页后,在浏览器的地址栏,将网址复制,如图 5-178 所示,回到 PowerPoint 在"插入超链接"对话框内的地址输入框进行粘贴。

在"链接到"栏中单击"现有文件或网页"选项卡,然后单击"浏览 Web"按钮 。找到并选择要链接到的页面或文件,然后单击"确定"按钮

③ 电子邮件地址。在"插入超链接"对话框中单击"电子邮件地址"选项卡,在"电子邮件地址"框中,输入要链接到的电子邮件地址,或在"最近用过的电子邮件地址"框中,单击电子邮件地址。在"主题"框中,输入电子邮件的主题,如图 5-179 所示。

图 5-178   插入超链接至某网页

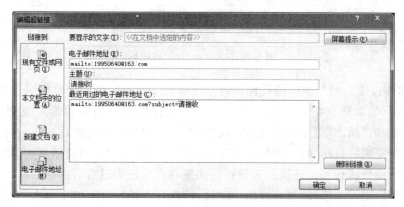

图 5-179   插入超链接至电子邮件

注意：在放映幻灯片时,单击该链接会自动通过邮件客户端向链接的邮件地址发邮件。

④"新建文档"。在"新建文档名称"框中,输入要创建并链接到的文件的名称,如图 5-180 所示。在"何时编辑"栏,单击相应的单选按钮以确定是现在更改文件还是稍后更改文件。

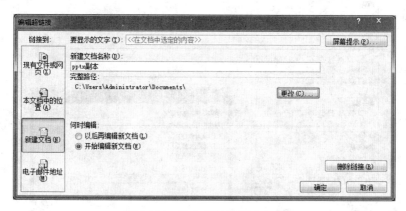

图 5-180   插入超链接创建文档

如果要在另一位置创建文档,在放映时,单击链接后,出现的新建对话框如图 5-181 所示,在"完整路径"下单击"更改",浏览到要创建文件的位置。新建文档默认为.pptx 类型文档,如需建立其他类型文档,可以单击"更改"后,在"新建文档"对话框中设置文档的保存类型。

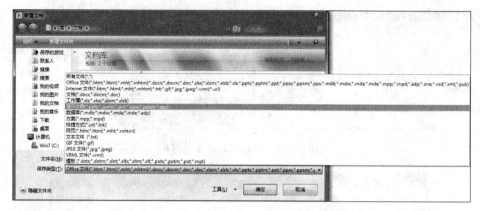

图 5-181 "新建文档"对话框

(6) 动作按钮。动作按钮的设置可以方便演示文稿的使用者能够在演示的过程中方便地跳转到其他页面。在 PowerPoint 2010 中,动作按钮被当做图形对象进行插入,在"插入"选项卡的"插图"组中单击"图形"按钮,在图形对象中选择动作按钮,在幻灯片中进行绘制,绘制完成后自动弹出"动作设置"对话框,可以设置按钮的启动方式"单击鼠标"或"鼠标移过"、播放声音和超链接到的位置。如果动作按钮中没有自己想要的样式,也可以通过绘图工具,进行手绘,绘制完成后,在"插入"选项卡的"链接"组中单击"动作"按钮,也可以打开"动作设置"对话框进行相关设置,如图 5-182 所示。

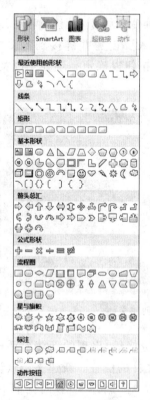

图 5-182 动作按钮的选择与设置

5.3.4 设置幻灯片外观

1. 母版

幻灯片母版是幻灯片层次结构中的顶层幻灯片,用于存储有关演示文稿的主题和幻灯片版式的信息,包括背景、颜色、字体、效果、占位符大小和位置。

每个演示文稿至少包含一个幻灯片母版。修改和使用幻灯片母版的主要优点是可以对演示文稿中的每张幻灯片(包括以后添加到演示文稿中的幻灯片)进行统一的样式更改。使用幻灯片母版时,由于无须在多张幻灯片上输入相同的信息,因此节省了时间。也可以对幻灯片的母版添加一些单位、公司的图标、作者的一些信息制成具有个人特色的母版供以后使用。

由于幻灯片母版影响整个演示文稿的外观,因此在创建和编辑幻灯片母版或相应版式时,将在"幻灯片母版"视图下操作。

(1)幻灯片母版的基本操作。对幻灯片母版的基本操作主要包括插入幻灯片母版、删除幻灯片母版、重命名幻灯片母版。

① 插入幻灯片母版。在"视图"选项卡的"母版视图"组中单击"幻灯片母版"按钮,在"幻灯片母版"选项卡的"编辑母版"组中单击"插入幻灯片母版"按钮,如图 5-183 所示。新插入的幻灯片母版会出现在之前所选母版的下方。

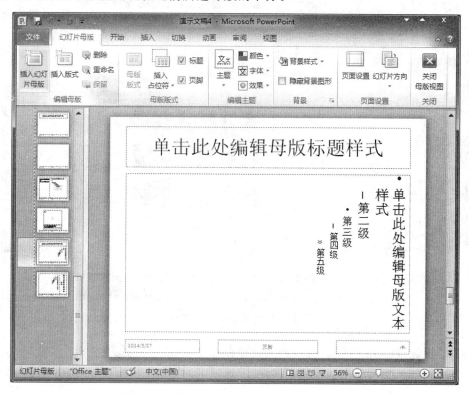

图 5-183 "幻灯片母版"视图中的幻灯片母版

② 删除母版。选中要删除的母版后,在"幻灯片母版"选项卡的"编辑母版"组中单击 "删除"按钮,添加版式。

③ 重命名母版。重命名操作可在"幻灯片母版"选 项卡的"编辑母版"组中单击"重命名"按钮,在弹出的"重 命名版式"对话框中修改版式名称,如图 5-184 所示。

图 5-184　修改幻灯片母版版式

(2) 设置幻灯片母版版式。在修改幻灯片母版下的 一个或多个版式时,实质上是在修改该幻灯片母版。每个幻灯片版式的设置方式都不同, 然而,与给定幻灯片母版相关联的所有版式均包含相同主题(配色方案、字体和效果)。

删除"占位符",选中"占位符"后,按 Delete 键。

2. 主题

主题设置。在"设计"选项卡的"主题"组中单击"主题"按钮,从弹出的下拉菜单中选 择喜欢的主题选项,单击"确定",如图 5-185 所示。

图 5-185　更改幻灯片主题

更改"主题"的配色方案。每一种主题都存在背景与文字的颜色对比,颜色对比越强, 文字越清晰,如果要调整主题颜色,在"设计"选项卡的"编辑主题"组中单击"颜色"按钮进 行设置,如图 5-186 所示。

在"编辑主题"组中还提供了对母版字体及主题效果的设置。

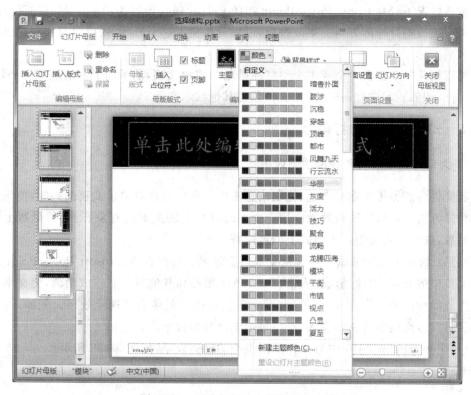

图 5-186　更改幻灯片主题的配色方案

设置幻灯片母版背景,"背景"组可以设置母版背景的样式或隐藏背景图形,单击窗口启动器按钮,在弹出的"设置背景格式"对话框中,还可以设置背景填充的方式、图片更正、图片颜色及艺术效果,如图 5-187 所示。

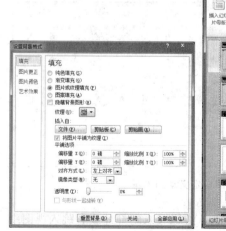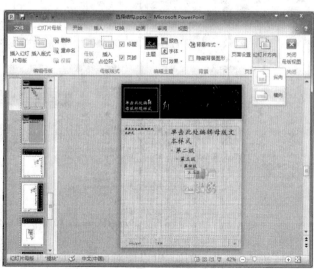

图 5-187　设置幻灯片母版的背景格式

默认情况下,Microsoft PowerPoint 2010 幻灯片版式设置为横向。在"页面设置"组中还可以更改幻灯片的方向。更改过后,以后只要使用这个母版,就可以直接创建纵向的演示文稿。

可以创建一个包含一个或多个幻灯片母版的演示文稿,然后将其另存为 PowerPoint 模板(.potx 或.pot)文件,并使用该文件创建其他演示文稿。

5.3.5 幻灯片放映和打印

1. 为幻灯片中的对象增加动画效果

若要将注意力集中在要点上、控制信息流以及提高观众对演示文稿的兴趣,使用动画是一种好方法。可以将动画效果应用于个别幻灯片上的文本或对象、幻灯片母版上的文本或对象,或者自定义幻灯片版式上的占位符。

动画:给文本或对象添加特殊视觉或声音效果。可以将 Microsoft PowerPoint 2010 演示文稿中的文本、图片、形状、表格、SmartArt 图形和其他对象制作成动画,将文本或对象制作成动画赋予文字进入、退出、大小或颜色变化甚至移动等视觉效果。例如,可以使文本项目符号点逐字从左侧飞入,或在显示图片时播放掌声。

(1) PowerPoint 2010 中有 4 种不同类型的动画效果,如图 5-188 所示。

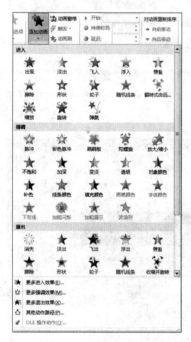

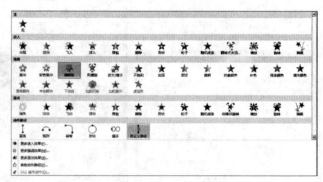

图 5-188　PowerPoint 2010 提供的自定义动画方案

①"进入"效果。例如,可以使对象逐渐淡入焦点、从边缘飞入幻灯片或者跳入视图中。

②"退出"效果。这些效果包括使对象飞出幻灯片、从视图中消失或者从幻灯片旋出。

③"强调"效果。这些效果的示例包括使对象缩小或放大、更改颜色或沿着其中心

旋转。

④ 动作路径。指定对象或文本移动的路径,是幻灯片动画序列的一部分。使用这些效果可以使对象上下移动、左右移动或者沿着星状或圆形图案移动。

(2)动画效果的添加。可以单独使用任何一种动画,也可以将多种效果组合在一起。例如,可以对一行文本应用"飞入"进入效果及"放大/缩小"强调效果,使它在从左侧飞入的同时逐渐放大。

选择要制作成动画的对象。在"动画"选项卡的"动画"组中单击"其他"按钮,然后选择所需的动画效果,如图 5-189 所示。

如果没有看到所需的进入、退出、强调或动作路径动画效果,请单击"更多进入效果"、"更多强调效果"、"更多退出效果"或"其他动作路径"。

在将动画应用于对象或文本后,幻灯片上已制作成动画的项目会标上不可打印的编号标记,该标记显示在文本或对象旁边,如图 5-190 中的 1,2,3。仅当选择"动画"选项卡或"动画"任务窗格可见时,才会在"普通"视图中显示该标记。

图 5-189 "添加强调效果"对话框

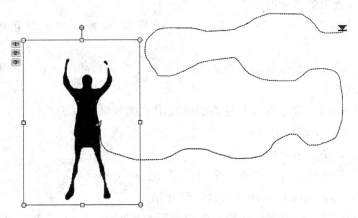

图 5-190 普通视图下添加过动画效果的对象

添加多个动画效果的文本或对象,在"动画"选项卡的"高级动画"组中单句"添加动画"按钮。查看幻灯片上当前的动画列表,可以在"动画"任务窗格中查看幻灯片上所有动画的列表,如图 5-191 所示。"动画"任务窗格显示有关动画效果的重要信息,如效果的类型、多个动画效果之间的相对顺序、受影响对象的名称以及效果的持续时间。在"动画"选项卡的"高级动画"组中单击"动画窗格"按钮,也可以打开"动画"窗格。

该任务窗格中的编号表示动画效果的播放顺序。该任务窗格中的编号与幻灯片上显示的不可打印的编号标记相对应。各个效果将按照其添加顺序显示在"动画"任务窗格中。

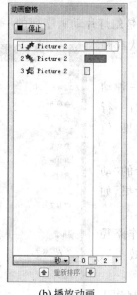

(a) 启动动画窗格

(b) 播放动画 (c) 设置启动方式

(d) 隐藏高级日程

图 5-191 动画窗格

（3）"动画"任务窗格中所包含的图标及命令。

时间线代表效果的持续时间。

图标代表动画效果的类型。如图 5-191(b)所示，动画 1 中的绿色图标为"进入"效果。

选择列表中的项目后会看到相应菜单图标（向下箭头），如图 5-191(c)所示，单击该图标即可显示相应菜单。

"隐藏高级日程表"命令可以查看或隐藏指示动画效果相对于幻灯片上其他事件的开始计时的图标，如图 5-191(d)所示。

"动画"任务窗格的菜单命令如下。

指示动画效果开始计时的图标有多种类型。包括下列选项：

"单击开始" ：动画效果在单击鼠标时开始。

"从上一项开始"：动画效果开始播放的时间与列表中上一个效果的时间相同。此设置在同一时间组合多个效果。

"从上一项之后开始" ：动画效果在列表中上一个效果完成播放后立即开始。

（4）为动画设置效果选项、计时或顺序。若要为动画设置效果选项，在"动画"选项卡的"动画"组中单击"效果选项"从下拉菜单中选择所需的选项，如图 5-192 所示。

可以在"动画"选项卡上为动画指定开始、持续时间或者延迟计时。

为动画设置开始的方式，在"动画"选项卡的"计时"组中单击"开始"从下拉菜单中选择所需的开始方式，如图 5-193 所示。

设置动画运行的持续时间，在"动画"选项卡的"计时"组的"持续时间"框中输入所需的秒数。设置动画开始前的延时，在"动画"选项卡的"计时"组的"延迟"框中输入所需的秒数。

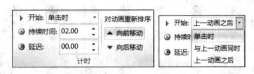

图 5-192　动画的"效果选项"　　　　　　图 5-193　设置动画的计时

对列表中的动画重新排序,"动画"任务窗格中选择要重新排序的动画,在"动画"选项卡的"计时"组中单击"对动画重新排序"或直接在"动画"任务窗格的下方选择"向上"或"向下" 的箭头按钮调整动画的顺序。

(5)测试动画效果。若要在添加一个或多个动画效果后验证它们是否起作用,在"动画"选项卡的"预览"组中单击"预览"按钮。

2.切换效果

演示文稿是由一张到多张幻灯片组成的,幻灯片切换效果是在演示期间从一张幻灯片移到下一张幻灯片时在"幻灯片放映"视图中出现的动画效果。可以控制切换效果的速度,添加声音,甚至还可以对切换效果的属性进行自定义。

(1)对幻灯片添加切换效果。在"普通视图"的"幻灯片"窗格,选择要向其应用切换效果的幻灯片缩略图,如果多张幻灯片都是用同一切换效果,可以配合 Ctrl 键选择多张幻灯片。在"切换"选项卡的"切换到此幻灯片"组中单击要应用于该幻灯片的幻灯片切换效果,如图 5-194 所示。

图 5-194　幻灯片切换效果的设置

在"切换到此幻灯片"组中选择一个切换效果。在此示例中,已选择了"淡出"切换效果。

若要查看更多切换效果,单击"其他"按钮。在下拉菜单中会列出所有的切换效果,如图 5-195 所示。

对演示文稿中的所有幻灯片应用相同的幻灯片切换效果,在"切换"选项卡的"计时"组中,单击"全部应用"按钮,如图 5-196 所示。

设置切换效果的计时,即上一张幻灯片与当前幻灯片之间的切换效果的持续时间,可以在"切换"选项卡的"计时"组的"持续时间"框中,输入或选择所需的速度。

幻灯片在演示文稿放映时的切换方式设置如下:在"切换"选项卡的"计时"组中选中"单击鼠标时"复选框。若要在经过指定时间后切换幻灯片,在"切换"选项卡的"计时"组

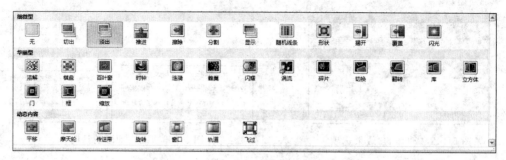

图 5-195　幻灯片切换的视觉效果的类型

图 5-196　切换幻灯片时的声音设置

中选的"设置自动换片时间"框中输入所需的秒数。

（2）对幻灯片切换效果添加声音。为幻灯片切换时添加声音，能够吸引观众的视线，活跃气氛等效果，如在演示文稿放映结束时，切入最后一张幻灯片时发出鼓掌的声音效果。

在"普通视图"的"幻灯片"窗格，选择要向其应用切换效果添加声音的幻灯片缩略图，在"切换"选项卡的"计时"组中单击"声音"按钮，若要添加列表中的声音，从下拉菜单中选择所需的声音；若要添加列表中没有的声音，从下拉菜单中选择"其他声音"，找到要添加的声音文件（仅能添加 WAV 格式的音频文件），然后单击"确定"按钮，如图 5-197 所示。

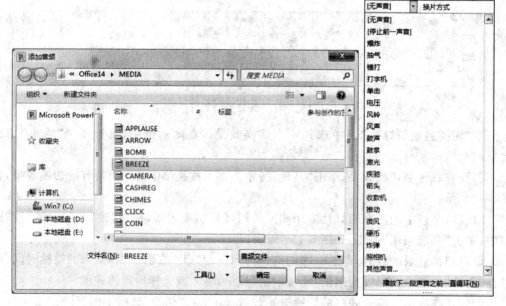

图 5-197　为 PowerPoint 添加切换幻灯片的音频

（3）删除切换效果。在"普通视图"的"幻灯片"窗格，选择要删除切换效果的幻灯片缩略图，在"切换"选项卡的"切换到此幻灯片"组中，单击"无"按钮。

3. 放映方式的设置查看幻灯片放映

演示文稿编辑完成后，最重要的就是放映了，在对演示文稿正式讲解前，往往需要排练计时，估算出整个演示文稿讲完需要的时间，如果超出时间，还需要对演示文稿中的内容进行删除或修改。也可以通过录制旁白的功能为演示文稿 PowerPoint 2010 给出了多种放映方式。

（1）放映幻灯片。从第一张幻灯片开始放映，在"幻灯片放映"选项卡的"开始放映幻灯片"组中单击"从头开始"按钮，也可以按 F5 键。

从当前幻灯片开始放映，在"幻灯片放映"选项卡的"开始放映幻灯片"组中单击"从当前幻灯片开始"按钮，也可以按 Shift＋F5 键。

（2）设置放映方式、排练计时、录制旁白。在"幻灯片放映"选项卡的"设置"组中可以对幻灯片放映的设置，排练计时、录制幻灯片演示、录制旁白等进行相关设置，如图 5-198 所示。

图 5-198　"幻灯片放映"选项卡下的功能区

① 设置幻灯片放映方式，指的是设置放映幻灯片时的放映类型、放映选项、放映幻灯片的范围、换片方式及多监视器模式下的设置，如图 5-199 所示。"隐藏幻灯片"按钮可以使选定的幻灯片在演示文稿中隐藏，在放映时不显示隐藏的幻灯片。

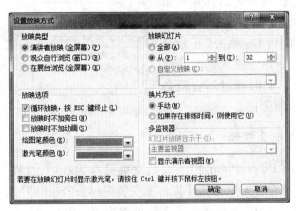

图 5-199　"设置放映方式"对话框

② 排练计时，为了确保演示文稿在实际演示时所需的时间，在"幻灯片放映"选项卡的"设置"组中单击"排练计时"按钮，演示文稿进入放映状态，并弹出"录制"对话框，如

图 5-200 所示。在录制对话框中分别是"下一项"(下一张幻灯片)、"暂停录制"、幻灯片放映时间(当前幻灯片的演示时间)、"重复"(重新开始当前幻灯片的演示排练)、演示文稿开始演示到当前的时间。

图 5-200　演示文稿放映的排练计时

按 Esc 键退出,会弹出确认对话框,如图 5-200 所示。如果单击"是"按钮,将会保留新的幻灯片排练时间,通过"幻灯片浏览视图",可以轻松地查看每张幻灯片在排练时的耗时情况,如图 5-201 所示。

图 5-201　幻灯片浏览视图中的排练耗时

③ 若要录制和播放旁白,必须为计算机配备声卡、麦克风和扬声器。可以先录制幻灯片放映再将其提供给观众,也可以在向观众进行现场演示的同时录制旁白,并录制观众的意见和问题。对幻灯片放映中的录制旁白进行录制和计时和将鼠标转变为激光笔。

在"幻灯片放映"选项卡的"设置"组中单击"录制幻灯片演示"按钮,从下拉菜单中选择"从头开始录制"或"从当前幻灯片开始录制"命令,在弹出的"录制幻灯片演示"对话框中选择要录制的内容,单击"开始录制"按钮,如图 5-202 所示。进入幻灯片放映视图,并开始计时。此时通过语音设备可以对当前幻灯片录制旁白。

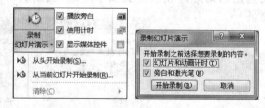

图 5-202　录制幻灯片演示

4. 将演示文稿另存为视频

可以将 Microsoft PowerPoint 2010 演示文稿另存为视频,这样不仅更易于分发,还更易于收件人观看,观看者无须在其计算机上安装 PowerPoint 即可观看。

在 PowerPoint 2010 中,可以将演示文稿另存为 Windows Media 视频(.wmv)文件,这样可以确信自己演示文稿中的动画、旁白和多媒体内容可以顺畅播放,分发时可更加放心。在将演示文稿录制为视频之前,在视频中录制语音旁白和激光笔运动轨迹并进行计时;控制多媒体文件的大小以及视频的质量;在电影中添加动画和切换效果。

保存演示文稿的操作如下：在"文件"选项卡上选择"保存并发送"选项卡。若要显示所有视频质量和大小选项，单击"创建视频"下的"计算机和 HD 显示"下拉箭头，如图 5-203 所示。该项目下包含了 3 个选项。

① "计算机和 HD 显示"：创建质量很高的视频（文件会比较大）。

② "Internet 和 DVD"：创建具有中等文件大小和中等质量的视频。

③ "便携式设备"：创建文件最小的视频（质量低）。

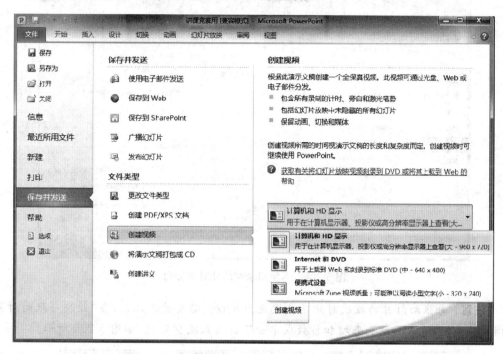

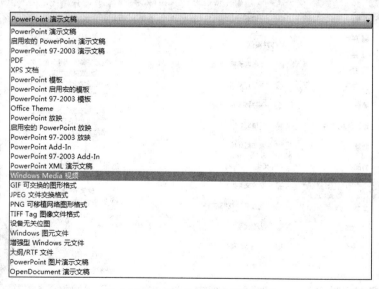

图 5-203　将演示文稿另存为视频

注意：根据演示文稿的大小，创建视频可能需要很长时间。演示文稿越长并且动画、切换效果以及包括的其他媒体越多，需要的时间就越长，在等待时仍然可以使用 PowerPoint 2010。

单击"不要使用录制的计时和旁白"按钮，如果没有录制语音旁白和激光笔运动轨迹并对其进行计时的演示文稿，则选择"不要使用录制的计时和旁白"命令，如图 5-204 所示。

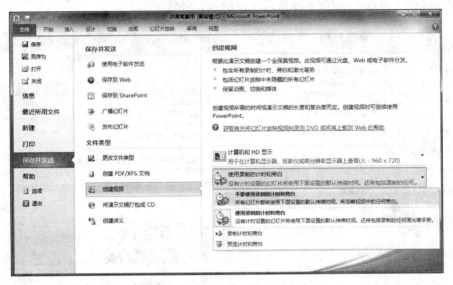

图 5-204　不使用录制的计时和旁白

注意：每张幻灯片的放映时间默认设置为 5 秒。若要更改此值，在"放映每张幻灯片的秒数"右侧，单击上箭头来增加秒数或单击下箭头来减少秒数，如图 5-205 所示。

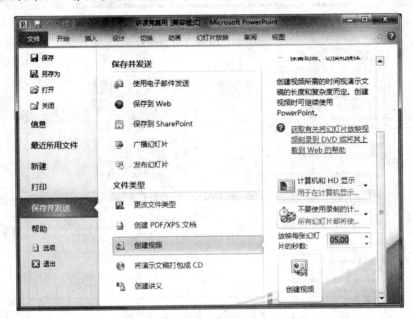

图 5-205　更改每张幻灯片的放映时间

如果录制了旁白和激光笔运动轨迹并对其进行了计时,则选择"使用录制的计时和旁白"命令,单击"创建视频"按钮。

在"文件名"框中,为该视频输入一个文件名,通过浏览找到将包含此文件的文件夹,然后单击"保存"按钮,如图 5-206 所示。可以通过查看屏幕底部的状态栏来跟踪视频创建过程。创建视频可能需要几个小时,具体取决于视频长度和演示文稿的复杂程度。

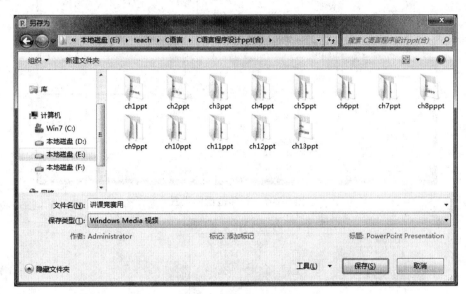

图 5-206　保存视频文件

5. 打印演示文稿

若要打印演示文稿中的幻灯片,在"文件"选项卡中选择"打印"选项卡,在"设置"栏可进行如下设置。

全部:打印所有幻灯片。

当前幻灯片:仅打印当前显示的幻灯片。

幻灯片的自定义范围:按编号打印特定幻灯片,然后输入各幻灯片的列表或范围。

注意:使用逗号将各个编号隔开(无空格)。例如,1,3,5-12,如图 5-207 所示。

整页幻灯片:设置打印的版式,在颜色列表中选择所需设置,如图 5-208 所示。选择完成后,单击"打印"按钮。

6. 创建有效演示文稿的提示

在创建引人注目的演示文稿时请考虑下列提示。

(1) 尽量减少幻灯片数量。要使所传达的信息清楚明白并能吸引观众的注意力使之对其感兴趣,请最大限度地减少演示文稿中的幻灯片数量。

(2) 根据观众的距离选择合适字号。选择最合适的字号有助于传达信息。观众必须能够在一定距离外阅读您的幻灯片。一般来说,观众可能很难看到字号小于 30 的文字。

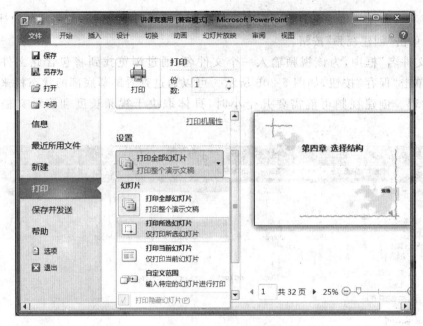

图 5-207 打印范围的设置

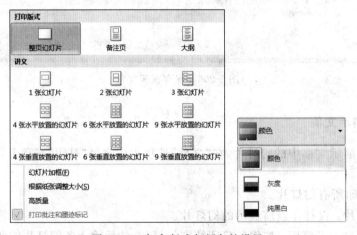

图 5-208 打印版式与颜色的设置

　　(3) 幻灯片文本应保持简单明了。演讲时,希望观众听介绍的信息,而不是阅读屏幕上的信息。使用项目符号或短句,并设法使它们各占一行,某些投影仪在放映时会裁剪掉幻灯片边缘,因此长句可能会被裁剪。

　　(4) 使用视觉效果有助于表达信息。图片、图表、图形和 SmartArt 图形提供的视觉提示可以使观众铭记于心。添加有意义的图画可以补充幻灯片上的文本和信息。不过,与文本一样,应避免在幻灯片上包含太多的视觉帮助。

　　使图表和图形的标签易于理解。

　　使用大小刚好合适的文本使图表或图形中的标签元素易于理解。

　　(5) 应用细微、一致的幻灯片背景。选择一个具有吸引力并且一致但又不太醒目的模板或主题。如若太过醒目,背景或设计分散观众对信息的注意力。

不过,也希望在背景颜色和文本颜色之间形成对比。PowerPoint 2010 中的预设主题可以设置浅色背景与深色文本或者深色背景与浅色文本之间的对比度。

优秀的演示文稿包含简练的幻灯片内容,并通过演示者的肢体语言和论述来加以支持和补充说明。

阅读材料 5

办公软件的发展

1977 年,Apple Ⅱ问世,PC 之火全面燃开。但是真正推动销售的还待一个软件的出现:这就是 Bricklin 开发的电子表格 Visicalc。是 Visicalc 单枪匹马将 Apple Ⅱ从业余爱好者手中的玩具变成了炙手可热的商业工具,从而引发了真正的 PC 革命。有人把这种现象称为是"软件的尾巴摇动了硬件的狗"。的确许多用户仅仅为了使用 Visicalc 而购买 Apple 机,这是计算机历史上破天荒的第一次。

1981 年,IBM PC 上市,PC 成为全球性的革命,而真正推动 PC 销售的也得靠一个关键软件:这就是 1982 年发布的电子表格 Lotus 1-2-3。可以毫不夸张地说,这时的软件已经成为计算机业重要的推动力,也确立了软件业的重要地位。同时,也正是各种通用软件(操作系统和应用软件)的推波助澜,促进了 PC 兼容机的繁荣。

Apple Ⅱ办公软件惨烈一战:微软 VS Lotus。

在 20 世纪 80 年代中期,卡普尔与盖茨是美国软件业的双子星。卡普尔 1982 年创办 Lotus 公司,并担任 CEO。推出个人计算机"杀手级应用"软件 Lotus1-2-3。1985 年,Lotus 员工已达千人,是当时最大的独立软件公司。直到 1988 年 4 月,微软才超过 Lotus,成为头号软件公司。1995 年,Lotus 以 32 亿美元的身价卖给了 IBM。后来,卡普尔发起创办的电子边疆基金会(EFF),称为计算机业的美国公民自由协会(ACLU)。卡普尔也因此成为 20 世纪 80 年代和 90 年代最具影响力的计算机人物之一。

微软 Office 的缔造者、前首席软件设计师西蒙尼回忆到:"我第一次看到 Lotus 1-2-3,我就知道我们遇到麻烦了。"Lotus 1-2-3 的目标是 256KB 内存的计算机,性能多而且运算速度快,Lotus 很快就夺得销量第一,还成为世界上第一个销售超过 100 万套的软件。但意外的是微软 Multiplan 在欧洲取得了成功。

Microsoft Word 是西蒙尼领导开发的第二个应用程序。1983 年 1 月 1 日,微软发布 Word For Dos 1.0,这是一个里程碑式的软件产品。技术非常领先,Word 从底层开始就是为图形界面设计,是第一套可在计算机屏幕上显示粗体,斜体,能显示特殊符号的文字处理软件。支持鼠标和激光打印机,而且 Word 的使用界面和 Multiplan 保持一致,西蒙尼计划出品 Multi 系列产品,还有 MutilFile、MultiChart 等,但市场部觉得名字太长,建议将全部产品改用微软命名,这是极好提议,微软标志显示在每一套软件上。

遗憾的是微软又一次被击败,这一次的对手是 WordPerfect。WordPerfect 通过用户口碑宣传和优良的售后服务,后来居上。WordPerfect 在计算机杂志上的广告是公司一张付给电话公司的影印账单,大笔的电话费说明公司对用户的周到服务。

习题 5

一、选择题

1. 如果用户想保存一个正在编辑的文档,但希望以不同文件名存储,可用( )命令。

   A. 保存 　　　　B. 另存为 　　　　C. 比较 　　　　D. 限制编辑

2. 下面有关 Word 2010 表格功能的说法不正确的是( )。

   A. 可以通过表格工具将表格转换成文本

   B. 表格的单元格中可以插入表格

   C. 表格中可以插入图片

   D. 不能设置表格的边框线

3. 在 Word 中,如果在输入的文字或标点下面出现红色波浪线,表示( ),可用"审阅"功能区中的"拼写和语法"来检查。

   A. 拼写和语法错误 　　　　　　　　B. 句法错误

   C. 系统错误 　　　　　　　　　　　D. 其他错误

4. 在 Word 2010 中,可以通过( )功能区中的"翻译"对文档内容翻译成其他语言。

   A. 开始 　　　　B. 页面布局 　　　　C. 引用 　　　　D. 审阅

5. 给每位家长发送一份《期末成绩通知单》,用( )命令最简便。

   A. 复制 　　　　B. 信封 　　　　C. 标签 　　　　D. 邮件合并

6. 在 Word 2010 中,可以通过( )功能区对不同版本的文档进行比较和合并。

   A. 页面布局 　　　　B. 引用 　　　　C. 审阅 　　　　D. 视图

7. 在 Word 2010 中,可以通过( )功能区对所选内容添加批注。

   A. 插入 　　　　B. 页面布局 　　　　C. 引用 　　　　D. 审阅

8. 在 Word 2010 中,默认保存后的文档格式扩展名为( )。

   A. *.dos 　　　　B. *.docx 　　　　C. *.html 　　　　D. *.txt

9. 在 Excel 2010 中,默认保存后的工作簿格式扩展名是( )。

   A. *.xlsx 　　　　B. *.xls 　　　　C. *.htm 　　　　D. *.xlx

10. 在 Excel 2010 中,可以通过( )功能区对所选单元格进行数据筛选,筛选出符合要求的数据。

    A. 数据 　　　　B. 开始 　　　　C. 插入 　　　　D. 审阅

11. 以下不属于 Excel 2010 中数字分类的是( )。

    A. 常规 　　　　B. 货币 　　　　C. 文本 　　　　D. 条形码

12. Excel 2010 中,打印工作簿时下面的( )表述是错误的。

    A. 一次可以打印整个工作簿

    B. 一次可以打印一个工作簿中的一个或多个工作表

C. 在一个工作表中可以只打印某一页

D. 不能只打印一个工作表中的一个区域位置

13. 在 Excel 2010 中要录入身份证号,数字分类应选择(　　　)格式。

A. 常规　　　　　B. 数字(值)　　　　C. 科学计数　　　　D. 文本

E. 特殊

14. 在 Excel 2010 中要想设置行高、列宽,应选用(　　　)功能区中的"格式"命令。

A. 开始　　　　　B. 插入　　　　　C. 页面布局　　　　D. 视图

15. 在 Excel 2010 中,在(　　　)功能区可进行工作簿视图方式的切换。

A. 开始　　　　　B. 页面布局　　　　C. 审阅　　　　　D. 视图

16. 在 Excel 2010 中套用表格格式后,会出现(　　　)功能区选项卡。

A. 图片工具　　　B. 表格工具　　　C. 绘图工具　　　　D. 其他工具

17. PowerPoint 2010 演示文稿的扩展名是(　　　)。

A. .ppt　　　　　B. .pptx　　　　　C. .xslx　　　　　D. .docx

18. 要进行幻灯片页面设置、主题选择,可以在(　　　)选项卡中操作。

A. 开始　　　　　B. 插入　　　　　C. 视图　　　　　D. 设计

19. 要对幻灯片母版进行设计和修改时,应在(　　　)选项卡中操作。

A. 设计　　　　　B. 审阅　　　　　C. 插入　　　　　D. 视图

20. 从当前幻灯片开始放映幻灯片的快捷键是(　　　)。

A. Shift＋F5　　B. Shift＋F4　　C. Shift＋F3　　D. Shift＋F2

21. 从第一张幻灯片开始放映幻灯片的快捷键是(　　　)。

A. F2　　　　　　B. F3　　　　　　C. F4　　　　　　D. F5

22. 要设置幻灯片中对象的动画效果以及动画的出现方式时,应在(　　　)选项卡中操作。

A. 切换　　　　　B. 动画　　　　　C. 设计　　　　　D. 审阅

23. 要设置幻灯片的切换效果以及切换方式时,应在(　　　)选项卡中操作。

A. 开始　　　　　B. 设计　　　　　C. 切换　　　　　D. 动画

24. 要对幻灯片进行保存、打开、新建、打印等操作时,应在(　　　)选项卡中操作。

A. 文件　　　　　B. 开始　　　　　C. 设计　　　　　D. 审阅

25. 要在幻灯片中插入表格、图片、艺术字、视频、音频等元素时,应在(　　　)选项卡中操作。

A. 文件　　　　　B. 开始　　　　　C. 插入　　　　　D. 设计

26. 要让 PowerPoint 2010 制作的演示文稿在 PowerPoint 2003 中放映,必须将演示文稿的保存类型设置为(　　　)。

A. PowerPoint 演示文稿(＊.pptx)

B. PowerPoint 97-2003 演示文稿(＊.ppt)

C. XPS 文档(＊.xps)

D. Windows Media 视频(＊.wmv)

二、判断题

1. 在 Excel 2010 中,可以更改工作表的名称和位置。（　　）

2. 在 Excel 2010 中只能清除单元格中的内容,不能清除单元格中的格式。（　　）

3. 在 Excel 2010 中,使用筛选功能只显示符合设定条件的数据而隐藏其他数据。（　　）

4. Excel 2010 工作表的数量可根据工作需要作适当增加或减少,并可以进行重命名、设置标签颜色等相应的操作。（　　）

5. Excel 2010 可以通过"Excel 选项"对话框自定义功能区和自定义快速访问工具栏。（　　）

6. 利用 Excel 2010 的"文件"选项卡的"保存并发送"选项卡,只能更改文件类型保存,不能将工作簿保存到 Web 或共享发布。（　　）

7. 要将最近使用的工作簿固定到列表,可打开"最近所用文件",单击想固定的工作簿右边对应的按钮即可。（　　）

8. 在 Excel 2010 中,除在"视图"功能可以进行显示比例调整外,还可以在工作簿右下角的状态栏拖动缩放滑块进行快速设置。（　　）

9. 在 Excel 2010 中,只能设置表格的边框,不能设置单元格边框。（　　）

10. Excel 2010 中不能进行超链接设置。（　　）

11. 在 Excel 2010 中,除可创建空白工作簿外,还可以下载多种 Office.com 中的模板。（　　）

12. 在 Excel 2010 中,只要应用了一种表格格式,就不能对表格格式作更改和清除。（　　）

13. 在 Excel 2010 中,后台"保存自动恢复信息的时间间隔"默认为 10min。（　　）

14. 在 Excel 2010 中当插入图片、剪贴画、屏幕截图后,功能区选项卡就会出现"图片工具|格式"选项卡,打开图片工具功能区面板做相应的设置。（　　）

15. 在 Excel 2010 中设置"页眉和页脚",只能通过单击"插入"选项卡中的按钮来插入页眉和页脚,没有其他的操作方法。（　　）

16. 在 Excel 2010 中只要运用了套用表格格式,就不能消除表格格式,把表格转为原始的普通表格。（　　）

17. 在 Excel 2010 中只能插入和删除行、列,但是不能插入和删除单元格。（　　）

18. PowerPoint 2010 可以直接打开 PowerPoint 2003 制作的演示文稿。（　　）

19. PowerPoint 2010 窗口的功能区中的命令不能进行增加和删除。（　　）

20. PowerPoint 2010 的功能区包括快速访问工具栏、选项卡和工具组。（　　）

21. 在 PowerPoint 2010 的审阅选项卡中可以进行拼写检查、语言翻译、中文简繁体转换等操作。（　　）

22. 在 PowerPoint 2010 的中,"动画刷"工具可以快速设置相同动画。（　　）

23. 在 PowerPoint 2010 的"视图"选项卡中,演示文稿视图有普通视图、幻灯片浏览、

备注页和阅读视图 4 种模式。（　　　）

24. 在 PowerPoint 2010 的设计选项卡中可以进行幻灯片页面设置、主题模板的选择和设计。（　　　）

25. 在 PowerPoint 2010 中可以对插入的视频进行编辑。（　　　）

26. "删除背景"工具是 PowerPoint 2010 中新增的图片编辑功能。（　　　）

27. 在 PowerPoint 2010 中，可以将演示文稿保存为 Windows Media 视频格式。（　　　）

第6章

网络基础与 Internet 应用

电子计算机是 20 世纪人类最伟大、最卓越的发明之一,随后,由于计算机技术和通信技术相互渗透密切结合而产生的计算机网络使计算机的应用功能得到了加强、范围得到了扩展。近年来,随着计算机应用的日渐普及,人们已不再仅仅依赖于单机的工作,而要求计算机之间能够快捷、便利、稳定和安全地进行信息交换,进一步给人们的工作、学习、生活等带来极大的变革。

本章将介绍计算机网络的基本概念、局域网的基本知识及组件技术、Internet 的基本知识以及网页制作的相关技术。

6.1 计算机网络概述

6.1.1 计算机网络的发展

计算机网络最早起源于 20 世纪 50 年代,其发展过程可以划分为 4 个阶段。

1. 萌芽阶段

人们把这种以单个计算机为中心的联机系统称为面向终端的远程联机系统,该系统是计算机网络的雏形,因此也称为面向终端的计算机通信网,如图 6-1 所示。当 1946 年世界上第一台数字电子计算机 ENIAC 在美国诞生时,计算机技术与通信技术并没有直接的联系。因为早期的计算机价格比较昂贵,只有计算中心才可能拥有,为了向多个用户提供服务和提高主机的利用率,需要将地理位置分散的多个终端通过通信线路与主机连接起来形成网络。其典型代表就是 20 世纪 50 年代初,美国为了自身的安全,在美国本土北部和加拿大境内,建立一个半自动地面防空系统 SAGE,进行了计算机技术与通信技术相结合的尝试。但是严格来说,该阶段还不能称之为计算机网络,因为在该计算机网络中,

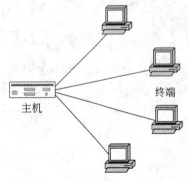

图 6-1　面向终端的计算机网络

终端只能共享主机的资源并不能独立处理数据。

2. 形成阶段

从 20 世纪 60 年代中期开始,出现了多个主机互连的系统,可以实现计算机与计算机之间的通信。第一代计算机网络是面向终端的,各终端通过通信线路只能共享主机的硬件和软件资源。而第二代计算机网络则强调了网络的整体性,用户不仅可以共享与之直接相连的主机的资源,而且还可以通过通信子网共享其他主机或用户的软、硬件资源,如图 6-2 所示。

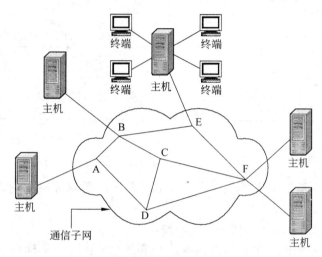

图 6-2　使用通信子网的计算机网络

该阶段的典型代表就是 1969 美国国防部高级研究计划署(Advanced Research Projects Agency,ARPA)建立的 ARPANET,该网络最初只有 4 个结点,以电话线路为主干网络。其主要目的就是将多个大学、公司和研究所的多台主机互连起来。现在得到广泛应用的 Internet 就是由 ARPANET 发展起来的。

3. 标准化阶段

计算机网络发展的第三阶段是加速体系结构与协议国际标准化的研究与应用。20 世纪 70 年代末,国际标准化组织(International Organization for Standardization,ISO)的计算机与信息处理标准化技术委员会成立了一个专门机构,研究和制定网络通信标准,以实现网络体系结构的国际标准化。1984 年 ISO 正式颁布了一个称为"开放系统互连基本参考模型"的国际标准 ISO 7498,简称 OSI RM(Open System Interconnection Basic Reference Model),即著名的 OSI 七层模型。OSI RM 及标准协议的制定和完善大大加速了计算机网络的发展。很多大的计算机厂商相继宣布支持 OSI 标准,并积极研究和开发符合 OSI 标准的产品。

遵循国际标准化协议的计算机网络具有统一的网络体系结构,厂商需按照共同认可的国际标准开发自己的网络产品,从而可保证不同厂商的产品可以在同一个网络中进行通信。这就是"开放"的含义。目前存在着两种占主导地位的网络体系结构：一种是国际标准化组织 ISO 提出的 OSI RM(开放式系统互连参考模型)；另一种是 Internet 所使用的事实上的工业标准 TCP/IP RM(TCP/IP 参考模型)，如表 6-1 所示。

表 6-1 OSI 和 TCP/IP 参考模型

OSI 参考模型	TCP/IP 模型
应用层	应用层：Telnet、SMTP、FTP、DNS
表示层	
会话层	
传输层	传输层：TCP、UDP 协议
网络层	网际层：IP 协议
数据链路层	网络接口层
物理层	

4. 快速发展阶段

从 20 世纪 80 年代末开始，计算机网络技术进入新的发展阶段，其特点是互连、高速和智能化。具体表现如下。

(1) 发展了以 Internet 为代表的互联网。

(2) 发展高速网络：1993 年美国政府公布了"国家信息基础设施"行动计划(NII-National Information Infrastructure)，即信息高速公路计划。这里的"信息高速公路"是指数字化大容量光纤通信网络，用以把政府机构、企业、大学、科研机构和家庭的计算机联网。美国政府又分别于 1996 年和 1997 年开始研究发展更加快速可靠的互联网 2(Internet 2)和下一代互联网(Next Generation Internet)。可以说，网络互联和高速计算机网络正成为最新一代计算机网络的发展方向。

(3) 研究智能网络：随着网络规模的增大与网络服务功能的增多，各国正在开展智能网络 IN(Intelligent Network)的研究，以提高通信网络开发业务的能力，并更加合理地进行网络各种业务的管理，真正以分布和开放的形式向用户提供服务。

智能网的概念是美国于 1984 年提出的，智能网的定义中并没有人们通常理解的"智能"含义，它仅仅是一种"业务网"，目的是提高通信网络开发业务的能力。它的出现引起了世界各国电信部门的关注，国际电联(ITU)在 1988 年开始将其列为研究课题。1992年 ITU-T 正式定义了智能网，制订了一个能快速、方便、灵活、经济、有效地生成和实现各种新业务的体系。该体系的目标是应用于所有的通信网络：即不仅可应用于现有的电话网、N-ISDN 网和分组网，同样适用于移动通信网和 B-ISDN 网。随着时间的推移，智能网络的应用将向更高层次发展。

6.1.2 计算机网络的定义

计算机网络，是指将地理位置不同的具有独立功能的多台计算机及其外部设备，通过通信线路连接起来,在网络操作系统、网络管理软件及网络通信协议的管理和协调下,实现资源共享和信息传递的计算机系统。

通常计算机网络由资源子网和通信子网组成。资源子网由网络中的所有主机、终端、终端控制器、外设(如网络打印机、磁盘阵列等)和各种软件资源组成,负责全网的数据处理和向网络用户(工作站或终端)提供网络资源和服务。通信子网由各种通信设备和线路组成,承担资源子网的数据传输、转接和变换等通信处理工作。

6.1.3 计算机网络的分类

计算机网络的种类很多,根据不同的原则可以得到不同类型的计算机网络。例如,根据传输技术可分为广播式网络和点对点式网络;根据传输介质分类可分为有线网和无线网。其中,最常见的分类方法是根据网络通信涉及的地理范围来分类。

1. 个人区域网

个人区域网(Personal Area Network,PAN)一般在 100m 以内,采用蓝牙、红外等无线连接方式将手机、PDA、数字照相机等设备与计算机相连。

2. 局域网

目前,最常见、应用最广的一种网络就是局域网(Local Area Network,LAN)。随着整个计算机网络技术的发展和提高,几乎每个单位都有自己的局域网,有的甚至家庭中都有自己的小型局域网。

所谓局域网,就是在局部地区范围内的网络,它所覆盖的地区范围较小,一般在几米至十几千米以内,常见于一个办公室、一座建筑物、一个校园、一个企业等。局域网在计算机数量配置上没有太多的限制,少的可以只有两台,多的可达几百台。

局域网的特点主要是,传输距离有限、传输速率高、误码率低、配置容易。IEEE 802标准委员会定义了多种主要的 LAN 网:以太网(Ethernet)、令牌环网(Token Ring)、光纤分布式接口网络(FDDI)、异步传输模式网(ATM)以及最新的无线局域网(WLAN)等。

3. 城域网

城域网(Metropolitan Area Network,MAN)一般来说是在一个城市,但不在同一地理小区范围内的计算机互连。这种网络的连接距离可以在 10~100km,它采用的是IEEE 802.6 标准。MAN 与 LAN 相比扩展的距离更长,连接的计算机数量更多,在地理范围上可以说是 LAN 网络的延伸。在一个大型城市或都市地区,一个 MAN 网络通常连接着多个 LAN 网。如连接政府机构的 LAN、医院的 LAN、电信的 LAN、公司企业的LAN 等等。由于光纤连接的引入,使 MAN 中高速的 LAN 互连成为可能。

城域网多采用 ATM 技术做骨干网。ATM 是一个用于数据、语音、视频以及多媒体应用程序的高速网络传输方法。ATM 包括一个接口和一个协议,该协议能够在一个常规的传输信道上,在比特率不变及变化的通信量之间进行切换。ATM 也包括硬件、软件以及与 ATM 协议标准一致的介质。ATM 提供一个可伸缩的主干基础设施,以便能够适应不同规模、速度以及寻址技术的网络。ATM的最大缺点就是成本太高,所以一般在政府城域网中应用,如邮政、银行、医院等。

4. 广域网

广域网(Wide Area Network,WAN)也称为远程网,所覆盖的范围比城域网(MAN)更广,它一般是在不同城市之间的LAN或者MAN网络互连,地理范围可从几百千米到几千千米。因为距离较远,信息衰减比较严重,所以这种网络一般是要租用专线,通过IMP(接口信息处理)协议和线路连接起来,构成网状结构,解决循径问题。这种网络因为所连接的用户多,总出口带宽有限,所以用户的终端连接速率一般较低、传输误码率较高。但是随着新的光纤标准和能够提供更快传输率的全球光纤通信网络的引入,广域网的速度和可靠性也将大大提高。

6.1.4 计算机网络的体系结构

计算机网络是一个复杂的具有综合性技术的系统,为了允许不同系统实体互连和互操作,不同系统的实体在通信时都必须遵从相互均能接受的规则,这些规则的集合称为协议(Protocol)。系统指计算机、终端和各种设备。实体指各种应用程序、文件传输软件、数据库管理系统、电子邮件系统等。互连指不同计算机能够通过通信子网互相连接起来进行数据通信。互操作指不同的用户能够在通过通信子网连接的计算机上,使用相同的命令或操作,使用其他计算机中的资源与信息,就如同使用本地资源与信息一样。

计算机网络体系结构为不同的计算机之间互连和互操作提供相应的规范和标准。就好像虽然都是桥,但根据结构的不同而分为斜拉桥、拱桥和板桥一样,网络的结构也会根据结构的不同而划分为总线型、星状、环状、树状和网状型。

1. 总线型结构

在总线型(Bus)拓扑结构的网络中,所有计算机都串接在一条电缆上,就好像是在同一条大马路上奔跑的一辆辆汽车(Bus)。在以太网中,由细缆作为传输介质而组建网络(10Base-2),就是一种非常典型的总线型拓扑,如图6-3所示。

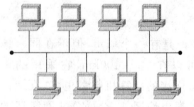

就像每一辆汽车都有一个只属于自己的车牌号码一样,每台计算机的网卡上都有一个特定的MAC地址,用以在网络中标识唯一的结点。MAC地址使得每个结点能够识别出其他计算机发送给它的信息,也能够将信息发给其他某一个具体的结点。

图6-3 总线型拓扑结构

总线型拓扑的网络往往是由一条电缆(通常是同轴电缆)组成一个段(Segment),每个段的两端都带有一个终端反射器(或称之为终端电阻),当网络上的某个站点在传送一条消息时,将发送一个电信号,该电信号从源地点出发,同时沿两个方向向两个终端前进,直到抵达电缆的尽头,并在那里被终端反射器吸收。当信号沿着电缆传送时,电缆上的每台计算机都可以检视该数据,并根据MAC地址判断数据送达的地址与自己的地址是否相同,如果相同,则说明是发给本机的,接收该数据并作出应答;否则,将置之不理。

总线型拓扑结构的优点如下:架设成本低,易安装,易扩充。因此,在早期的以太网中得到了广泛的应用。

总线型拓扑的主要缺点如下。

(1) 故障后果严重,总线型网络上的每个部件的故障,都可能导致整个网络的瘫痪,另外,当一个结点出现问题时,它发出的噪音会使整条总线陷于瘫痪,因此,总线型拓扑不适用于对网络稳定性要求较高的用户。

(2) 故障诊断困难,由于缺乏集中控制机制,因此,故障一旦产生很难具体定位,需要在网络上的各站点一一进行检查,给网络维护带来很大麻烦。

(3) 传输效率低,由于所有通信都需借助于一条线路完成,通信速率和效率受到严重影响,因此,不适用于工作繁忙或计算机数量较多的网络。

2. 星状结构

在星状(Star)拓扑中,所有的计算机均分别通过一根线连接至同一中心设备(如交换机或集线器),中心设备位于网络的中心位置,网络中的计算机都从这一中心点辐射出来,看上去就像是星星放射出的光芒,如图 6-4 所示。这或许就是当初为什么称该种拓扑结构为星状的原因。

由于星状网络中所有的计算机都直接连接到中心设备(交换机或集线器)上,当一台计算机与另外一台计算机进行通信时,都必须经过中心结点。因此,可以在中央结点执行集中传输控制策略。所谓集中传输控制,是指由一个站点来控制整个网络,决定允许哪一个或哪些个站点进行信息传输。集中传输控制使得网络的协调与管理更容易,网络带宽的升级更加简单,但也成为一个潜在的影响网络速度的瓶颈。

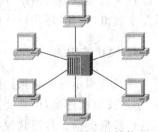

图 6-4　星状拓扑结构

星状拓扑结构的优点如下:易于故障的诊断,网络的稳定性好,易于故障的隔离,易于网络的扩展,易于提高网络传输速率。

星状拓扑结构的缺点如下。

(1) 费用高。由于网络中的每一台计算机都需要由自己的电缆连接到网络集线器,因此,星状拓扑所使用的电缆往往很多。

(2) 布线难。由于每台计算机都有一条专用的电缆,因此,当计算机数量足够多时,如何布线就成为一个令人头痛的问题。

(3) 依赖中央结点。整个网络能否正常运行,在很大程度上取决于集线器是否正常工作,一旦集线器出现故障,则整个网络将立即陷于瘫痪。

然而,尽管星状拓扑费用不菲,但其所具有的优点,使得绝大多数网络设计者仍然对之情有独钟、青睐有加,高昂费用与之所提供的高可靠性在某种程度上得到了平衡。应当说,星状拓扑是目前使用最多的拓扑结构。

3. 环状结构

在环状(Ring)拓扑中,网络中所有的计算机都连接到一个封闭的环路上,如图 6-5 所

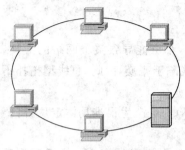

示。环状网络中的信号是由结点的相互传递来实现的,一个信号将依次通过所有的计算机,并最后回到起始计算机。

当网络中的计算机接收传输到的其他计算机发送的信息时,都将对该信息的目标地址与本机地址进行比较,如果与本机地址相同,则接收该信息;如果是发送给另一个结点的,它就将信号重发给下一个结点。由于每个信号都是所有的结点接收并重新发送,因此,传给下一个结点的信号都得到了增益。所以,即使环状网络中

图 6-5 环状拓扑结构图

的结点数量很大时,也不会有信号的衰减。

环状结构的优点如下:结构简单,实时性强。

环状结构的主要缺点如下:可靠性差,任意一个结点或线路的故障都可能引起全网故障,而且故障检测困难。早期的令牌环网就是采用这种结构。

目前,局域网一般不采用环状物理拓扑结构。环状拓扑适用于星状结构无法适用的,跨越较大地理范围的网络,因为一条环可以连接一个城市的几个地点,甚至可以连接跨省的几个城市,因此,环状拓扑更适用于广域网。

4. 树状结构

树状结构是由星状拓扑延伸出来的一种拓扑结构,如图 6-6 所示。它是一种层次结构,结点按层次连接,信息交换主要在上下结点之间进行,相邻结点或同层结点之间一般不进行数据交换。其形状像一棵倒置的树,顶端是树根,树根以下带分支,每个分支还可再带子分支。树状结构具有一定容错能力,一般一个分支和结点的故障不影响另一分支结点的工作,任何一个结点送出的信息都可以传遍整个传输介质,也是广播式网络。

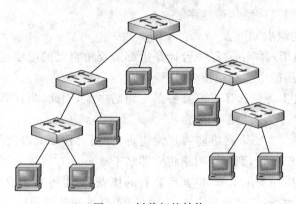

图 6-6 树状拓扑结构

树状结构的优点如下:连接简单,维护方便,易于扩展,故障隔离较容易。

树状结构的主要缺点如下：资源共享能力较低,可靠性不高,任何一个工作站或链路的故障都会影响整个网络的运行,并且各个结点对根的依赖性太大。

5. 网状

网状结构又称作无规则结构,结点之间的联结是任意的,没有规律。每台计算机至少有两条线连接到其他计算机,网络中没有中心设备,如图 6-7 所示。

网状拓扑结构的优点如下：系统可靠性高,比较容易扩展,数据传输时通过路径选择,可以绕过出现故障或者繁忙的结点。

网状拓扑结构的主要缺点如下：结构复杂,连接成本较高,实现困难。目前广域网基本上采用网状拓扑结构。

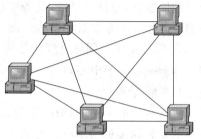

图 6-7　网状拓扑结构

应该指出,在实际组网中,为了符合不同的要求,拓扑结构不一定是单一的,往往都是几种结构的混用。

6.2　局域网基础知识

6.2.1　局域网的组成

如果想自己动手搭建一个局域网,那么透彻了解局域网的组成是一件非常重要的事情。需要注意的是,与计算机千篇一律的构成方式不同,局域网往往需要根据规模和应用的不同,分别采用一些功能与性能各异的网络设备。

1. 局域网硬件设备

就像计算机中不同的主板分别拥有不同的功能一样,局域网设备也在局域网中分别扮演着不同的角色。因此,只有清楚它们各自的功能和作用,才能根据网络建设的实际需要选择相应的设备。

图 6-8　RJ-45 接口的网卡

（1）网卡。网卡也称网络接口卡（Network Interface Card,NIC）,是计算机与局域网相互连接的接口,如图 6-8 所示。就像要输出视频信号就必须安装显卡,输出音频信号就必须安装声卡一样,一台计算机若要连接到局域网,就必须拥有至少一块网卡。

网卡有很多种,不同类型的网络（如以太网、ATM、FDDI、令牌环等）,不同类型的介质（如双绞线、同轴电缆、光纤、无线等）,不同速率的带宽（如 10Mbps、100Mbps、1Gbps 等）,以及不同的应用（如工作站、服务器等）应当分别选用不同的网卡。

（2）传输介质。如果想与其他计算机进行通信,仅仅有一块网卡是不够的,还必须借助于传输介质。常见的传输介质有双绞线、同轴电缆、光纤以及无线传输介质等。

① 双绞线。双绞线类似于普通的相互绞合的电线,由 8 根不同颜色的线分成 4 对绞合在一起,成对扭绞的作用是尽可能减少电磁辐射与外部电磁干扰的影响。按照电缆是否有屏蔽层,大致可分为屏蔽双绞线和非屏蔽双绞线;按照双绞线电气性能的不同,又分为 5 类、超 5 类、6 类和 7 类双绞线等,电缆级别越高可提供的带宽也就越大。屏蔽双绞线电缆性能好,但价格昂贵,设备要求严格,安装也相对非屏蔽类困难。目前,应用最多的是超 5 类和 6 类非屏蔽双绞线。图 6-9 所示为超五类非屏蔽双绞线。

② 同轴电缆。同轴电缆的结构类似于有线电视的铜芯电缆,由一根空心的圆柱网状铜导体和一根位于中心轴线位置的铜导线组成,铜导线、空心圆柱导体和外界之间分别用绝缘材料隔开。

根据直径的不同,同轴电缆分为细缆和粗缆两种,图 6-10 所示为细缆和粗缆。由于粗缆的安装和接头的制作较为复杂,在中小型局域网中已经很少使用。细缆也由于传输速率低,网络稳定性和可维护性差而逐渐被淘汰。

③ 光纤。光纤是指光导纤维,与同轴电缆和双绞线不同的是,光纤是将数据转换成光信号实现通信的。光纤按照发光源的不同可分为单模光纤和多模光纤,多模光纤传输频带窄、传输距离短、成本低,一般用于建筑物内或地理位置相邻的环境;单模光纤传输频带宽、传输距离长、成本较高,通常在建筑物之间或地域分散的环境中使用。光纤具有容量大、传输速率高、传输距离长、抗干扰能力强等优点,不足的是成本高、连接比较困难,但随着光纤设备价格的回落,光纤传输会是未来网络的发展方向,图 6-11 所示为光纤。

图 6-9　双绞线　　　　　图 6-10　同轴电缆　　　　　图 6-11　光纤

④ 无线传输介质。无线网络是以电磁波作为信息的载体,实现计算机相互通信而构成网络的。无线网络无须布线,也不受固定位置的限制,可全方位实现三维立体通信和移动通信。目前常用的无线传输介质有无线电波、微波、红外线、卫星等。

(3) 互连设备。要将多台计算机连接成局域网,除了需要网卡、传输介质外,还需要集线器、交换机、路由器等网络互连设备。

互连设备担当着连接网络中所有设备的重任,它的性能也在很大程度上决定着整个网络的性能,决定着网络中数据的传输速度。

① 集线器(Hub)。集线器是一个将多台计算机连接起来组成一个局域网的设备,主要功能是对接收到的信号进行再生整形放大,以扩大网络的传输距离,同时把所有结点集

中在以它为中心的结点上。常见的集线器有 8 口、16 口、24 口等端口,由于成本较低,在早期的网络中使用较多,现已逐步被交换机取代。

② 交换机(Switch)。交换机与集线器的外观极其相似,但工作方式差别极大。交换机具有的交换技术使其在同一时刻可进行多个端口之间的数据通信,每个端口都是独立的,相互通信的双方独占线路带宽,而集线器是共享线路带宽,图 6-12 所示为 48 口交换机。

③ 路由器(Router)。路由器是连接 Internet 中各局域网、广域网的设备,它会根据信道的情况自动选择和设定路由,以最佳路径、按前后顺序发送信号的设备,如图 6-13 所示。路由器是互联网络的枢纽,有"交通警察"的功能。目前路由器已经广泛应用于各行各业,各种不同档次的产品已成为实现各种骨干网内部连接、骨干网间互连和骨干网与互联网互连互通业务的主力军。

图 6-12　48 口交换机　　　　　　　　　图 6-13　路由器

(4) 计算机设备。

① 服务器。服务器用于向用户提供各种网络服务,如文件服务、Web 服务、FTP 服务、E-mail 服务等。主要是指速度快、容量大,硬件配置好的特殊计算机,以适应繁重的负荷,是整个网络系统的核心。服务器能在网络中提供哪些服务,完全是由服务器安装的应用软件所决定的。

② 客户机。客户机是指在网络中享有服务,并用于直接完成某种工作和任务的计算机。客户端软件建立与服务器的连接,并将用户的请求定向并传送到服务器,共享服务器提供的各种资源和服务。在对等网络中,每一台计算机既是客户机,又是服务器,既享受其他计算机提供的服务、又向其他计算机提供服务。图 6-14 所示为包含以上主要网络设备的综合应用图。

2. 网络操作系统和网络协议

如同计算机只有硬件而没有软件将既不能启动、也无法运行,更无法完成任何工作一样,没有网络操作系统和网络协议的网络,也将无法实现计算机之间彼此的通信,网络设备也只能是装装样子的一堆摆设。

(1) 网络操作系统。网络操作系统(NOS)是网络的心脏和灵魂,是向网络计算机提供服务的特殊的操作系统。根据计算机在局域网中地位的不同,可以将局域网分为对等网络和客户端/服务器(C/S)网络。而计算机在网络中的地位,主要是由网络操作系统来决定的。

所谓对等网络,是指局域网上的每台计算机(也称作结点)都运行一个支持网络连接的、允许其他用户共享文件和外设的操作系统,各计算机在网络中的地位完全相同,每一台计算机都能够平等地享有其他用户资源的权利。当然,在对等网络中,通常也包括一些必需的安全和管理功能。

所谓客户端/服务器网络,是指局域网络中计算机的地位各不相同,有的计算机专门提供各种各样的服务,称为服务器,有的则只能共享其他计算机所提供的资源,称为客户端。服务器运行专用的网络操作系统,如 Windows NT、Windows 2003、Windows Server、NetWare、UNIX、Linux 等。

(2) 网络协议。网络协议用来协调不同的网络设备间的信息交换。网络协议能够建立起一套非常有效的机制,每个设备均可据此识别出来自其他设备的有意义的信息。网络协议就好像是语言规则,无论汉语、英语、法语还是德语,都能够用来很好地进行交流。当然,这需要交谈双方都同时使用一种语言,并遵守相应的语言规则时,彼此之间才能够听得懂。就好像不同的民族大都使用不同的语言规则一样,在不同的网络操作系统中也大都使用不同的网络协议,如 TCP/IP、NetBEUI、IPX/SPX、AppleTalk 等。

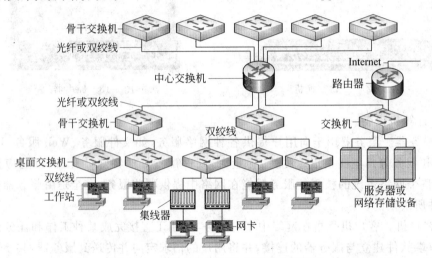

图 6-14　网络中的网络设备综合应用图示

6.2.2　局域网组建案例分析

1. 需求分析

某大学的宿舍现有 4 台计算机,希望在宿舍中组建一个小型的局域网,可以实现共享相互的资源,包括学习资料、电影、软件等,同时还可以几个人一起实现联机游戏。

2. 所需硬件

要组建一个局域网,需要购置一些必备的网络连接设备和线缆,一般局域网应具备的基本条件是,两台以上具有网卡的计算机,计算机之间互相连接的通信介质以及负责数据通信的设备。本例中所需要的硬件主要包括一台路由器或者交换机、一根 RJ-45 接头的 5 类非屏蔽双绞线,为每台计算机配置的网卡或者自带的无线网卡。关于使用路由器、还是交换机连接,可以根据对网络不同的需求和自己的实际情况进行选择。这些硬件设备的作用如下。

(1) 路由器或者交换机。用于连接 4 台计算机,实现计算机间的通信。

(2) 双绞线。用于连接计算机和路由器或者交换机。

(3) 网卡。用于将计算机接入局域网。

3. 网络设备的安装及使用

(1) 网卡。很多时候在购买计算机的时候已经配置了网卡,或者主板上已经集成了网卡,另外,现在很多笔记本上都自带无线网卡,这样就可以直接使用。无线网卡是终端无线网络的设备,是不通过有线连接,采用无线信号进行数据传输的终端。如果在家里或者所在地有无线路由器或者无线 AP 的覆盖,就可以通过无线网卡以无线的方式连接无线网络。

Windows 系统内置了各种常见硬件的驱动程序,因此,一般会自动安装网卡的驱动程序并进行默认的配置。

(2) 双绞线的制作及使用。大多数局域网使用的都是 5 类的非屏蔽双绞线,为了连接计算机和交换机或者路由器,必须在其两端安装 RJ-45 水晶头。双绞线可以购买制作好的也可以自己制作。

双绞线有 EIA/TIA 568A 和 EIA/TIA 568B 两种标准,它们规定了排线顺序。

① EIA/TIA 568A 排线顺序为绿白、绿、橙白、蓝、蓝白、橙、棕白、棕。

② EIA/TIA 568B 排线顺序为橙白、橙、绿白、蓝、蓝白、绿、棕白、棕。

另外,双绞线有正接和反接两种方式,正接用于连接不同类型的设备,反接用于连接相同类型的设备。正接遵循 EIA/TIA 568A 标准,而反接遵循 EIA/TIA 568B 标准。

(3) 交换机或者路由器。选择组网产品的关键是交换机或者路由器问题。将制作好的 5 类非屏蔽双绞线与交换机或者路由器连接起来。

4. 网络连接配置

硬件连接成功后,启动计算机进入 Windows 7 系统。Windows 7 中网络的配置都在"网络和共享中心"窗口中实现。连接好局域网中的相关设备后,还需要在 Windows 7 系统中设置 IP 地址,才能使局域网正常工作,具体操作方法如下。

(1) 打开"控制面板"窗口,单击"网络和 Internet"下的"查看网络状态和任务",如图 6-15 所示。

(2) 打开如图 6-16 所示的"网络和共享中心"窗口,在窗口左侧窗格中单击"更改适配器设置"。

(3) 在打开的"网络连接"窗口中双击"本地连接"图标。弹出"本地连接状态"对话框,即可看到网络的连接状态,单击"属性"按钮,弹出如图 6-17 所示对话框,在对话框中双击"Internet 协议版本 4(TCP/IPv4)"选项,弹出"Internet 协议版本 4(TCP/IPv4)属性"对话框,设置 IP 地址,如图 6-18 所示,输入 IP 地址和子网掩码,单击"确定"按钮即可。

要实现计算机之间的通信,一般需设置几台计算机的 IP 地址在同一段。局域网通常使用保留 IP 地址段来指定计算机的 IP 地址,保留地址的范围是 192.168.0.1~192.168.255.255.有关 IP 地址的详细介绍见后面的第 6.3.2 节。

图 6-15　"控制面板"窗口

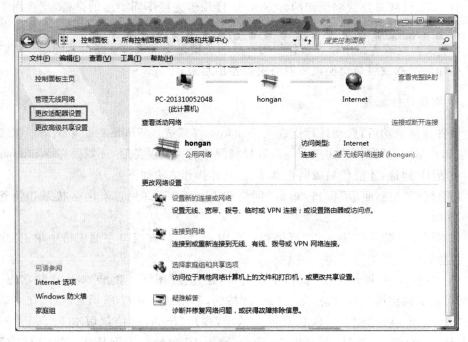

图 6-16　"网络和共享中心"窗口

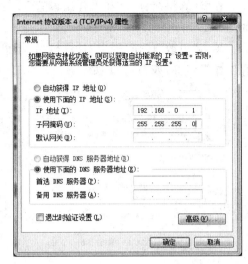

图 6-17　本地连接属性　　　　　　　图 6-18　TCP/IPv4 属性设置

5. 更改计算机标识和工作组

为了使网络上的计算机能相互访问,必须将这些计算机设置为同一工作组,并使每台计算机都有唯一的名称进行标识。

右击桌面上的"计算机"图标,从弹出的快捷菜单中选择"属性"命令,打开"系统"窗口,如图 6-19 所示。

图 6-19　"系统"窗口

在"计算机名称、域和工作组设置"一栏中单击"更改设置",弹出"系统属性"对话框,如图 6-20 所示。

单击"更改"按钮,弹出"计算机名/域更改"对话框,在对应的文本框中输入计算机名和工作组名称,如图 6-21 所示。

图 6-20　"系统属性"对话框

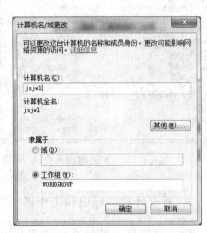

图 6-21　"计算机名/域更改"对话框

6. 设置网络共享资源

当接入局域网后,用户便可以和局域网内的其他用户共享资源,例如常用的软件、文档、图片等。在 Windows 7 资源管理器中或者以其他方式选择要共享的文件夹,在文件夹上右击,从弹出的快捷菜单中选择"属性"菜单项,弹出如图 6-22 所示的"新建文件夹属性"对话框。

选择"共享"选项卡,可以修改共享设置,包括选择和设置文件夹的共享对象和权限,也可以对某一个文件夹的访问进行密码保护设置。

(1) 单击"共享"按钮,弹出"文件共享"对话框,选择或者输入要共享的用户名,如果要使局域网内的其他用户都能使用该资源,则选择或者输入"Everyone",单击"添加"按钮,如图 6-23 所示,并可根据需要设置相应的权限级别。设置好后,单击右下角的"共享"按钮,会提示文件共享成功,如图 6-24 所示。

(2) 单击如图 6-22 所示的"高级共享"按钮,则可创建多个共享,并可设置共享限制用户数量等参数。

另外,相比较以前的 Windows 系统,

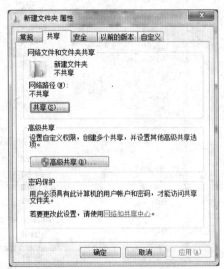

图 6-22　"共享"选项卡

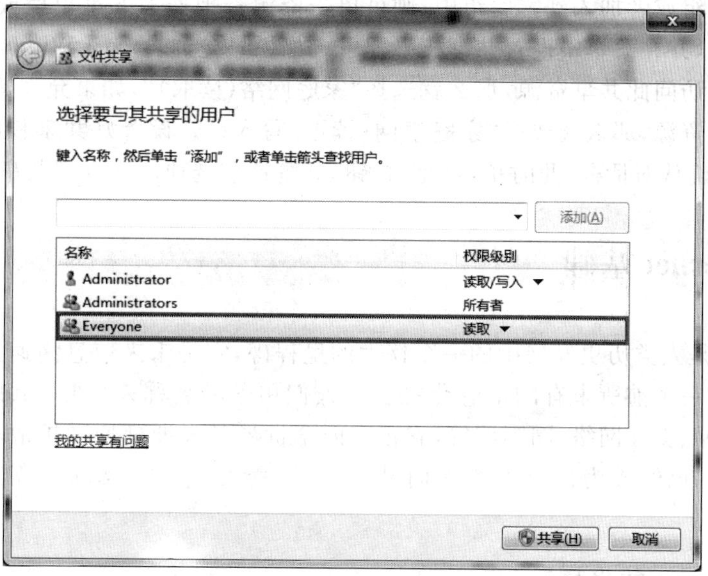

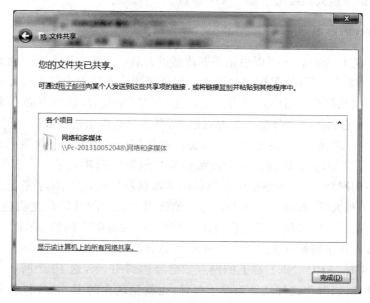

图 6-23　选择共享用户

图 6-24　共享成功

Windows 7 系统的网络和共享中心为用户设置了 3 种不同的位置：家庭网络、工作网络和公用网络，系统会为用户选择的网络位置应用正确的网络设置。设置家庭网络和工作网络，用户可以看到所处局域网中的其他计算机，同时也能被网络中其他计算机看到，但是若设置为"公用网络"，则不能发现其他计算机。例如，在机场等公共场所连网，最好将网络位置设置为"公用网络"。

其中，利用微软提供的全新的名为"家庭组"的功能，可以更简单、有效的实现共享，如果已建立家庭组或者加入到家庭组中,则可单击资源管理器上方菜单栏或者右键快捷菜单中的"共享",并在菜单中设置共享权限即可。如果只允许自己的 Windows 7 家庭网络中其他计算机访问此共享资源,那么就选择"家庭网络(读取)",如果允许其他计算机访问并修改此共享资源,那么就选择"家庭组网(读取/写入)"。设置好共享权限后,Windows 7 会弹出一个确认对话框,此时单击"是"按钮,共享这些选项就完成了共享操作。

6.3 Internet 基础

Internet 是人类历史发展中的一个伟大的里程碑,它是未来信息高速公路的雏形,人类正由此进入一个前所未有的信息化社会。人们用各种名称来称呼 Internet,如国际互联网络、因特网、交互网络、网际网等,它正在向全世界各大洲延伸和扩散,不断增添吸收新的网络成员,已经成为世界上覆盖面最广、规模最大、信息资源最丰富的计算机信息网络。

6.3.1 Internet 的发展

Internet 的发展大致经历了如下 4 个阶段。

1. Internet 的起源

从某种意义上,Internet 可以说是美苏冷战的产物。这样一个庞大的网络,它的由来,可以追溯到 1962 年。当时,美国国防部为了保证美国本土防卫力量和海外防御武装在受到前苏联第一次核打击以后仍然具有一定的生存和反击能力,认为有必要设计出一种分散的指挥系统:它由一个个分散的指挥点组成,当部分指挥点被摧毁后,其他点仍能正常工作,并且这些点之间,能够绕过那些已被摧毁的指挥点而继续保持联系。为了对这一构思进行验证,1969 年,美国国防部国防高级研究计划署资助建立了一个名为 ARPANET(即"阿帕网")的网络,这个网络把位于洛杉矶的加利福尼亚大学、位于圣芭芭拉的加利福尼亚大学、斯坦福大学,以及位于盐湖城的犹他州州立大学的计算机主机连接起来,位于各个结点的大型计算机采用分组交换技术,通过专门的通信交换机(IMP)和专门的通信线路相互连接。这个阿帕网就是 Internet 最早的雏形。

到 1972 年时,ARPANET 网上的网点数已经达到 40 个,这 40 个网点彼此之间可以发送小文本文件(当时称这种文件为电子邮件,也就是现在的 E-mail)和利用文件传输协议发送大文本文件,包括数据文件(即现在 Internet 中的 FTP),同时也发现了通过把一台计算机模拟成另一台远程计算机的一个终端而使用远程计算机上的资源的方法,这种方法被称为 Telnet。由此可看到,E-mail,FTP 和 Telnet 是 Internet 上较早出现的重要工具,特别是 E-mail 仍然是目前 Internet 上最主要的应用。

2. TCP/IP 协议的产生

1972 年,全世界计算机业和通信业的专家学者在美国华盛顿举行了第一届国际计算机通信会议,就在不同的计算机网络之间进行通信达成协议,会议决定成立 Internet 工作组,负责建立一种能保证计算机之间进行通信的标准规范(即"通信协议");1973年,美国国防部也开始研究如何实现各种不同网络之间的互联问题。

至1974年,IP(Internet协议)和TCP(传输控制协议)问世,合称TCP/IP协议。这两个协议定义了一种在计算机网络间传送报文(文件或命令)的方法。随后,美国国防部决定向全世界无条件地免费提供TCP/IP,即向全世界公布解决计算机网络之间通信的核心技术,TCP/IP协议核心技术的公开最终导致了Internet的大发展。

到1980年,世界上既有使用TCP/IP协议的美国军方的ARPA网,也有很多使用其他通信协议的各种网络。为了将这些网络连接起来,美国人温顿·瑟夫(Vinton Cerf)提出一个想法:在每个网络内部各自使用自己的通信协议,在和其他网络通信时使用TCP/IP协议。这个设想最终导致了Internet的诞生,并确立了TCP/IP协议在网络互联方面不可动摇的地位。

3. 网络的"春秋战国"时代

20世纪70年代末到80年代初,可以说是网络的春秋战国时代,各种各样的网络应运而生。当时的ARPANET取得了巨大成功,但没有获得美国联邦机构合同的学校仍不能使用。为解决这一问题,美国国家科学基金会(NSF)开始着手建立提供给各大学计算机系使用的计算机科学网(CSNET)。CSNET是在其他基础网络之上加统一的协议层,形成逻辑上的网络,它使用其他网络提供的通信能力,在用户观点下也是一个独立的网络。CSNET采用集中控制方式,所有信息交换都经过CSNET-Relay(一台中继计算机)进行。

1982年,美国北卡罗来纳州立大学的斯蒂文·贝拉文(Steve Bellovin)创立了著名的集电极通信网络——网络新闻组(Usenet),它允许该网络中任何用户把信息(消息或文章)发送给网上的其他用户,大家可以在网络上就自己所关心的问题和其他人进行讨论。1983年在纽约城市大学也出现了一个以讨论问题为目的的网络——BITNet,在这个网络中,不同的话题被分为不同的组,用户可以根据自己的需求,通过计算机订阅。这个网络后来被称之为Mailing List(电子邮件群);1983年,在美国旧金山还诞生了另一个网络FidoNet(费多网或Fido BBS)即公告牌系统。它的优点在于用户只要有一部计算机、一个调制解调器和一根电话线就可以互相发送电子邮件并讨论问题,这就是后来的Internet BBS。

以上这些网络都相继并入Internet而成为它的一个组成部分,因而Internet成为全世界各种网络的大集合。

4. Internet的基础——NSFNET

Internet的第一次快速发展源于美国国家科学基金会(National Science Foundation, NSF)的介入,即建立NSFNET。

20世纪80年代初,美国一大批科学家呼吁实现全美的计算机和网络资源共享,以改进教育和科研领域的基础设施建设,抵御欧洲和日本先进教育和科技进步的挑战和竞争。

20世纪80年代中期,美国国家科学基金会(NSF)为鼓励大学和研究机构,共享了非常昂贵的 4 台计算机主机,希望各大学、研究所的计算机与这 4 台巨型计算机连接起来。最初 NSF 曾试图使用 ARPANET 作为 NSFNET 的通信干线,但由于 ARPANET 的军用性质,并且受控于政府机构,这个决策没有成功。于是他们决定自己出资,利用 ARPANET 发展出来的 TCP/IP 通信协议,建立名为 NSFNET 的广域网。

1986 年 NSF 投资在美国普林斯顿大学、匹兹堡大学、加州大学圣地亚哥分校、依利诺斯大学和康纳尔大学建立 5 个超级计算中心,并通过 56kbps 的通信线路连接形成 NSFNET 的雏形。1987 年 NSF 公开招标对于 NSFNET 的升级、营运和管理,结果 IBM、MCI 和由多家大学组成的非盈利性机构 Merit 获得 NSF 的合同。1989 年 7 月, NSFNET 的通信线路速度升级到 T1(1.5Mbps),并且连接 13 个骨干结点,采用 MCI 提供的通信线路和 IBM 提供的路由设备,Merit 则负责 NSFNET 的营运和管理。由于 NSF 的鼓励和资助,很多大学、政府资助甚至私营的研究机构纷纷把自己的局域网并入 NSFNET 中。1986—1991 年,NSFNET 的子网从 100 个迅速增加到 3000 多个。 NSFNET 的正式营运以及实现开始真正成为 Internet 的基础。

Internet 在 20 世纪 80 年代的扩张不单带来量的改变,同时也带来某些质的变化。由于多种学术团体、企业研究机构,甚至个人用户的进入,Internet 的使用者不再限于纯计算机专业人员。新的使用者发觉计算机相互间的通信对他们来讲更有吸引力。于是,他们逐步把 Internet 当作一种交流与通信的工具,而不仅仅只是共享 NSF 巨型计算机的运算能力。

6.3.2　IP 地址和域名

1. IP 地址

IP(Internet Protocol,网络之间互连的协议)是为计算机网络相互连接进行通信而设计的协议。在 Internet 中,它规定了计算机在 Internet 上进行通信时应当遵守的规则。任何厂家生产的计算机系统,只要遵守 IP 协议就可以与 Internet 互连互通。正是因为有了 IP 协议,Internet 才得以迅速发展成为世界上最大的、开放的计算机通信网络。因此, IP 协议也可以叫做"Internet 协议"。

IP 地址被用来给 Internet 上的计算机分配一个编号,Internet 上的每台主机(Host)都有一个唯一的 IP 地址。使用这个地址,主机之间才能正常通信,这也是 Internet 能够运行的基础。IP 地址就像是家庭住址一样,如果你要写信给一个人,你就要知道对方的地址,这样邮递员才能把信送到。计算机发送信息就好比是邮递员,它必须知道唯一的"家庭地址"才能不至于把信送错人家。只不过地址使用文字来表示的,计算机的地址用二进制数字表示。

IP 地址的长度为 32 位,通常被分割为 4 段"8 位二进制数",用"点分十进制"表示成诸如(×.×.×.×)的形式,段与段之间用句点隔开。其中,4 段数字范围都是 0～255 的十进制整数。例如,IP 地址(100.4.5.6),实际上是 32 位二进制数(01100100.00000100. 00000101.00000110)。

IP 地址可以视为网络标识号码与主机标识号码两部分,因此 IP 地址可分两部分组成,一部分为网络地址,另一部分为主机地址。其中,网络号的位数直接决定了可以分配的网络数,主机号的位数则决定了网络中最大的主机数。然而,由于整个互联网所包含的网络规模可能比较大,也可能比较小,设计者最后聪明的选择了一种灵活的方案:将 IP 地址空间划分成 A、B、C、D、E 五类不同的类别,每一类具有不同的网络号位数和主机号位数,其中 A、B、C 是基本类,D、E 类作为多播和保留使用,如表 6-2 所示。

表 6-2　IP 地址分类

A 类	0	网络地址(7 位)	主机地址(24 位)
B 类	10	网络地址(14 位)	主机地址(16 位)
C 类	110	网络地址(21 位)	主机地址(8 位)
D 类	1110	广播地址	
E 类	11110	保留	
	←———————————————— 32 位 ————————————————→		

常见的 IP 地址,分为 IPv4 与 IPv6 两大类。由于互联网的蓬勃发展,IP 位址的需求量愈来愈大,使得 IP 位址的发放愈趋严格,各项资料显示全球 IPv4 位址在 2011 年 2 月 3 日已分配完毕。地址空间的不足必将妨碍互联网的进一步发展。为了扩大地址空间,拟通过 IPv6 重新定义地址空间。IPv6 采用 128 位地址长度。在 IPv6 的设计过程中除了一劳永逸地解决了地址短缺问题以外,还考虑了在 IPv4 中解决不好的其他问题。

2. 域名系统

由于 IP 地址是数字标识,使用时难以记忆和书写,因此在 IP 地址的基础上又发展出一种符号化的地址方案来代替数字型的 IP 地址。每一个符号化的地址都与特定的 IP 地址对应,这样网络上的资源访问起来就容易得多了。这个与网络上的数字型 IP 地址相对应的字符型地址,就被称为域名(Domain Name)。

域名通常由 4 个部分组成,各部分之间用小数点分开,域名的层次次序从右向左,依次为顶级域名、二级域名、三级域名等,其格式为:主机名.组织名.组织类型名.国家或地区名。例如,jsjx.tsinghua.edu.cn,表示中国(cn)教育机构(edu)清华大学(tsinghua)校园网上的一台主机(jsjx)。

(1) 顶级域名。顶级域名又分为两类:一是国家顶级域名,200 多个国家都按照 ISO3166 国家代码分配了顶级域名;二是国际顶级域名。表 6-3 列举了 14 个类型名,表 6-4 列举了部分国家或地区的域名。

(2) 二级域名。二级域名是指顶级域名之下的域名,在国际顶级域名下,它是指域名注册者的网上名称,例如 IBM,Yahoo、Microsoft 等;在国家顶级域名下,它是表示注册企业类别的符号,例如 com,edu,gov,net 等。

中国在国际互联网络信息中心(InterNIC)正式注册并运行的顶级域名是 cn,这也是中国的一级域名。在顶级域名之下,中国的二级域名又分为类别域名和行政区域名两类。

类别域名共 6 个,包括用于科研机构的 ac;用于工商金融企业的 com;用于教育机构的 edu;用于政府部门的 gov;用于互联网络信息中心和运行中心的 net;用于非盈利组织的 org。而行政区域名有 34 个,分别对应于中国各省、自治区和直辖市,例如,bj 表示北京市、sh 表示上海市、ha 表示河南省等。

表 6-3 类型名

域名	意 义	域名	意 义	域名	意 义
com	商业类	edu	教育类	gov	政府部门
int	国际机构	mil	军事类	net	网络机构
org	非赢利性组织	arts	文化娱乐	arc	康乐活动
firm	公司企业	info	信息服务	nom	个人
stor	销售单位	web	与 WWW 有关单位		

表 6-4 以国别或地区区分的域名

域	含 义	域	含 义	域	含 义
au	澳大利亚	gb	英国	nl	荷兰
br	巴西	hk	中国香港	nz	新西兰
ca	加拿大	in	印度	pt	葡萄牙
cn	中国	jp	日本	se	瑞典
de	德国	kr	韩国	sg	新加坡
es	西班牙	lu	卢森堡	tw	中国台湾
fr	法国	my	马来西亚	us	美国

(3) 三级域名。三级域名用字母(A~Z,a~z,大小写等)、数字(0~9)和连接符(-)组成,各级域名之间用句点(.)连接,三级域名的长度不能超过 20 个字符。如无特殊原因,建议采用申请者的英文名(或者缩写)或者汉语拼音名(或者缩写)作为三级域名,以保持域名的清晰性和简洁性。

(4) 域名解析。人们习惯记忆域名,但计算机只识别 IP 地址,域名与 IP 地址之间是一一对应的,它们之间的转换工作称为域名解析,域名解析需要由专门的域名解析服务器来完成,整个过程是自动进行的。

6.3.3 Internet 接入方式

根据地区不同,用户能够选择的网络接入方式也不同。在接入网络之前,也要综合考虑费用以及速度等因素,然后从中选择最适合自己的网络接入方式。目前,针对个人用户的 Internet 接入方式有多种,其中常用的有以下几种:

(1) 电话线拨号接入(PSTN)。拨号接入是通过已有电话线,通过安装在计算机上的利用当地运营商提供的接入号码,拨号接入互联网,速率不超过 56kbps。特点是使用方便，只需有效的电话线及自带调制解调器（Modem）的计算机就可完成接入。

运用在一些低速率的网络应用（如网页浏览查询、聊天、E-mail 等），主要适合于临时性接入或无其他宽带接入场所的使用。缺点是速率低，无法实现一些高速率要求的网络服务，其次是费用较高（接入费用由电话通信费和网络使用费组成）。

（2）ISDN。ISDN 俗称"一线通"，它采用数字传输和数字交换技术，将电话、传真、数据、图像等多种业务综合在一个统一的数字网络中进行传输和处理。用户利用一条 ISDN 用户线路，可以在上网的同时拨打电话、收发传真，就像两条电话线一样。ISDN 基本速率接口有两条 64kbps 的信息通路和一条 16kbps 的信令通路。主要适合于普通家庭用户使用。缺点是速率仍然较低，无法实现一些高速率要求的网络服务；其次是费用同样较高（接入费用由电话通信费和网络使用费组成）。

（3）ADSL 接入。在通过本地环路提供数字服务的技术中，最有效的类型之一是数字用户线（Digital Subscriber Line，DSL）技术，是目前运用最广泛的铜线接入方式。ADSL 可直接利用现有的电话线路，通过 ADSL Modem 后进行数字信息传输。理论速率可达到 8Mbps 的下行和 1Mbps 的上行，传输距离可达 4～5km。ADSL2＋速率可达 24Mbps 下行和 1Mbps 上行。另外，最新的 VDSL2 技术可以达到上下行各 100Mbps 的速率。特点是速率稳定、带宽独享、语音数据不干扰等。适用于家庭，个人等用户的大多数网络应用需求，满足一些宽带业务包括 IPTV、视频点播（VoD）、远程教学、可视电话、多媒体检索、LAN 互连、Internet 接入等。

ADSL 技术具有以下一些主要特点：可以充分利用现有的电话线网络，通过在线路两端加装 ADSL 设备便可为用户提供宽带服务；它可以与普通电话线共存于一条电话线上，接听、拨打电话的同时能进行 ADSL 传输，而又互不影响；进行数据传输时不通过电话交换机，这样上网时就不需要缴付额外的电话费，可节省费用；ADSL 的数据传输速率可根据线路的情况进行自动调整，它以"尽力而为"的方式进行数据传输。

（4）HFC（Cable Modem）。HFC 是一种基于有线电视网络铜线资源的接入方式。具有专线上网的连接特点，允许用户通过有线电视网实现高速接入互联网。适用于拥有有线电视网的家庭、个人或中小团体。特点是速率较高，接入方式方便（通过有线电缆传输数据，不需要布线），可实现各类视频服务、高速下载等。缺点在于基于有线电视网络的架构是属于网络资源分享型的，当用户激增时，速率就会下降且不稳定，扩展性不够。

（5）光纤宽带接入。通过光纤接入到小区结点或楼道，再由网线连接到各个共享点上（一般不超过 100m），提供一定区域的高速互连接入。特点是速率高，抗干扰能力强，适用于家庭，个人或各类企事业团体，可以实现各类高速率的互联网应用（视频服务、高速数据传输、远程交互等），缺点是一次性布线成本较高。

（6）无线网络。无线网络是一种有线接入的延伸技术，使用无线射频（RF）技术越空收发数据，减少使用电线连接，因此无线网络系统既可达到建设计算机网络系统的目的，又可让设备自由安排和搬动。在公共开放的场所或者企业内部，无线网络一般会作为已存在的有线网络的一个补充方式，使装有无线网卡的计算机通过无线手段方便接入互联网。

6.3.4　Internet 服务

1. 万维网

万维网（Word Wide Web,WWW）是由欧洲粒子物理实验室（CERN）研制的,将位于全世界 Internet 网上不同地点的相关数据信息有机地编织在一起。WWW 提供友好的信息查询接口,用户仅需要提出查询要求,而到什么地方查询及如何查询则由 WWW 自动完成。因此,WWW 带来的是世界范围的超级文本服务:只要操纵计算机的鼠标器,就可以通过 Internet 从全世界任何地方调来所希望得到的文本、图像（包括活动影像）和声音等信息。另外,WWW 还可提供"传统的"Internet 服务:Telnet、FTP、Gopher 和 Usenet News（Internet 的电子公告牌服务）。通过使用 WWW,一个不熟悉网络使用的人也可以很快成为 Internet 行家。

WWW 与传统的 Internet 信息查询工具 Gopher、WAIS 最大的区别是它展示给用户的是一篇篇文章,而不是那种令人时常费解的菜单说明。因此,用它查询信息具有很强的直观性。

WWW 的成功在于它制定了一套标准的、易为人们掌握的超文本开发语言 HTML、信息资源的统一定位格式 URL 和超文本传送通信协议 HTTP。

2. 信息搜索

Internet 上的信息资源很丰富,丰富得让人有点儿无所适从,尤其是对那些刚刚踏入 Internet 网络世界里的生手,更是令人扑朔迷离,难以理出头绪。有人比喻 Internet 上的信息就如同许多堆杂乱无章的书籍,只是在每堆书籍上列出此堆书籍中涉及的内容及书名,但要找到具体书籍则需自己不辞劳苦地一一查找了。

毋庸置疑,Internet 上众多的信息资源中肯定有所需的信息,若清楚信息的存放地址,通过在线获取这些信息是快捷而便利的,但是主要问题是如何找到这些信息。

3. 电子邮件

电子邮件（E-mail,或 Electronic mail）是指 Internet 上或常规计算机网络上的各个用户之间,通过电子信件的形式进行通信的一种现代邮政通信方式。

电子邮政最初是作为两个人之间进行通信的一种机制来设计的,但目前的电子邮件已扩展到可以与一组用户或与一个计算机程序进行通信。由于计算机能够自动响应电子邮件,任何一台连接 Internet 的计算机都能够通过 E-mail 访问 Internet 服务,并且,一般的 E-mail 软件设计时就考虑到如何访问 Internet 的服务,使得电子邮件成为 Internet 上使用最为广泛的服务之一。

事实上,电子邮件是 Internet 最为基本的功能之一,在浏览器技术产生之前,Internet 网上用户之间的交流大多是通过 E-mail 方式进行的。

4. FTP

文件传输协议（File Transfer Protocol,FTP）是 Internet 文件传送的基础。通过该协

议,用户可以从一个 Internet 主机向另一个 Internet 主机拷贝文件。

FTP 曾经是 Internet 中的一种重要的交流形式。目前,人们常常用它来从远程主机中复制所需的各类软件。与大多数 Internet 服务一样,FTP 也是一个客户机/服务器系统。用户通过一个支持 FTP 协议的客户机程序,连接到在远程主机上的 FTP 服务器程序。用户通过客户机程序向服务器程序发出命令,服务器程序执行用户所发出的命令,并将执行的结果返回到客户机。比如说,用户发出一条命令,要求服务器向用户传送某一个文件的一份副本,服务器会响应这条命令,将指定文件送至用户的计算机上。客户机程序代表用户接收到这个文件,将其存放在用户目录中。

在 FTP 的使用当中,用户经常遇到两个概念:"下载"(Download)和"上载"(Upload)。"下载"文件就是从远程主机复制文件至自己的计算机上;"上载"文件就是将文件从自己的计算机中复制至远程主机上。

5. Telnet

以前,很少有人买得起计算机,更别说买功能强大的计算机了,所以那时的人采用一种叫做 Telnet 的方式来访问 Internet。一旦连接上,他们的计算机就仿佛是这些远程大型计算机上的一个终端,自己就仿佛坐在远程大型计算机的屏幕前一样输入命令,运行大型计算机中的程序。人们把这种将自己的计算机连接到远程计算机的操作方式称为"登录",并称这种登录的技术为 Telnet(远程登录)。

Telnet 是 Internet 的远程登录协议的意思,它让你坐在自己的计算机前通过 Internet 网络登录到另一台远程计算机上,这台计算机可以在隔壁的房间里,也可以在地球的另一端。当登录上远程计算机后,本地计算机就仿佛是远程计算机的一个终端,就可以用自己的计算机直接操纵远程计算机,享受远程计算机本地终端同样的权力,可在远程计算机启动一个交互式程序,可以检索远程计算机的某个数据库,可以利用远程计算机强大的运算能力对某个方程式求解。

6.4 计算机信息安全

随着互联网的日益普及,互联网已经成为世界各国人民沟通的重要工具,人们对互联网的依赖也越来越强。进入 21 世纪以来,以互联网为代表的信息化浪潮席卷世界每个角落,渗透到经济、政治、文化和国防等各个领域,对人们的生产、工作、学习、生活等产生了全面而深刻的影响。然而,伴随着互联网的飞速发展,网络信息安全问题日益突出,互联网上的攻击与破坏事件不胜枚举,如果不加以保护,轻则干扰人们的生活,重则造成严重的经济损失。因此,如何加强网络与信息安全管理,维护互联网各方的根本利益和社会和谐稳定,促进经济社会的持续健康发展,成为人们在信息化时代必须认真解决的一个重大问题。

6.4.1 计算机信息安全威胁

飞速发展的互联网在给社会和公众创造效益、带来方便的同时,也给国家的经济建设和企业发展以及人们的社会生活带来了很多负面影响,诸如病毒入侵、网络欺诈、信息污染、黑客攻击等问题更是给人们带来困扰和危害。

目前,影响计算机网络的因素有很多,其所面临的威胁也来自多个方面,主要威胁有以下几种。

(1) 人为的失误。如操作员安全配置不当造成的安全漏洞,用户安全意识不强,用户口令选择不慎,用户将自己的账号随意转借他人或与别人共享等。

(2) 信息截取。通过信道进行信息的截取,获取机密信息,或通过信息的流量分析,通信频度、长度分析,推出有用信息,这种方式不破坏信息的内容,不易被发现。这种方式是在过去军事对抗、政治对抗和当今经济对抗中最常用的,也是最有效的方式。

(3) 内部窃密和破坏。内部或本系统的人员通过网络窃取机密、泄露或更改信息以及破坏信息系统。据美国联邦调查局的一项调查显示,70%的攻击是从内部发动的,只有30%是从外部攻进来的。

(4) 黑客攻击。黑客已经成为网络安全的最大隐患。例如,2000年2月7至9日,美国著名的雅虎、亚马逊等八大顶级网站接连遭受来历不明的电子攻击,导致服务系统中断,这次攻击给这些网站造成的直接损失达12亿美元,间接经济损失高达10亿美元。

(5) 技术缺陷。由于认识能力和技术发展的局限性,在硬件和软件设计过程中,难免留下技术缺陷,由此可造成网络的安全隐患。其次,网络硬件、软件产品多数依靠进口,如全球90%的微型计算机都装微软的Windows操作系统,许多网络黑客就是通过微软操作系统的漏洞和后门而进入网络的,这方面的报道经常见诸报端。

(6) 病毒。从1988年报道的第一例病毒(蠕虫病毒)侵入美国军方互联网,导致8500台计算机染毒和6500台停机,造成直接经济损失近1亿美元,此后这类事情此起彼伏,从2001年红色代码到2012年的冲击波和震荡波等病毒发作的情况看,计算机病毒感染方式已从单机的被动传播变成了利用网络的主动传播,不仅带来网络的破坏,而且造成网上信息的泄露,特别是在专用网络上,病毒感染已成为网络安全的严重威胁。

6.4.2 计算机病毒及其特征

1. 计算机病毒定义

"计算机病毒"(Computer Virus)在《中华人民共和国计算机信息系统安全保护条例》中被明确定义。病毒指"编制者在计算机程序中插入的破坏计算机功能或者破坏数据,影响计算机使用并且能够自我复制的一组计算机指令或者程序代码"。

与医学上的"病毒"不同,计算机病毒不是天然存在的,是某些人利用计算机软件和硬件所固有的脆弱性编制的一组指令集或程序代码。它能通过某种途径潜伏在计算机的存储介质(或程序)里,当达到某种条件时即被激活,通过修改其他程序的方法将自己精确复制或者可能演化的形式放入其他程序中,从而感染其他程序,对计算机资源进行破坏。

2. 计算机病毒的特征

(1) 繁殖性。计算机病毒可以像生物病毒一样进行繁殖,当正常程序运行的时候,它也进行自身复制,是否具有繁殖、感染的特征是判断某段程序为计算机病毒的首要条件。

(2)破坏性。计算机中毒后,可能会导致正常的程序无法运行,把计算机内的文件删除或受到不同程度的损坏。通常表现为增加、删除、修改或者移动相关的文件或者数据信息。

(3)传染性。传染性是病毒的基本特征。计算机病毒不但本身具有破坏性,更有害的是具有传染性,一旦病毒被复制或产生变种,其速度之快令人难以预防。在生物界,病毒通过传染从一个生物体扩散到另一个生物体。在适当的条件下,它可得到大量繁殖,并使被感染的生物体表现出病症甚至死亡。同样,计算机病毒也会通过各种渠道从已被感染的计算机扩散到未被感染的计算机,在某些情况下造成被感染的计算机工作失常甚至瘫痪。与生物病毒不同的是,计算机病毒是一段人为编制的计算机程序代码,这段程序代码一旦进入计算机并得以执行,它就会搜寻其他符合其传染条件的程序或存储介质,确定目标后再将自身代码插入其中,达到自我繁殖的目的。只要一台计算机染毒,如不及时处理,那么病毒会在这台计算机上迅速扩散,计算机病毒可通过各种可能的渠道,例如硬盘、移动硬盘、U盘、计算机网络去传染其他的计算机。是否具有传染性是判别一个程序是否为计算机病毒的最重要条件。

(4)潜伏性。有些病毒像定时炸弹一样,让它什么时间发作是预先设计好的。比如黑色星期五病毒,不到预定时间一点都觉察不出来,等到条件具备的时候一下子就爆炸开来,对系统进行破坏。一个编制精巧的计算机病毒程序,进入系统之后一般不会马上发作,因此病毒可以静静地躲在磁盘或磁带里呆上几天,甚至几年,一旦时机成熟,得到运行机会,就会四处繁殖、扩散,持续危害。潜伏性的第二种表现是指,计算机病毒的内部往往有一种触发机制,不满足触发条件时,计算机病毒除了传染外不做什么破坏。触发条件一旦得到满足,有的在屏幕上显示信息、图形或特殊标识,有的则执行破坏系统的操作,如格式化磁盘、删除磁盘文件、对数据文件做加密、封锁键盘以及使系统死锁等。

(5)隐蔽性。计算机病毒具有很强的隐蔽性,有的可以通过病毒软件检查出来,有的根本就查不出来,有的时隐时现、变化无常,这类病毒处理起来通常很困难。

(6)可触发性。病毒因某个事件或数值的出现,诱使病毒实施感染或进行攻击的特性称为可触发性。为了隐蔽自己,病毒必须潜伏,少做动作。如果完全不动,一直潜伏的话,病毒既不能感染也不能进行破坏,便失去了杀伤力。病毒既要隐蔽又要维持杀伤力,它必须具有可触发性。病毒的触发机制就是用来控制感染和破坏动作的频率的。病毒具有预定的触发条件,这些条件可能是时间、日期、文件类型或某些特定数据等。病毒运行时,触发机制检查预定条件是否满足,如果满足,启动感染或破坏动作,使病毒进行感染或攻击;如果不满足,使病毒继续潜伏。

6.4.3　计算机病毒的预防

提高系统的安全性是防病毒的一个重要方面,但完美的系统是不存在的,过于强调提高系统的安全性将使系统多数时间用于病毒检查,这样将会使系统失去可用性、实用性和易用性,另一方面,信息保密的要求让人们在泄密和抓住病毒之间无法选择。为此,加强内部网络管理人员以及使用人员的安全意识,才是防病毒过程中,最容易和最经济的方法之一。另外,安装杀毒软件并定期更新也是预防病毒的重中之重。预防病毒还需要注意以下问题。

(1) 注意对系统文件、重要可执行文件和数据进行写保护。

(2) 不使用来历不明的程序或数据。

(3) 不轻易打开来历不明的电子邮件。

(4) 使用新的计算机系统或软件时,要先杀毒后使用。

(5) 备份系统和参数,建立系统的应急计划等。

(6) 必要的时候专机专用。

(7) 安装并及时更新杀毒软件。

(8) 分类管理数据。

6.5 网页制作基础

Dreamweaver(简称 DW)是美国 Macromedia 公司开发的集网页制作和管理网站于一身的所见即所得网页编辑器,是第一套针对专业网页设计师特别发展的视觉化网页开发工具,利用它可以轻而易举地制作出跨越平台限制和跨越浏览器限制的充满动感的网页。Dreamweaver 现已被全球最大的图像编辑软件供应商,美国的 Adobe 公司收购,因此被称为 Adobe Dreamweaver。

6.5.1 网页制作基础知识

一个完整的网站一般是由一组具有相关主题、类似设计的网页文件和资源组成的。这些网页文件以及资源通常都需要保存在同一个总文件夹下,构成一个完整的 Web 站点,这个总文件夹也就是该站点的根目录。要创建一个新的网站,首先要使用Dreamweaver 来定义一个本地站点,定义站点可以更好地对站点中的文件进行管理,减少错误的发生。

1. 定义本地站点

(1) 选择"开始"|"所有程序"| Adobe Dreamweaver CS4 菜单命令,启动Dreamweaver CS4 软件,弹出欢迎界面。

(2) 在 Dreamweaver 工作环境下,选择"站点"|"新建站点"命令,或者启动Dreamweaver 时在欢迎界面中单击"Dreamweaver 站点"按钮,弹出"站点定义"向导的第一个界面,要求输入站点的名字。这里将站点的名字命名为"web",如图 6-25 所示。

(3) 单击"下一步"按钮,出现"站点定义"向导的第二个界面,询问是否要使用服务器技术,如图 6-26 所示,这里"否,我不想使用服务器技术",因为目前要建立的网站不采用数据库技术,只是一个静态网站,不需要动态页面。

(4) 单击"下一步"按钮,出现"站点定义"向导的第三个界面,询问如何使用文件以及

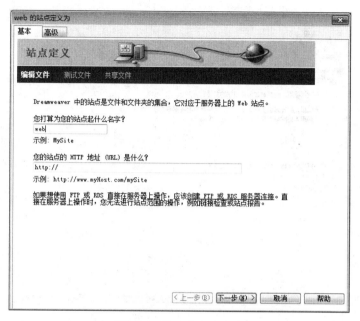

图 6-25　输入站点的名字

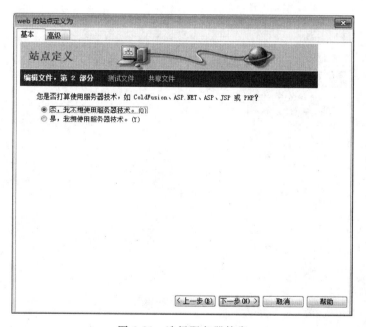

图 6-26　选择服务器技术

在计算机中存储文件的位置,如图 6-27 所示,作为初学者,这里选择"编辑我的计算机上的本地副本,完成后再上传到服务器(推荐)"。在计算机中存储文件的位置中输入"E:\web\",表示该站点的网页将保存在计算机的 E 盘中的 Web 文件夹下。

(5)单击"下一步"按钮,出现"站点定义"向导的第 4 个界面,询问如何连接到远程服务器,这里选择"无",如图 6-28 所示。

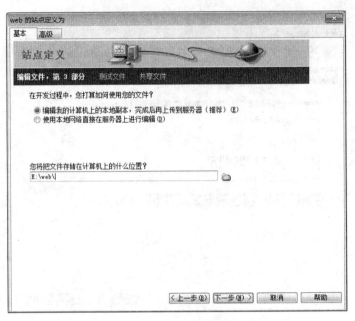

图 6-27　选择文件存储位置

图 6-28　选择如何连接到远程服务器

　　(6) 单击"下一步"按钮,出现"站点定义"向导的总结界面,显示站点的相关信息,如图 6-29 所示。

　　(7) 单击"完成"按钮,表示已经新建了一个站点,定义了站点的本地根文件夹,同时,在"文件"面板中显示出了刚刚新建的站点的名称和本地存储位置如图 6-30 所示。下面就可以开始创建网页了。

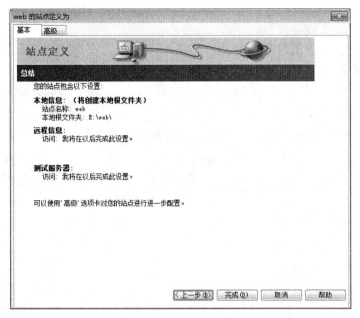

图 6-29　总结界面

图 6-30　"文件"面板

2. 新建空白网页

选择"文件"|"新建"命令,打开"新建文档"对话框,如图 6-31 所示,在"新建文档"对话框中选择"空白页"|HTML,单击"创建"按钮即可创建一个新的空白网页。另外,按 Ctrl+N 键也可新建文档。

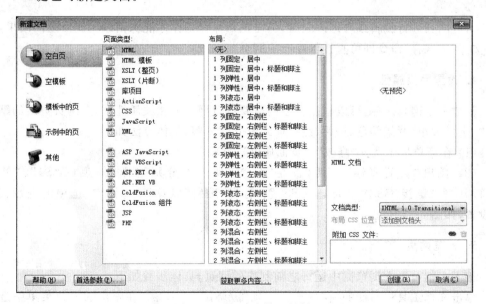

图 6-31　"新建文档"对话框

3. 保存网页

页面编辑完成后,需要把之前的页面保存下来,具体方法如下。

(1) 选择"文件"|"保存"命令。

(2) 由于是新建文档,因此弹出"另存为"对话框,输入名称"index.html",同时选择保存路径,即可在对应路径中生成 HTML 文件,如图 6-32 所示。

图 6-32 "另存为"对话框

当对网页进行编辑或者修改之后,仍需执行保存操作才能保留编辑或修改的结果,选择"文件"|"保存"命令即可直接保存当前网页。

4. 设置网页属性

新建一个网页之后,可以根据自己的需要设置网页的相关属性,指定网页页面的默认字体、字号大小、背景颜色、边距、链接样式及其他内容,具体方法如下。

(1) 在菜单栏中选择"修改"|"页面属性"命令。

(2) 弹出"页面属性"对话框,在"分类"列表中分别选择"外观(CSS)"、"外观(HTML)"、"链接(CSS)"、"标题(CSS)"、"标题/编码"以及"跟踪图像"选项卡进行相应的设置,如图 6-33 所示。

5. 浏览网页

接下来就可以在浏览器中运行之前制作的网页,具体步骤如下。

单击文档工具栏右侧的"在浏览器上预览/调试"按钮，在弹出的下拉菜单中选择浏览器类型,或者选择"文件"|"在浏览器中浏览"命令,选择浏览器类型,即可打开浏览器预览网页。

图 6-33 "页面属性"对话框

如果是新建文档,并且没有保存该页面,则弹出"另存为"对话框,输入名称"index.html",同时选择保存路径,即可在对应路径中生成 HTML 文件。

6. 关闭网页

(1) 关闭一个文档。在菜单栏中选择"文件"|"关闭"命令,或按 Ctrl＋W 键关闭文档。

(2) 关闭所有文档。有时为了节省时间,要一次性将所有在工作界面打开的文档全部关闭,可以在菜单栏中选择"文件"|"全部关闭"命令,或按 Ctrl＋Shift＋W 键。

6.5.2 网页制作实例

1. 创建新的网页

(1) 创建站点。首先,创建本地站点,并且将站点的名称命名为"web",文件的存储位置为"E:\web\"。

(2) 创建空白网页。

① 选择"文件"|"新建文档"命令,弹出"新建文档"对话框。

② 在"新建文档"对话框中,选择"空白页"|HTML,布局选择"无",单击"创建"按钮。

(3) 保存网页文档。

① 在菜单栏中选择"文件"|"保存"命令。

② 在弹出的"另存为"对话框中输入名称"index.html",同时选择保存路径,这里选择保存在"E:\web"文件夹下,单击"保存"按钮即可在对应路径中生成 HTML 文件。

(4) 编辑网页。

① 选择"文档"工具栏中的"拆分"或者"设计"视图,这里选择"设计"视图。

② 将光标移到文档窗口,输入一段文字"这是我的第一个网页",作为网页的显示内容,如图 6-34 所示。

图 6-34　输入文字

③ 选中该行文字,在属性面板中单击 **B** 按钮,将这行文本加粗突出显示。根据需要还可通过属性面板中的"页面属性"或者"格式菜单"对文本进行其他设置。

(5)浏览网页。单击文档工具栏右侧的"在浏览器上预览/调试"按钮 ,在弹出的下拉菜单中选择浏览器类型,这里选择"预览在 IExplore",如图 6-35 所示,即可打开浏览器预览网页,如图 6-36 所示。

图 6-35　选择浏览器类型

图 6-36　网页显示效果

2. 处理网页中的基本元素

为站点 web 添加文本,并将标题"自我介绍"、"参加课外活动"、"社会服务"设置为"华文行楷"、"20 号"、"红色"、"居中对齐";将"自我介绍"、"参加课外活动"、"社会服务"所对应内容的文本设置为"楷体"、"16 号"、"黑色"。文本内容如下:

自我介绍

大家好,我叫王伟,是一名在校大学生。大学四年生活,即将结束,一个新开始即将来到,等待我的是新的挑战。大学四年是我思想、知识结构及心理、生长成熟的四年。在大学期间,我自己认真学习专业技能,所以我掌握了较强的专业知识,并把理论知识运用到实践中去,期末总评成绩名列年级前茅,获得优秀学生奖学金二等、三等各两次,荣获校级三好学生称号。我所学专业是计算机,在熟练掌握各种基本软件的使用及硬件维护过程中,有独特的经验总结。顺利通过国家计算机三级考试。同时,我发扬团队精神,帮助其他同学,把自己好的学习经验无私的介绍给其他同学,共同发展,共同进步。

参加课外活动

在个人爱好的引领下,入校我便参加了校书画协会,由干事到副会长,这是对我的付出与努力的肯定。组织开展一系列活动丰富校园生活,被评选为优秀学生社团。所组织的跨校联谊活动,达到预期目的,受到师生首肯,个人被评为现场书画大赛优秀领队。静如处子,动如脱兔,181cm的身高和出众的球技,使我登上球场后,成为系篮球队主力小前锋,与队友一起挥汗,品味胜利。文武兼备,则是我大学生活的一重要感悟。此外,在担任班团支书和辅导员助理期间积极,为同学服务,表现出色,贡献卓越荣,获校级优秀学生干部称号。去年,我以优异的成绩与表现,光荣地加入了中国共产党。加入这个先进的团体,是我人生的一次升华。

社会服务

在保先教育中,我更是严格要求自己,带领身边同学,一起进步。曾获精神文明先进个人称号。在参加义务献血后,让我更加懂得珍惜生命,热爱生活。假期中,我根据专业特长,在计算机公司参加社会实践,这对我的经验积累起到了极其重要的作用。考取了机动车驾驶执照(C型)。对即将步入社会的我,充满了信心。

(1)设置标题文本。

① 选择标题"自我介绍",在"属性"面板中单击CSS按钮,切换到CSS面板,从"目标规则"列表中选择"新CSS规则"选项,并单击"编辑规则"按钮,则弹出"新建CSS规则"对话框,在"选择器名称"中输入要定义的CSS样式的名称,这里输入"标题",单击"确定"按钮,将弹出"标题的CSS规则定义"对话框,在"分类"列表下的"类型"中设置字体为"华文行楷"、大小为"20"、颜色为"红色",在"区块"中设置对齐方式为"居中(center)",如图6-37所示,设置好后单击"确定"即可。

② 分别选择"参加课外活动"、"社会服务"标题,选择"目标规则"中的"标题"选项。

(2)设置正文字体。

① 选择"自我介绍"对应的文本,按照标题中创建新的CSS规则,这里将输入器的名字命名为"正文",将"分类"列表中的"类型"中字体设置为"楷体",大小设置为"16",颜色设置为"黑色"。

② 分别选择"参加课外活动"、"社会服务"所对应的文本,选择"目标规则"中的"正文"选项。

(3)在主页中加入2条水平线,用以分隔三部分的文本内容。将光标分别定位在第一段、第二段正文的最后,选择"插入"|HTML|"水平线"命令即可。

(4)将该网页的背景设置为图片文件bj.jpg。

① 在"文件"面板中的web文件夹上右击,从弹出的快捷菜单中选择"新建文件夹"命令,则在web文件夹下新建了一个文件夹。在光标位置处输入文件夹的名称images,按下Enter键确认。

② 在"属性"面板中单击"页面属性"按钮,在弹出的"页面属性"对话框中选择"外观(HTML)"分类,单击"背景图像"文本框右侧的"浏览"按钮,选择bj.jpg图片,因为这里

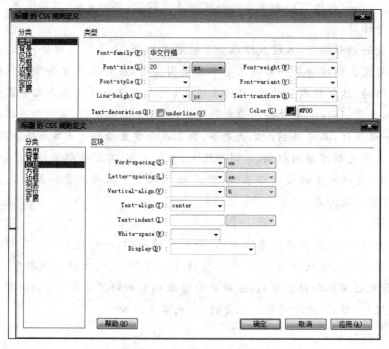

图 6-37　设置标题文字

建站前期没有将图像规划在站点之内，所以弹出一个提示框，提示用户将图像复制到站点中。单击"是"即可插入背景图片。

（5）在网页中插入 Flash 动画。

① 将 Flash 动画 hudie.swf 保存到 images 文件夹中。

② 将鼠标定位在网页顶部需要插入动画的位置，选择"插入"|"媒体"|SWF 命令。

③ 弹出"选择文件"对话框，选择需要插入的 Flash 文件，单击"确定"按钮后将会在网页中插入动画，插入的动画并不会在文档窗口中显示内容，而是以一个带有字母 F 的灰色框来表示，如图 6-38 所示。

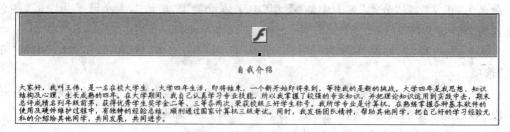

图 6-38　插入 Flash 动画

④ 选中 Flash 文件，在"属性"面板中设置选中"循环"、"自动播放"复选框，设置 wmode 的值为透明，如图 6-39 所示。

（6）在网页右侧插入鼠标经过图像。

① 将图像 Dreay24.jpg 和 Dreay21.jpg 保存到 images 文件夹中。

图 6-39　设置 Flash 动画属性

② 将鼠标定位在需要插入图像的位置,选择"插入"|"图像对象"|"鼠标经过图像"命令。

③ 弹出"插入鼠标经过图像"对话框,在"原始图像"和"鼠标经过图像"文本框中分别选择对应的图像,单击"确定"按钮完成设置。

④ 选中图像,在"属性"面板中设置"水平边距"、"垂直边距"分别为"60"、"0","对齐"为"右对齐"。

最终完成的效果图如图 6-40 所示。

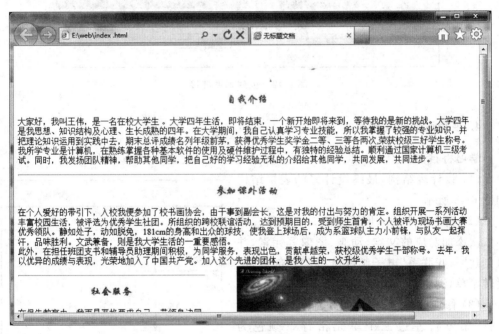

图 6-40　最终效果

3. 设置超链接

(1) 在 web 页中创建链接,实现由 web 页面向 journal. htm 页面的跳转。

① 在 web 页面顶部添加一图像 1. jpg,并选中该图像。

② 在"属性"面板中的"链接"文本框中输入被链接文件的路径 journal. htm,在"目标"下拉菜单中选择_parent 选项,如图 6-41 所示。

(2) 在 web 页右侧创建"与我联系"的电子邮件的链接。

① 在 web 页面右侧添加文本"与我联系",并选中该文本。

图 6-41　创建内部链接

② 在"属性"面板中的"链接"文本框中输入邮件地址"maito：wangwei@126.com"，在"目标"下拉菜单中选择_parent 选项，如图 6-42 所示。

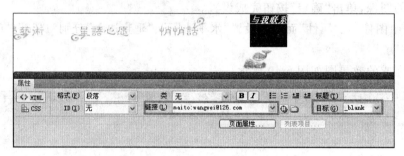

图 6-42　创建邮件链接

4. 使用表格布局网页

学习将自己的主页 index. htm 用表格来进行布局规划，具体步骤如下。

（1）设计表结构，最终设计好的表格结构如图 6-43 所示。

（2）在表格中插入网页元素。在各单元格中依次添加对应的文本、动画、图像等元素，并且创建"与我联系"电子邮件链接、"外部链接"跳转菜单，浏览效果如图 6-44 所示。

（3）修饰表格，美化网页页面，设置表格第一行、第三行左边三个单元格背景颜色为 #cdcf7a，第二行背景颜色设为 #af8d32，第四行设为 #9d9d44，表格边框设为 1，最后浏览效果如图 6-45 所示。

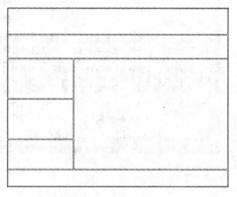

图 6-43　设计好的表结构

5. 使用层布局网页

学习在主页顶部使用层添加一行文字"伟仔部落格"。

（1）单击"插入"工具栏"布局"选项中的"绘制 AP Div"按钮。

（2）当光标变为十字形状时，将光标移到主页顶部右侧区域，单击鼠标左键，按住不放拖动，绘制出一个矩形区域的层。

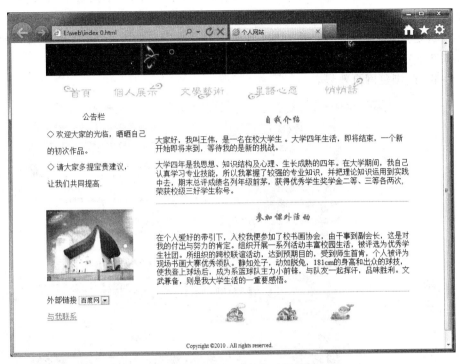

图 6-44　添加网页元素后的效果

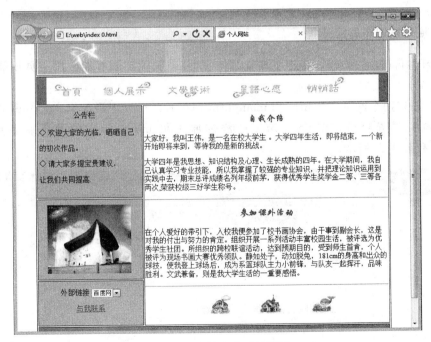

图 6-45　修饰表格后的效果

（3）将光标移入层内，输入文字"伟仔部落格"，设置字体为"华文行楷"、大小"40"、颜色为白色。

（4）选定层，当出现 6 个小手柄时，拖动小手柄改变层的大小，并将层移动到合适的位置，如图 6-46 所示。

（5）保存，浏览网页效果。

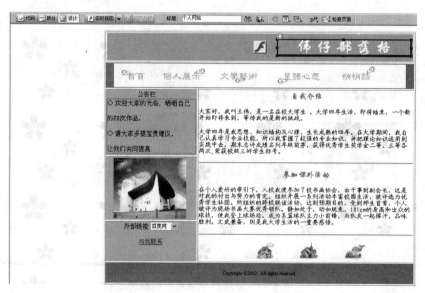

图 6-46 移动层到合适的位置

6. 使用框架布局网页

学习将自己的主页制作成上下框架结构页面，使其他页面都能使用主页顶部的动画和导航部分。

（1）新建两个网页 top.htm 和 main.htm 并在 top.htm 中添加原主页 index.htm 顶部的动画和导航部分，在 main.htm 中添加原主页 index.htm 的其他剩余部分，如图 6-47 和图 6-48 所示。

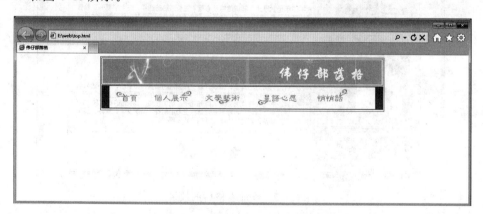

图 6-47 top.htm 网页

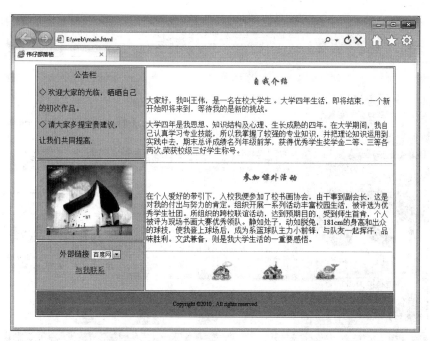

图 6-48　main.htm 网页

（2）新建 index1.htm 网页，将光标定位在当前窗口中。

（3）在"插入"工具栏的"布局"类别中单击"框架"按钮，在弹出的下拉菜单中选择"顶部框架"，就创建了框架集。

（4）设置框架集和框架属性。选中框架集，在"属性"面板中，选中"行列选定范围"的上部，在"行"文本框中输入"142"像素，其他采用默认值。选中顶框架，在"属性"面板中的"源文件"文本框中输入"file:///E|/web/top.html"、"滚动"为"否"、"边框"为"否"，勾选"不能调整大小"，"边界宽度"和"边界高度"都为"0"，如图 6-49 所示。

图 6-49　设置顶部框架属性

选中主框架，在"属性"面板中的"源文件"文本框中输入"main.htm"、"滚动"为"自动"、"边框"为"否"，勾选"不能调整大小"，"边界宽度"和"边界高度"都为"0"。设置好后如图 6-50 所示。

（5）选择"文件"|"保存全部"命令，对当前框架及框架集进行保存。

7. 使用模板

以 index.htm 为模板，创建新的页面。

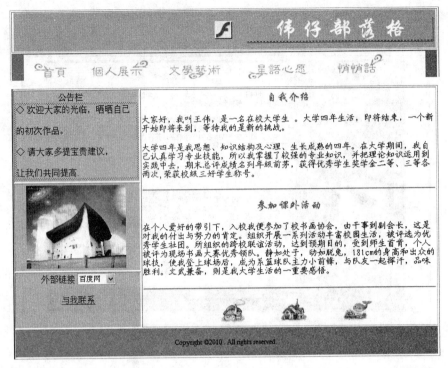

图 6-50　设置好框架属性的页面

（1）将 index. htm 网页创建为模板 index. dwt。

（2）新建网页文件 index2. htm。

（3）打开"资源"面板，单击"资源"面板左侧的"模板"按钮，在模板列表中选择模板文档 index. dwt，单击左下角的"应用"按钮，即可将该模板应用到网页 index2. htm 中。

（4）在模板 index. dwt 定义的可编辑区域直接将内容"自我介绍"、"参加课外活动"删除掉，添加新的文本内容。

（5）保存浏览网页效果。

8. 行为的使用

当打开个人网站中的主页时，实现弹出一个网页窗口的效果，如图 6-51 所示，具体步骤如下。

（1）制作用于弹出的网页，这里创建一个新的网页，命名为"huanying. htm"。

（2）打开个人网站的主页 index. htm，在文档的空白处单击鼠标，即选择整个网页作为事件对象。

（3）单击"行为"面板中的"添加行为"按钮 **+.**，从弹出的下拉菜单中选择"打开浏览器窗口"，弹出"打开浏览器窗口"对话框，输入各项内容，如图 6-52 所示。单击"确定"按钮。

（4）在"行为"面板"事件"栏中将事件调整为 onLoad。

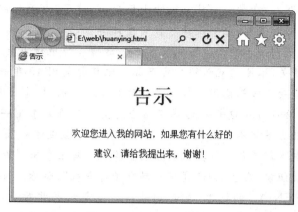

图 6-51　用于弹出的网页

图 6-52　设置"打开浏览器窗口"对话框

阅读材料 6

埃克特—莫契利计算机公司

全世界大大小小的计算机公司,构成了业界一道亮丽的风景线,IBM、康柏、苹果、惠普……,这些世界级名牌企业的大名,人们早已耳熟能详;然而,究竟是谁创办了世界上第一家商业计算机公司,从而迈出计算机产业化的第一步?

第一家专门制造和出售计算机的商业公司,既不是有百余年历史的 IBM,也不是那些销售机械式计算器、制表机的老企业。1946 年,正是第一台电子计算机 ENIAC 的两位主要研制人——莫契利(J. Mauchiy)和埃克特(J. Eckert),告别大学校园奋而"下海",创办了以个人名字命名的计算机公司。有趣的是,该公司也是有史以来第一家破产而被人兼并的计算机公司。

莫契利和埃克特都是宾夕法尼亚大学莫尔学院的教师,研制 ENIAC 计算机是他们首先提出的建议。在实际制造过程中,莫契利是总设计师,埃克特则承担总工程师的角色。

1946 年 2 月 14 日,NAIC 正式运行成功,莫契利和埃克特顿时成为万众瞩目的明星,但麻烦事也接踵而至:作为"二战"期间军方投资的项目,他们没有发表过任何成果;宾夕法尼亚大学认为 ENIAC 属职务发明,要求莫契利和埃克特立即把 ENIAC 专利交还给大学。思前想后,两人都感到无法接受,面前只剩下一条路。在完成专利归档工作后,当年 3 月 31 日,莫契利和埃克特被迫向校方递交了辞呈。

负气出走的发明人,在费城一栋临街的小楼里,组建了"电子控制公司",他们甚至没有去注册。埃克特对外宣称,他要设计一台新型计算机,以便遵照冯·诺依曼提出的"储存程序"的原则;莫契利却忙于寻找可能的客户。这项工作绝对重要,因为他俩再也没有工资,公司如果不想关门,他们就必须出卖产品。他想起美国10年一次人口普查已经过去了4年,人口普查局应该愿意用计算机来替代机械制表机,快速处理普查数据。

莫契利的想法恰好与人口普查局不谋而合。美国政府要求下一次普查扩大调查项目,老式制表机的能力早就不能满足需要,人口普查局甚至设法从陆军军械部要来30万美元经费,与莫契利签订了购买计算机的合同。埃克特马上拿出了设计方案,这台计算机将由5000只电子管组装,名字就叫"通用自动电子计算机",简称UNIVAC。

凭着设计制造ENIAC的技术,重新制造一台计算机并非难题,可是,从大学"象牙塔"里下海的科学家缺乏经商理财的能力。莫契利在合同上签字画押后,仔细一核算成本便大惊失色:按照双方达成的协议,一旦UNIVAC完成,他们不仅挣不到钱,还要倒贴2.5万美元。

情急之下,莫契利和埃克特居然想起自己的"品牌"效应,他俩的名字就是无形资产,完全可以用这种资产去吸引客户,把UNIVAC计算机再"克隆"一台,重新寻找其他的买主。这一次,莫契利学会了规范化运作方法,公司正式注册为"埃克特—莫契利计算机公司"(EMCC)。他自任董事长,埃克特则担任副董事长兼技术总监。1948年12月,世界上第一家商业计算机公司宣告诞生。

这一绝招果然有效,马上就吸引来一家飞机制造公司,要求定购一台同类计算机,取名"二进制自动计算机"(BINAC)。两台机器在"埃—莫"公司同时上马,BINAC甚至抢在UNIVAC之前完工。或许过去做惯了科研攻关项目,从不考虑钱的问题,这台机器的预算费用与实际花销之间再次出现了巨大差额——BINAC交货时,亏损竟高达约18万!莫契利和埃克特实在支撑不下去,1950年2月,他们的公司不得不宣告破产,只存在了短暂的一年零三个月。

著名打字机生产厂商雷明顿—兰德(Remington-Rand)公司趁机收购了EMCC,并接过了UNIVAC的制造业务。雷明顿公司是一家老牌军火商,1873年因买下肖尔斯(C.Sholes)发明的键盘式打字机开始制造办公机器。肖尔斯键盘即著名的QWERTY键盘,至今仍是计算机键盘字母的排列标准。1927年,雷明顿与兰德公司合并,除打字机外,还生产制表机、扎孔机、办公柜,并发明了第一把电动剃须刀,只是从未涉足电子计算机。因此,莫契利和埃克特被留任,继续负责制造UNIVAC。

莫契利和埃克特再次联袂制造的UNIVAC,于1951年6月14日正式移交给了美国人口普查局使用。这台机器是第一代电子管计算机趋于成熟的标志,总共服役了7万多个小时才引退。于是,这一极其普通的日子被隆重载入计算机史册。国际舆论通常认为:它标志着人类社会从此进入了计算机时代,因为计算机最终走出了科学家的实验室,直接为千百万人民大众事业服务。

1952年下半年,美国朝野都忙于为翌年大选做准备。连任两届的杜鲁门不再参选,共和党推举出总统候选人是62岁的艾森豪威尔将军,在"二战"里曾指挥盟军诺曼底登陆,立下赫赫战功,但解甲归田后能否担当总统重任,谁也拿不定把握。当时,新闻传媒普遍看好民主党的竞选人——演说家阿德莱·史蒂文森，舆论几乎一边倒。出于好奇，他们请出 UNIVAC 来做个预测。数据分析结果出乎人们意外，计算机认为获胜者是艾森豪威尔，而且所获选票将与史蒂文森相差悬殊。

人们都认为这不过是新闻界哗众取宠的把戏，因为 UNIVAC 预测的依据不过是百分之五的选票，根本不足为据。哥伦比亚广播电台断然拒绝报导预测结果，雷明顿—兰德公司的头头们慌忙下令删改数据，以便与广播电视网保持一致。谁知 UNIVAC 预言一语中的，第二年大选揭晓，艾森豪威尔大获全胜，得票超过对手五六倍。尤其奇妙的是，UNIVAC 预测能获得438票，而实际得票为442票，误差不到1‰。哥伦比亚广播电台一反常态，在晚间新闻里，著名节目主持人克朗凯特声称 UNIVAC 是"无与伦比的电子大脑"。雷明顿—兰德公司只得承认对计算机搞了些"小动作"，反而弄巧成拙。

预测的成功使公众对计算机呈现前所未有的热情，雷明顿—兰德公司也成了美国早期计算机制造行业最有实力的公司之一。不久，世界第一家计算机公司的后继者又发生变故，1955年，雷明顿—兰德公司与另一家制造航海设备的斯佩里(Sperry)公司合并，成为斯佩里—兰德公司，仍然以制造计算机为主业。1986年，斯佩里—兰德公司再次与另一计算机厂商鲍诺斯(Burrougs)公司合并。

鲍诺斯公司历史悠久，1886年，该公司创始人鲍诺斯先生曾发明美国第一台商用加法计算器，到1928年创造出销售100万部的奇迹。最后一次合并的结果，诞生了优利(Unisys)公司。优利公司至今依然是计算机业界著名厂商，以大型主机、服务器制造和系统集成为主要业务。在因特网 Unisys 主页上，该公司仍自豪地将莫契利—埃克特计算机公司列在自己的历史之中，以此充当绝妙的广告词。

作为科学家和工程师的榜样，莫契利、埃克特第一个"吃螃蟹"的胆略，将永远激励计算机业界的后来者。

习题 6

一、选择题

1. 下面是有关计算机病毒的说法，其中（　　）不正确。
   A. 计算机病毒有引导型病毒、文件型病毒、复合型病毒等
   B. 计算机病毒中也有良性病毒
   C. 计算机病毒实际上是一种计算机程序
   D. 计算机病毒是由于程序的错误编制而产生的

2. 通常把计算机网络定义为（　　）。
   A. 以共享资源为目标的计算机系统，称为计算机网络
   B. 能按网络协议实现通信的计算机系统，称为计算机网络
   C. 把分布在不同地点的多台计算机互联起来构成的计算机系统，称为计算机网络
   D. 把分布在不同地点的多台计算机在物理上实现互联，按照网络协议实现相互

间的通信,共享硬件、软件和数据资源为目标的计算机系统,称为计算机网络

3. 计算机网络技术包含的两个主要技术是计算机技术和(　　　)。
   A. 微电子技术　　　　　　　　　　B. 通信技术
   C. 数据处理技术　　　　　　　　　D. 自动化技术

4. 计算机网络中,可以共享的资源是(　　　)。
   A. 硬件和软件　　　　　　　　　　B. 软件和数据
   C. 外设和数据　　　　　　　　　　D. 硬件、软件和数据

5. 计算机网络的目标是实现(　　　)。
   A. 数据处理　　　　　　　　　　　B. 文献检索
   C. 资源共享和信息传输　　　　　　D. 信息传输

6. 关于 Internet 的概念叙述错误的是(　　　)。
   A. Internet 即国际互联网　　　　　　B. Internet 具有网络资源共享的特点
   C. 在中国称为因特网　　　　　　　　D. Internet 是局域网的一种

7. 下列 4 项内容中,不属于 Internet(因特网)提供的服务的是(　　　)。
   A. 电子邮件　　　　B. 文件传输　　　　C. 远程登录　　　　D. 实时监测控制

8. 万维网 WWW 以(　　　)方式提供世界范围的多媒体信息服务。
   A. 文本　　　　　　B. 信息　　　　　　C. 超文本　　　　　D. 声音

9. 因特网上每台计算机有一个规定的"地址",这个地址被称为(　　　)地址。
   A. TCP　　　　　　B. IP　　　　　　　C. Web　　　　　　D. HTML

10. 当前使用的 IP 地址是一个(　　　)的二进制地址。
    A. 8 位　　　　　　B. 16 位　　　　　C. 32 位　　　　　D. 128 位上

11. IP 地址是一串难以记忆的数字,人们用域名来代替它,完成 IP 地址和域名之间
转换工作的是(　　　)服务器。
    A. DNS　　　　　　B. URL　　　　　　C. UNIX　　　　　D. ISDN

12. IP 地址用 4 个十进制整数表示时,每个数必须小于(　　　)。
    A. 128　　　　　　B. 64　　　　　　　C. 1024　　　　　　D. 256

13. 以(　　　)将网络划分为广域网、城域网和局域网。
    A. 接入的计算机多少　　　　　　　B. 接入的计算机类型
    C. 拓扑类型　　　　　　　　　　　D. 接入的计算机距离

14. 下列计算机网络不是按覆盖地域划分的是(　　　)。
    A. 局域网　　　　　B. 都市网　　　　　C. 广域网　　　　　D. 星状网

15. 一般情况下,校园网属于(　　　)。
    A. LAN　　　　　　B. WAN　　　　　　C. MAN　　　　　　D. GAN

16. 在计算机网络中 WAN 表示(　　　)。
    A. 有线网　　　　　B. 无线网　　　　　C. 局域网　　　　　D. 广域网

17. 下列电子邮件地址中正确的是(　　　)。
    A. zhangsan&sina.com　　　　　　B. lisi!126.com
    C. zhang$san@qq.com　　　　　　D. lisi_1982@sohu.com

18. Internet 上，访问 Web 信息时用的工具是浏览器。下列（　　）就是目前常用的 Web 浏览器之一。

    A. Internet Explorer   B. Outlook Express

    C. Yahoo   D. FrontPage

19. 互联网上的服务都基于一种协议，WWW 服务基于（　　）协议。

    A. POP3   B. SMTP   C. HTTP   D. TELNET

20. 在 Internet 的域名中，代表计算机所在国家或地区的符号".cn"是指（　　）。

    A. 中国   B. 中国台湾   C. 中国香港   D. 加拿大

21. 域名中的后缀.com 表示机构所属类型为（　　）。

    A. 军事机构   B. 政府机构   C. 教育机构   D. 商业公司

22. 域名中的后缀.edu 表示机构所属类型为（　　）。

    A. 军事机构   B. 政府机构   C. 教育机构   D. 商业公司

23. 中国互联网络信息中心的英文缩写是（　　）。

    A. CNNIC   B. Chinanic   C. Cernic   D. Internic

24. FTP 是一个（　　）协议，它可以用来下载和传送计算机中的文件。

    A. 文件传输   B. 网站传输   C. 文件压缩   D. 文件解压

25. 计算机网络可以有多种分类，按拓扑结构分，可以分为（　　）结构等。

    A. 局域网、城域网、广域网   B. 物理网、逻辑网

    C. 总线网、环状网、星状网   D. ATM 网

26. 在实际应用的网络中，网络系统资源及安全性管理相对集中在一种多用户计算机上，这种机器称为（　　）。

    A. 工作站   B. 终端机   C. 个人机   D. 服务器

27. 使用国际互联网时，通常使用的网络通信协议是（　　）。

    A. NCP   B. NETBUEI   C. OSI   D. TCP/IP

28. 人们通常所说的"网络黑客"，他的行为主要是（　　）。

    A. 在网上发布不健康信息   B. 制造并传播病毒

    C. 攻击并破坏 Web 网站   D. 收看不健康信息

29. 下面（　　）网络是 Internet 的最早雏形。

    A. NSFNET   B. CERNET   C. ARPANET   D. CSTNET

30. 下列关于 URL 的解释错误的是（　　）。

    A. 它是一种网络服务   B. 它的中文意思是统一资源定位器

    C. 它是 WWW 页的地址   D. 它由 4 部分组成

二、操作题

1. 制作一个网页，包含文本、图像以及 Flash 动画等多媒体元素，在网页打开时，播放背景音乐。

2. 制作两个网页，包括文本和图片的内部链接、外部链接、电子邮件链接以及锚点链接。

3. 制作一个个人网页的主页，使用表格布局页面。

第7章

多媒体基础及应用

自 20 世纪 80 年代中后期以来,多媒体技术就成为人们非常关注的热点之一,众多的产品令人目不暇接,应用多媒体技术是时代的特征。多媒体技术在人类信息科学技术史上,是继活字印刷术、无线电—电视机技术、计算机技术之后的又一次新的技术革命,它从根本上改变了昔日基于字符的各种计算机处理,不但产生了丰富多彩的信息表现能力,还能形成可视听媒体的人机界面,在一定程度上改变了人们的生活方式、交互方式、工作方式和整个经济社会的面貌,以极强的渗透力进入人类生活、工作的各个领域。

7.1 多媒体基本知识

多媒体是一门综合技术,它涉及许多概念,本节简要介绍多媒体技术的基本概念、多媒体技术的特点、多媒体信息的类型以及常见的多媒体创作工具等。

7.1.1 多媒体的基本概念

1. 媒体

目前,媒体(Media)在计算机领域有两种含义:一是指存储信息的实体,如磁盘、光盘、磁带、半导体存储器等,中文常译为媒质;二是指信息的表现形式或载体,如数字、文字、声音、图形和图像等,中文译作媒介。多媒体技术中的媒体通常是指后者。

2. 多媒体

"多媒体"一词译自英文 Multimedia,而该词又是由 Multiple 和 Media 复合而成。正规地说,多媒体计算机技术就是计算机综合处理多种媒体信息,包括文本、图形、图像、音频和视频等,使多种信息建立逻辑连接,集成为一个系统并具有交互性。简单地说,多媒体技术就是利用计算机综合处理声、文、图信息,并且具有集成性和交互性。

7.1.2 多媒体技术的特点

多媒体技术是利用计算机对声音、图像、文字等多媒体合成一体进行处理加工、存储和传输的技术。它具有以下主要特点。

1. 交互性

交互性是多媒体技术的关键特征,是多媒体计算机技术的特色之一。它可以更有效地控制和使用信息,增加对信息的理解,这也正是它和传统媒体最大的不同。众所周知,一般的电视机是声像一体化的、把多种媒体集成在一起的设备。但它不具备交互性,因为用户只能使用信息,而不能自由地控制和处理信息。当引入多媒体技术后,借助交互性,用户可以获得更多的信息。例如,在多媒体远程计算机辅助教学系统中,学习者可以人为地改变教学过程,研究感兴趣的问题,从而得到新的知识,激发学习者的主动性、自觉性和积极性,使人们获取信息和使用信息的方式由被动变为主动。

2. 复合性

复合性是相对于计算机而言的,也可称为媒体的多样化或多维化,它把计算机所能处理的信息媒体的种类或范围扩大,不仅仅局限于原来的数据、文本或单一的语音、图像。众所周知,人类具有五大感觉,即视、听、嗅、味与触觉。前两种感觉占了总信息量的95%以上,而计算机远没有达到人类处理复合信息媒体的水平。计算机一般只能按单一方式处理信息。信息的复合化或多样化不仅是指输入信息,称为信息的获取(Capture),而且还指信息的输出,称为表现(Presentation)。输入和输出并不一定相同,若输入与输出相同,就称为记录或重放。如果对输入进行加工、组合与变换,则称为创作(Authoring)。创作可以更好地表现信息,丰富其表现力,使用户更准确、更生动地接收信息。

3. 集成性

多媒体的集成性包括两方面,一是多媒体信息媒体的集成;另一是处理这些媒体的设备和系统的集成。在多媒体系统中,各种信息媒体不是像过去那样,采用单一方式进行采集与处理,而是多通道同时统一采集、存储与加工处理,更加强调各种媒体之间的协同关系及利用它所包含的大量信息。此外,多媒体系统应该包括能处理多媒体信息的高速及并行的 CPU、多通道的输入输出接口及外设、宽带通信网络接口与大容量的存储器,并将这些硬件设备集成为统一的系统。在软件方面,则应有多媒体操作系统,满足多媒体信息管理的软件系统、高效的多媒体应用软件和创作软件等。在网络的支持下,这些多媒体系统的硬件和软件被集成为处理各种复合信息媒体的信息系统。

另外,具有多种技术的系统集成性,基本上可以说是包含了当今计算机领域内最新的硬件技术和软件技术。

4. 实时性

由于多媒体系统需要处理各种复合的信息媒体,决定了多媒体技术必然要支持实时处理。接收到的各种信息媒体在时间上必须是同步的,比如语音和活动的视频图像必须严格同步,因此要求实时性,甚至是强实时(Hard Real Time)。例如电视会议系统的声音和图像不允许存在停顿,必须严格同步,包括"唇音同步",否则传输的声音和图像就失去意义。

5. 数字化

数字化是指各种媒体的信息都是以数字的形式(即"0"和"1"的方式)进行存储和处理,而不是传统的模拟信号方式。数字化给多媒体带来的好处是:数字不仅易于进行加密、压缩等数值运算,可提高信息的安全与处理速度;而且因为它只有"0"和"1"两种状态,抗干扰能力强。

7.1.3 多媒体信息的类型

1. 文本

文本(Text)是计算机中基本的信息表示方式,包含字母、数字以及各种专用符号。是现实生活中使用得最多的一种信息存储和传递方式。文字是组成计算机文本(Text)文件的基本元素。纯文字的文本文件常有.txt,而.doc则是 Word 所采用的加入了排版命令的特殊文本文件。

2. 图形

图形是指从点、线、面到三维空间的黑白或彩色几何图形,也称向量图(Vector Graphic)。图形是一种抽象化的图像,是对图像依据某个标准进行分析而产生的结果。

图形文件保存的是一组描述点、线、面等几何图形的大小、形状、位置、维数及其他属性的指令集合,通过读取指令可将其转换为屏幕上显示的图像。由于在大多数情况下不需要对图形上的每一个点进行量化保存,所以,图形文件比图像文件数据量小很多。图形可以通过图形编辑器产生,也可以由程序生成。

3. 图像

一般来说,凡是能为人类视觉系统所感知的信息形式或人们心目中的有形想象统称为图像。最典型的图像(Image)是照片和名画。它不像图形那样有明显规律的线条,因此,在计算机中难以用矢量来表示,基本上是用点阵来描述。数字图像的最小元素称为像素(Pixel),数字图像的大小是由"水平像素数×垂直像素数"来表示的。显示时,每一个显示点(Dot)通常用来显示一个像素,普通计算机显示模式中,VGA 模式的全屏幕就是由 1024 像素/行×768 行=786432 像素来组成的。

在计算机中,最常用的图像文件有如下几种。

(1) BMP。BMP 是 BitMap 的缩写,即位图文件。它是图像文件的最原始格式,也是最通用的,但其存储量极大。Windows 的中"墙纸"图像,使用的就是这种格式。位图是最基本的一种图像格式,是指在空间和亮度上已经离散化的图像。

(2) JPG。JPG 应该是 JPEG,它代表一种图像压缩标准。这个标准的压缩算法用来处理静态的影像,去掉冗余信息,比较适合用来存储自然景物的图像。它具有两个优点:

文件比较小以及保存 24 位真彩色的能力;可用参数调整压缩倍数,以便在保持图像质量和争取文件尽可能小两个方面进行权衡。

(3) GIF。GIF 格式是由美国最大的增值网络公司 CompuServe 开发的,使用非常普遍,适合在网上传输交换。它采用"交错法"来编码,使用户在传送 GIF 文件的同时,就可提前粗略看到图像的内容,并决定是否要放弃传输,GIF 采用 LZW 法进行无损压缩,但压缩比不很高(压缩至原来的 $1/2 \sim 1/4$)。

(4) TIF。这是一个作为工业标准的文件格式,应用也较普遍。

此外,还有较常用的 PCX、PCT、TGA 和 PSD 等多种格式。

4. 动画

动画(Animation)也是一种活动影像,最典型的是"卡通"片。它与视频图像不同的是,视频图像一般是指现实生活中所发生的事件的记录,而动画通常指人工创造出来的连续图形所组合成的动态影像。

动画也需要 20 帧每秒以上的画面。每个画面的产生可以是逐幅绘制出来的(如卡通片),也可以是实时"计算"出来的(如立体球的旋转)。前者绘制工作量大,后者计算量大。二维动画相对比较简单,而三维动画就复杂得多。动画产生等过程,常需要高速的计算机或图形加速卡及时地计算出下一个画面,这样才能产生较好的立体动画效果。

5. 视频

视频图像(Video)是一种活动影像,它与电影(Movie)和电视原理是一样的,都是利用人眼的视觉暂留现象,将足够多的画面——帧(Frame)连续播放,只要能够达到 20 帧每秒以上,人的眼睛就觉察不出画面之间的不连续性。电影是以 24 帧每秒的速度播放,而电视则依视频标准的不同,播放速度有 25 帧每秒(PAL 制,中国用)和 30 帧每秒(NTSC 制,北美用)之分。活动影像如果在 15 帧每秒之下,则会产生明显的闪烁感甚至停顿感。相反,若提高到 50 帧每秒甚至 100 帧每秒,则感觉到图像极为稳定。

视频图像文件的格式在计算机中主要有:

(1) AVI。AVI(Audio Video Interleaved,声音/影像交错)是 Windows 所使用的动态图像格式,不需要特殊的设备就可以将声音和影像同步播出,这种格式的数据量较大。

(2) MPG。MPEG 是 Motion Pictures Experts Group 运动图像专家组制定出来的压缩标准所确定的文件格式,用于动画和视频影像处理,这种格式数据量较小。

(3) ASF。ASF 是微软采用的流式媒体播放的文件格式(Advanced Stream Format),比较适合在网络上进行连续的视频图播放。

6. 音频

声音(Audio)是人们用来传递信息最方便、最熟悉的方式之一,它是携带信息的极其重要的媒体。声音是通过空气、水等介质传播的一种连续的机械波,在物理学上称为声波。声音的强弱体现在声波压力的大小,声调的高低体现在声波的频率上。频率在 20 ~ 20kHz 的波,称为声波;频率小于 20Hz 的波,称为次声波;频率大于 20kHz 的波,称为超声波。人们说话时产生的声音波的频率范围约为 300~3000Hz,英文通常用 Speech、Voice 等词来表示。音乐波的频率范围可达到 10~20000Hz,英文用 High-Fidelity Audio 来表示,一般就用 Audio 表示。

计算机中常用的用于存储声音的文件有如下几种。

(1) WAV。WAV 是 PC 常用的声音文件,它实际上是通过对声波(Wave)的高速采集直接得到的,占很大存储量。

(2) MP3。MP3 是根据 MPEG-1 视频压缩标准中,对立体声伴音进行第三层压缩的方法所得到的声音文件,它保持了 CD 激光唱盘的立体声高品质音质,压缩比达到 12:1。MP3 音乐现在市场上和因特网上都非常普及。

(3) MID。MID 称为 MIDI(音乐设备数字接口)音乐数据文件,这是 MIDI 协会设计的音乐文件标准。MIDI 文件并不记录声音采样数据,而是包含了编曲的数据,它需要具有 MIDI 功能的乐器(例如 MIDI 琴)配合才能编曲和演奏。由于不存储声音采样数据,所以所需的存储空间非常小。

7.1.4 常见多媒体创作工具

多媒体编辑工具包括字处理软件、绘图软件、图像处理软件、动画制作软件、声音编辑软件以及视频编辑软件,主要完成各种图像、图形、动画和声音等素材的制作。

多媒体应用软件的创作工具(Authoring Tools)用来帮助应用开发人员提高开发工作效率,它们大体上都是一些应用程序生成器,它将各种媒体素材按照超文本结点和链结构的形式进行组织,形成多媒体应用系统。Authorware、Director、Multimedia Tool Book 等都是比较有名的多媒体创作工具,如表 7-1 所示。

表 7-1 部分多媒体编辑工具

文字处理	记事本、写字板、Word、WPS
图形图像处理	Photoshop、CorelDraw、FreeHand、AutoCAD
动画制作	Animator、3DS MAX、Maya、Flash、Cool 3D
声音处理	录音机、Ulead Media Studio、Sound Forge、Audition(Cool Edit)、Wave Edit
视频处理	Ulead Media Studio、Adobe Premiere、After Effects

7.2 图像处理软件 Photoshop

Photoshop 是 Adobe 公司开发的平面设计首席产品,它是公认最出色的、目前最为用户所熟知的图形处理软件。在广告出版、平面印刷等领域被广泛使用,它以强大的功能、便捷的使用为各行各业平面设计者所喜爱。近几年陆续推出的新版本的 Photoshop,不断添加新工具、近乎完美的人性化操作,更利于用户方便地编辑和管理数字图片。本节以 Photoshop CS4 为例,主要介绍 Photoshop CS 的一些基础知识。

7.2.1 Photoshop CS4 界面组成

在 Windows 操作系统下,安装好 Photoshop CS4 后,选择"开始"|"程序"|Photoshop CS4 命令,进入如图 7-1 所示的 Photoshop CS4 界面。Photoshop CS4 的工作界面主要由菜单栏、工具箱、选项栏、工作区、控制面板等组成。

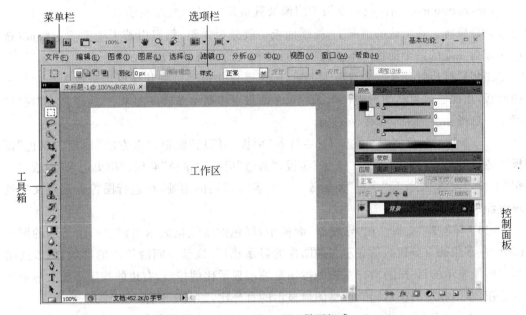

图 7-1　Photoshop CS4 界面组成

1. 菜单栏

Photoshop CS4 的菜单栏由文件、编辑、图像、图层、选择、滤镜、分析、3D、视图、窗口、帮助这 11 个菜单组成,几乎包括了 Photoshop CS4 全部的功能和命令。

2. 选项栏

在选项栏中可以查看每个 Photoshop 相应工具的属性和参数,例如,图 7-2 所示为"魔术棒"工具选项栏。

图 7-2　"魔术棒"工具选项栏

选择"窗口"|"选项"命令即可显示相应工具选项栏,如果再次选择该命令,则隐藏选项栏。

3. 工具箱

在 Photoshop 工具箱中,每个工具都用不同的图标来表示,而且大多数工具图标右下角都有一个小黑三角,说明此工具图表中还隐藏有其他工具,用鼠标按住某个工具图标不放,系统就会自动出现隐藏的其他工具,图 7-3 所示为选择工具,这样用户就可以方便的切换该图标中的各个工具。

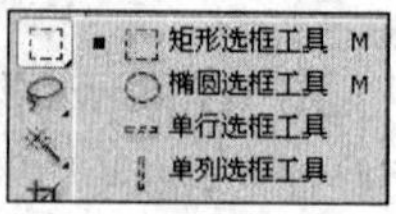

4. 控制面板

图 7-3　选择工具

Photoshop 的控制面板可以用于图像及其应用工具的属性显示与参数设置等。在默认的情况下,控制面板一般分为 4 组,每组由若干个选项卡组成(选项面板为独立的一个面板),单击选项卡可使相应的面板显示出来。

当将鼠标指针停在一个选项卡上后,按住鼠标并拖动可将其拖曳出来成为一个单独的面板,用此法也可将面板进行重组。每个面板可以显示或隐藏起来,这可通过在"窗口"菜单中选择相应的菜单命令来完成。

Photoshop 的控制面板主要有"导航器"面板、"信息"面板、"直方图"面板、"颜色"面板、"色板"面板、"样式"面板、"图层"面板、"通道"面板、"路径"面板、"历史记录"面板、"动作"面板、"段落"面板和"字符"面板等。它们各有不同的用处,在进行图像处理及文字处理时经常要用到它们。

(1)"导航器"面板。在"导航器"面板中,红色的粗线框表示当前窗口中所示的图像部分;左下角的百分比数值表示当前图像的显示比例,拖动中间滑竿上的滑块,可以连续调整图像显示的百分比;滑杆左边的按钮是缩小显示比例按钮,右边的按钮是放大显示比例按钮,单击相应的按钮间断调整图像显示的百分比,如图 7-4 所示。

(2)"信息"面板。"信息"面板用于显示当前光标处的各种信息,左上角显示当前点的 RGB 色彩模式参数,右上角显示当前点的 CMYK 色彩模式参数,左下角显示当前点的直角坐标值,右下角显示当前选取区域的宽度和高度,如图 7-5 所示。

图 7-4　"导航器"面板

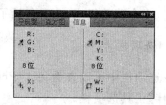

图 7-5　"信息"面板

(3)"颜色"面板。"颜色"面板可用于设定当前的前景色和背景色,单击面板中的前/背景色切换按钮,可选定当前的前景色或背景色,然后在颜色条中选取要设定的颜色,即可将该颜色设定为前景色或背景色,如图 7-6 所示。

(4)"色板"面板。当把鼠标移到"色板"面板上时,鼠标显示为图示的形状,并进行颜色的提示,此时单击即可选定此颜色作为当前的前景色,如图 7-7 如示。

(5)"样式"面板。"样式"面板列出了一些常用的样式按钮,单击相应的按钮,即可在当前工作图层内应用该图层样式,产生图层特效,如图 7-8 所示。

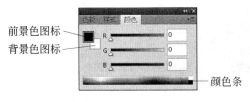

前景色图标
背景色图标
颜色条

图 7-6 "颜色"面板

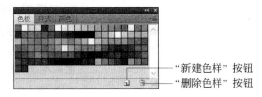

"新建色样"按钮
"删除色样"按钮

图 7-7 "色板"面板

(6)"图层"面板。在"图层"面板中显示了当前图像效果的各个图层,要对某一个图层中的内容进行编辑,必须首先在图层面板中选定该图层,否则,所有的操作都会作用到其他的图层中,得到错误的效果,或者所要进行的操作根本无法实现。"图层"面板可用于建立图层、删除图层、设定图层的透明度、可见性等,如图 7-9 所示。

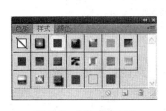

图 7-8 "样式"面板

混合模式选项
锁定选项
新建填充图层
添加图层蒙版
图层特效

新建图层集按钮
新建图层按钮
删除图层按钮

图 7-9 "图层"面板

① 混合模式选项:可在下拉列表中选择选定图层内的图像的混合模式。

② 锁定选项:用于锁定不同的编辑能力,从左到右依次为锁定编辑透明、锁定当前图层、锁定移动当前图层、锁定当前图层的所有可被编辑功能,单击相应项,该项即被选定。

③ 可见性设定:某一图层左边带有睁开的眼睛标记时,表明该图层内容为可见;如果眼睛标记呈闭上眼时的状态,表明该图层内容为不可见。

④ 添加图层蒙版:单击该按钮可使当前的图层产生蒙板的效果。

⑤ 图层特效按钮:单击可弹出图层效果菜单列表,可从中选择图层效果命令。

⑥ 新建填充图层:单击该按钮可弹出新图层类型选项,可从中选择要建立的新图层的类型,然后在弹出的对话框中进行参数的设定。

⑦ 新建图层集按钮:单击该按钮可在图层面板中建立一个新的空白图层集,使用它可以将各个图层进行分类存放。

⑧ 新建图层按钮:单击该按钮可在图层面板中建立一个新的空白图层。

⑨ 删除图层按钮:单击该按钮可弹出一个对话框,询问是否真要删除当前选定的图层,在弹出的确定对话框中单击是按钮即可将该图层删除。或者直接将要删除的图层拖动到该删除按钮上也可将该图层删除。

(7)"通道"面板。在"通道"面板中,用户可以进行各种与通道有关的操作,比如选取 RGB 色彩模式下的 RGB 色彩通道及其 3 个原色通道、单独选取一个原色通道、建立新的 Alpha 通道等,如图 7-10 所示。

将选区调用为通道按钮:将当前选取的区域作为通道调到"通道"面板中来,以便后续的处理。

图 7-10 "通道"面板

将选区保存为通道按钮：将当前选取的区域作为通道保存起来，以备后用。

(8) "路径"面板。"路径"面板用于进行各种与路径有关的操作，如图 7-11 所示。

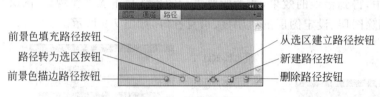

图 7-11 "路径"面板

前景色填充路径按钮：单击该按钮，可用当前的前景色填充路径包围的区域。

路径转为选区按钮：单击该按钮，可将当前的路径区域转变为选区。

前景色描边路径按钮：单击该按钮，可用前景色描绘路径。

从选区建立路径按钮：单击该按钮，可从当前选区的边缘建立路径。

新建路径按钮：单击该按钮，可新建一个路径通道，用于"容纳"新建的路径。

删除路径按钮：单击该按钮，可将当前选定的路径删除，拖动选定的路径到该按钮上也可达到同样的目的。

(9) "历史记录"面板。在"历史记录"面板中按时间的先后次序排列了发生过的操作，当要取消某些操作时，可在此面板中选取想要恢复到的某一操作，使返回位置滑块位于该操作名称前，此时图层面板等其他面板中的内容都返回到此操作前的状态。如果在恢复了某些操作步骤后又进行了其他的操作，那么先前恢复的操作将从历史面板中消失，因为"历史记录"面板已经开始记录重新进行的操作，如图 7-12 所示。

(10) "动作"面板。在"动作"面板中，按照时间的先后顺序排列出了软件预置动作以及一些已经进行过的动作，使用它们可以方便地进行自我操作，如图 7-13 所示。

图 7-12 "历史记录"面板

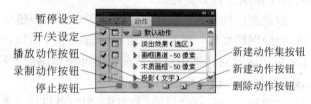

图 7-13 "动作"面板

开/关设定：当该位置显示黑色的对号标记时，可以执行该动作；当该位置显示红色的对号标记时，只能执行该动作集中的部分动作；当该位置没有对号标记时，该动作不会被执行。

暂停设定：当该位置显示一个黑色的暂停图标时，在执行到该动作时会在对话框中停下来，改变对话框中的参数值后单击"确定"按钮则又可以继续执行动作。如果该图像以红色显示，那么该集合中只有部分的动作或者命令被执行了暂停动作。在没有出现暂停图标的位置，则按照各个动作的顺序依次执行下来。

停止按钮：当处于播放选取的动作或录制动作的状态时，单击该按钮可停止。

录制动作按钮：单击该按钮后，可将进行的动作、命令录制下来，以备后用。

播放动作按钮：在"动作"面板中选定某些动作后，单击该按钮可重新执行它们。

新建动作集按钮：单击该按钮可建立一个"包"，用于"容纳"多个动作和命令，这类似于 Windows 操作系统中文件夹的功能。

新建动作按钮：单击该按钮会弹出一个对话框，从中输入新动作的名称后，即可进行新动作的录制。

删除动作按钮：单击该按钮可将当前选定的动作删除；拖动选定的动作到该按钮上也可达到同样的删除目的。

7.2.2　Photoshop 基本术语

在使用 Photoshop 对图像进行编辑和处理之前，应该对图像的类型、分辨率、图像格式、色彩模式等知识有所了解。

1. 图像的类型

数字图像按照图像元素的组成可以分为两类：位图图像（Raster Image）和矢量图像（Vector Image）。两类图像各有优缺点，但是又可以搭配使用，取长补短。

（1）位图图像：又称光栅图，一般用于照片品质的图像处理，是由许多像小方块一样的"像素"组成的图形。由其位置与颜色值表示，能表现出颜色阴影的变化。在 Photoshop 主要用于处理位图。

（2）矢量图像：利用数学的矢量方式来记录图像内容。例如，一条线段的矢量数据只需要记录两个端点的坐标、线段的粗细和色彩等。

2. 分辨率

每单位长度上的像素数目叫做图像的分辨率，通常用像素/英寸表示，简单讲即是计算机的图像给读者自己观看的清晰与模糊。分辨率有很多种，如屏幕分辨率、扫描仪的分辨率、打印分辨率等。

图像尺寸与图像大小及分辨率的关系：如图像尺寸大、分辨率大、文件较大、所占内存大、计算机处理速度会慢，相反，任意一个因素减少，处理速度都会加快。

3. 通道

在 Photoshop 中，通道是指色彩的范围，一般情况下，一种基本色为一个通道。如 RGB 颜色，R 为红色，所以 R 通道的范围为红色，G 为绿色，B 为蓝色。

4. 图层

在 Photoshop 中，一般都多是用到多个图层制作，每一层好像是一张透明纸，叠放在一起就是一个完整的图像。对每一图层进行修改处理，对其他的图层不会造成任何的影响。

5. 图像的色彩模式

（1）RGB 彩色模式。又叫加色模式，是屏幕显示的最佳颜色，由红、绿、蓝三种颜色组成，每一种颜色可以有 0～255 的亮度变化。

（2）CMYK 彩色模式。由青色，品红，黄色和黑色组成，又叫减色模式。一般打印输出及印刷都是这种模式，所以打印图片一般都采用 CMYK 模式。

（3）HSB 彩色模式。是将色彩分解为色调，饱和度及亮度，通过调整色调，饱和度及亮度得到颜色和变化。

（4）Lab 彩色模式。这种模式通过一个光强和两个色调来描述一个色调叫 a，另一个色调叫 b。它主要影响着色调的明暗。一般 RGB 转换成 CMYK 都先经 Lab 的转换。

（5）索引颜色。这种颜色下图像像素用一个字节表示它最多包含有 256 色的色表储存并索引其所用的颜色，它图像质量不高，占空间较少。

（6）灰度模式。即只用黑色和白色显示图像，像素 0 值为黑色，像素 255 为白色。

（7）位图模式。像素不是由字节表示，而是由二进制表示，即黑色和白色由二进制表示，从而占磁盘空间最小。

7.2.3　Photoshop 基本操作

1. 建立新文件

首先建立新文件，选择"文件"|"新建"命令，出现选择图像大小窗口，包括宽度、高度、分辨率、颜色模式以及背景内容等，如图 7-14 所示。图像大小是根据实际需要决定的。

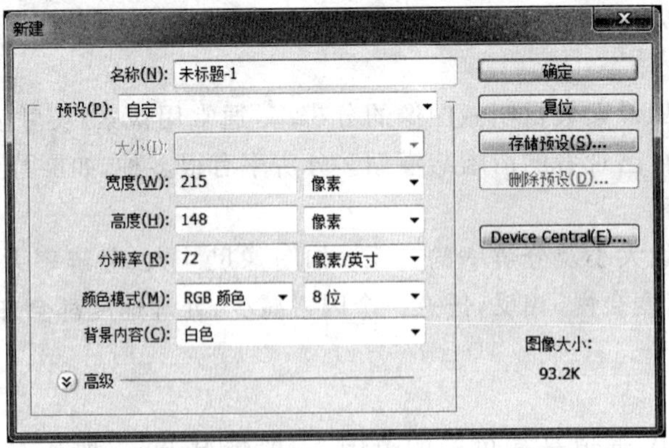

图 7-14　新建文件

这里设置为宽度、高度为 215×148 像素。如果图像是在计算机上观看的，精度值设为多少都行，对显示效果没有影响；如果是作为印刷或打印，那么一般要在 300 像素/英寸以上。分辨率越高，图像的质量越好，但处理速度就越慢。这里设为默认值 72。背景内容选择白色，单击确定，屏幕上出现一个白色的窗口，这就是画布了。

2．画笔工具

单击"工具箱"中的画笔，如图 7-15 所示。当按钮被按下，表示现在使用的是此工具，然后，在画布上面按住鼠标左键拖动一下，画布上便出现了一条黑线，鼠标按不同的路线拖动，就能画出不同的线条，和毛笔一样，这就是画笔工具。而且，用户还可以选择不同大小的笔尖来画图，比如选择图示中上面稍大一些的画笔，画出来的线就比较粗；而选择边缘比较柔和的笔尖，画出的线条边缘也就比较柔和。

3．选择工具与清除图像

现在把刚才画的线条清除掉，选择矩形虚线框工具，然后，在画布上按住鼠标左键拖动，可以画出一个矩形的选择框，按 Delete 键或者 Backspace 键，矩形框内部的线条就都消失了，而外面的还保留着，如图 7-16 所示。在画布任意处单击，选择框就会取消了。再进行选择，把画面上所有的线条都包括，再按 Delete 删除它们。也可以选择"选择"|"全部"命令，或者按 Ctrl＋A 键，表示选择画面的全部，然后再按 Delete 键，就可以把画布上所有的东西都删除了。取消选择，可以选择"选择"命令，再选择"取消选择"命令就行了。也可以按 Ctrl＋D 键来取消选择。

图 7-15　画笔工具

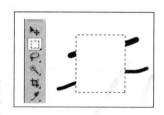

图 7-16　清除图像

4．铅笔工具及放大镜工具

选择铅笔工具，然后在画布上画一道，将会发现铅笔的笔迹和画笔是很不相同的。再选择画笔画一条线，用放大镜看看。选择放大镜，在画布上单击，可以看出铅笔的笔迹是带棱角的，而画笔的笔迹是圆滑的，如图 7-17 所示。有时称这种棱角为阶梯或锯齿。

5．魔棒工具

下面再试试魔棒工具，魔棒工具根据色彩的相似性来选定区域，主要用于选定一些外形极不规则的图形对象。用魔棒工具单击图像中的某个点，可将附近与该点颜色相近的点纳入选择域，如图 7-18 所示。

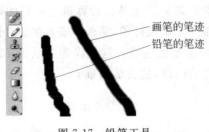

画笔的笔迹
铅笔的笔迹

图 7-17　铅笔工具

图 7-18　魔棒工具

6. 橡皮工具

如果画错了,除了使用选择工具删除外,还可以使用橡皮来擦;单击这个橡皮工具按钮,然后在线条上画一下,你可以看见,橡皮拖过的地方,线条就消失了,如图 7-19 所示。

7. 更改颜色

可以更换画笔的颜色,单击左边工具箱中的前景色,弹出拾色器对话框,如图 7-20 所示。中间的这条彩条,它表示颜色的基色,左边的大方框中,是与基色相近的各种颜色,从这里,可以找到系统中能够表达的所有颜色,选择一种红色,单击"确定"按钮,然后再在画布上画出的笔道就变成红色了。

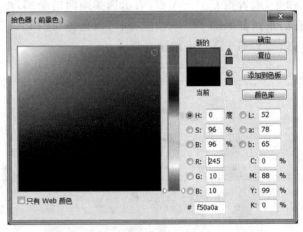

图 7-19　橡皮工具

图 7-20　更改颜色

8. 文件保存、打开及文件格式

现在,可以把画的图保存下来。选择"文件"|"保存"命令,弹出"另存为"对话框,给文件起个名字,并选择图像保存的格式,图像文件是很特殊的,在不同的计算机系统中,是使用不同的格式保存图像的。Photoshop 默认的是它专用的图像格式,以 .psd 为后缀。这种格式一般只能用 Photoshop 自己打开,但 PSD 文件可以包含图层、通道、路径以及图片版权等信息,所以 PSD 可以说是 Photoshop 最常用的格式。当然,也可以选择其他格式,Photoshop 可打开和保存选择的格式很多,最常用的是:

① BMP：Windows 位图。

② TIF：印刷中的常用格式。

③ JPG：网络上常用的格式，是一种压缩文件，所以文件会很小。

7.2.4 综合实例

铅笔是一种在视觉设计常用到的物品，在此教程中将学习如何制作出一款铅笔图标。

（1）先建立一个白色背景的文档，把它设为 950 像素宽，600 像素高，分辨率为 300 像素/英寸，背景为白色。然后创建一个新图层，命名为"背景"，选择矩形选框工具，把样式设为"固定大小"，400 像素宽，100 像素高，如图 7-21 所示。

图 7-21　设置"矩形选框"工具

（2）通过辅助线的规划，把选区放置在画面中心（为了方便点，也可以把标尺拉出来，按 Ctrl＋R 键即可打开标尺），如图 7-22 所示。

（3）新建一层，取名"笔身"，使用渐变工具 ▣，选择"对称渐变 ▣"，单击左上角的 ▣，打开"渐变编辑器"，设置好填充色，按住 Shift 键不放，在选区里拉出一个如图 7-23 所示的垂直渐变，让白色靠上一些。

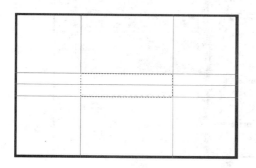

图 7-22　将选区放置画面中心

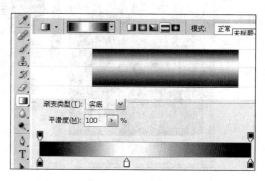

图 7-23　使用渐变工具

（4）为了使渐变层次更为丰富，需要做点调整。选择"图像"|"调整"|"曲线"命令或按 Ctrl＋M 键，参照图 7-24 调整曲线。

（5）按住 Ctrl 键，用鼠标单击笔身图层，把笔身选起来，再创建一个新图层，命名为"颜色"，并填上红色，颜色代号 d60005。然后设置层的不透明度为 60％，如图 7-25 所示。

（6）现在把"笔身"复制，并把复制的层放到所有层的最上面，取名"金属"。接着拉出辅助线，拖到如图 7-26 所示中的位置，靠右一些。然后选择矩形工具，把样式改为正常，框选出一块区域，右边贴紧辅助线，然后删除。

（7）选择椭圆形工具，把中心点放在右边中间辅助线交汇的点上，同时按住 Alt 和 Shift 键，画出一个和矩形等高的圆。然后右击，从弹出的快捷菜单中选择"变换选区"，把宽度（W）设为 50％，接着敲击按两次 Enter 键已确定。按 Delete 键删除选区中的部分，

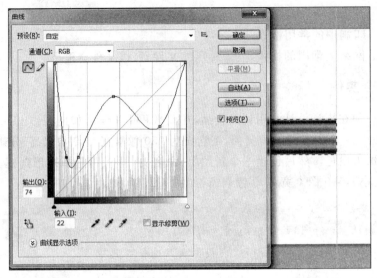

图 7-24　调整图像

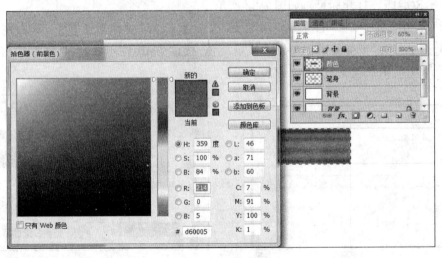

图 7-25　新建选区

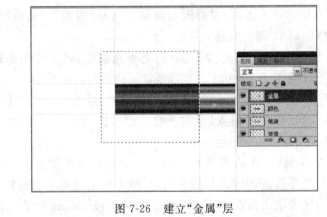

图 7-26　建立"金属"层

这样就给出了一个铅笔的透视角度。这个选区下面还会用到它，保存它，右击（注意，要选择工具箱中的椭圆形工具），选"存储选区"，命名为"椭圆"，如图 7-27 所示。

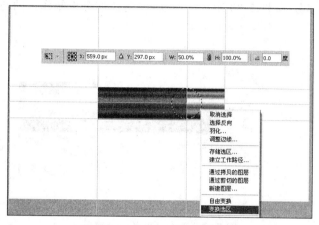

图 7-27　变换选区

（8）现在选区仍在，选中"金属"层，把选区拖到右边缘（注意，要选择椭圆形工具），再拉出一条辅助线，拖到它的中心放置，如图 7-28 所示。

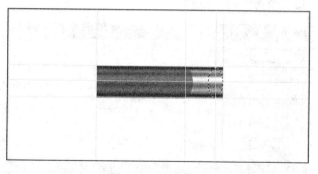

图 7-28　移动选区

（9）这时再选择矩形工具，按住 Shift 键，框选，贴上刚画的那条辅助线，然后按 Ctrl＋Shift＋I 键进行"反向"操作，按 Delete 删除，取消选区，如图 7-29 所示。

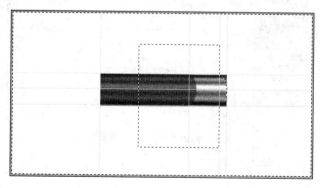

图 7-29　反选

（10）按住 Ctrl 键，单击"金属"层的缩略图选中任何一种选区工具，按→键 4 次。再进行"反向"操作，接着按住 Ctrl＋Shift＋Alt 键，单击"金属"，这样就得到了选区与"金属"层选区的结合部分，如图 7-30 所示。下面，将用新部分来制作笔的凸线圈。

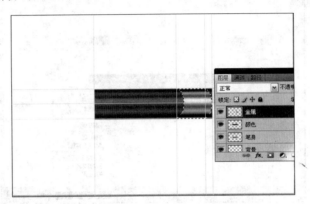

图 7-30　两个选区的结合部分

（11）把新部分复制粘贴到一个新层上，取名"凸起"。给它赋予斜面和浮雕、渐变叠加这些效果，具体数值如图 7-31 所示。最后让它变得比"金属"层略高些，按 Ctrl＋T 键，把高度设为 120％，最后单击"确定"按钮。

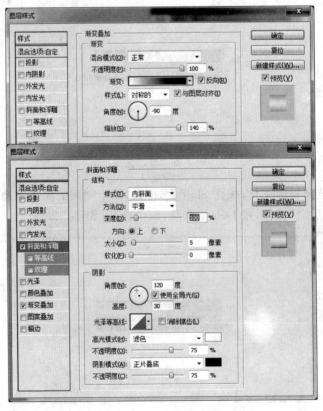

图 7-31　添加样式

（12）复制"凸起"层，并向右移动 6 像素，重复这一过程，做出 3 个。然后把这 3 层合并，再复制，放在右边，如图 7-32 所示。

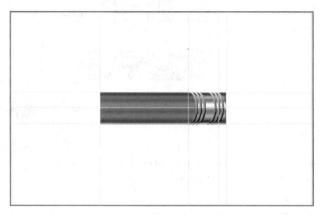

图 7-32　建立凸起层

（13）复制"金属"层，取名"橡皮擦"，把它放到"金属"层下面。把"橡皮擦"向右移动大约 60 像素的距离。按 Ctrl＋U 键打开"色相/饱和度"对话框，对它进行调色，设置如图 7-33 所示。再次复制"金属"层，取名"阴影"，把它放到"金属"层下面。打开"色相/饱和度"对话框，把明度调到－100，再选择"滤镜"|"模糊"|"动感模糊"命令，在弹出的对话框中设置角度为 0°，距离为 5 像素。现在，可以合并铅笔的金属部分，把"金属"、"阴影"、"凸起"图层进行合并。

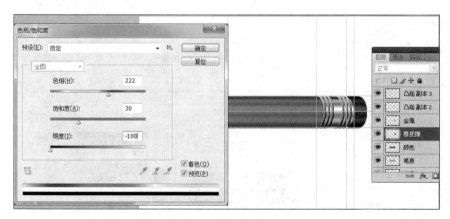

图 7-33　设置色相/饱和度

（14）建立一个新层，取名"尖头"。使用"多边形套索工具"画出一个笔头，填上浅黄色，就像如图 7-34 所示。把这层放在"笔身"下面。

（15）复制"笔身"层，取名为"笔尖斜度"，并把它放到上面。把它移动到如图 7-35 中的位置，然后打开"色相/饱和度"对话框，设置色相为 33，饱和度为 53，明度为 37，这里要把"着色"点上。

（16）把"笔尖斜度"放到"笔身"下面，按住 Alt 键，单击"笔身斜度"和"笔尖"之间，如图 7-36 所示。这样就能使"笔身斜度"套上"笔尖"的外形。

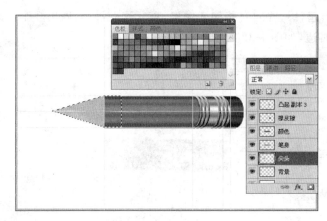

图 7-34　绘制笔头

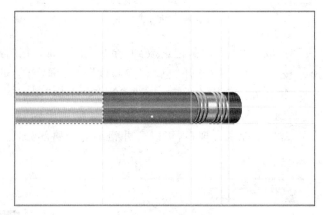

图 7-35　设置色相/饱和度

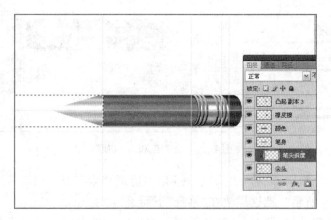

图 7-36　改变笔尖斜度层外形

　　（17）选中"笔尖斜度"层，选择"编辑"|"变换"|"透视"命令，调整角度，如图 7-37 所示。

　　（18）选择"选择"|"载入选区"命令，选择之前储存的"椭圆"选区。在"笔身"和"颜色"层上进行删除，如图 7-38 所示。

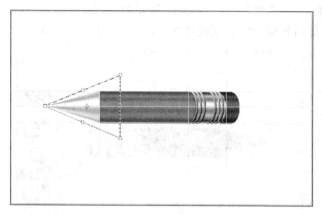

图 7-37　调整角度

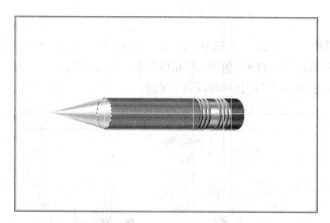

图 7-38　打开载入选区

（19）下面做一个木质效果，新建一层，取名"木质"。把前景色和背景色设为白色和黑色，用矩形选框工具选出一个大些的矩形，并往选区中填充白色。然后选择"滤镜"|"渲染"|"纤维"命令，在弹出的"纤维"对话框中把"差异"和"强度"数值都设为10，单击"确定"按钮，接着按 Ctrl＋T 键，顺时针旋转 90°，并改变大小，如图 7-39 所示。

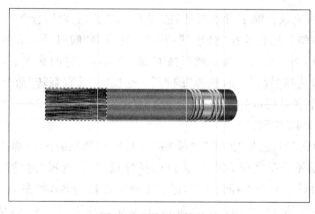

图 7-39　添加滤镜效果

（20）选择"编辑"|"变换"|"透视"命令，调整角度，并将"木质"层置于"颜色"层之下，如图 7-40 所示。然后把层的混合模式设为"柔光"，不透明度为 60%。

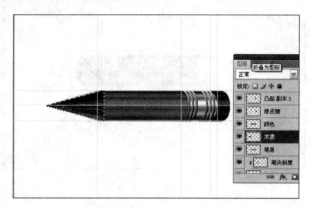

图 7-40　编辑木质层

（21）使用椭圆工具画出一个选区，如图 7-41 所示。选择"木质"层，按 Delete 键删除。再选择"笔尖倾斜"层，打开"色相/饱和度"对话框，饱和度为−100。按 Ctrl＋L 键打开"色阶"对话框，参照图 7-41 中的数值进行设置。这样就作出了一个笔尖。

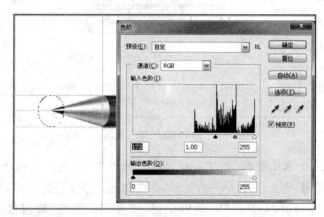

图 7-41　制作笔尖

（22）现在即将完成。除了背景层外，选择所有的层，把它们合并，取名"铅笔"。复制"铅笔"层，取名"倾斜"，把它放在"铅笔"层下面。再复制"倾斜"层，取名"阴影"。打开"色相/饱和度"对话框，明度设为−90。然后按 Ctrl＋T 键，让它的高度下降到原高度的四分之三的样子。接着选择"倾斜"层，选择"编辑"|"变换"|"垂直翻转"命令，如图 7-42 所示。

（23）选定除了背景层以外的所有层，按 Ctrl＋T 键，旋转−30°。然后再移动"倾斜"和"阴影"层，如图 7-43 所示。

（24）选择"倾斜"层，选择"滤镜"|"模糊"|"高斯模糊"命令，在弹出的对话框中设置半径设为 3，再把层不透明度设为 60%。再选择"阴影"层，选择"滤镜"|"模糊"|"高斯模糊"命令，在弹出的对话框中半径设为 7，把层不透明度设为 80，如图 7-44 所示。

（25）选择"倾斜"层，给它添加一个蒙版，在蒙版里使用渐变工具，从白到黑拉一个渐

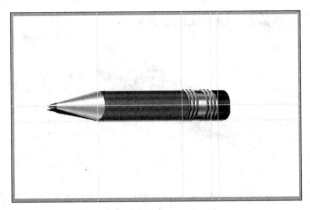

图 7-42　使用变换

图 7-43　旋转

图 7-44　使用高斯模糊

变。这样使倒影更加朦胧一些,如图 7-45 所示。

　　(26) 选择"铅笔"层,在它的混合选项里使用"渐变叠加",混合模式为"强光",具体数值如图 7-46 所示。

图 7-45　添加蒙版

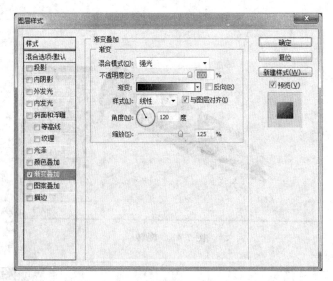

图 7-46　设置图层样式

（27）这样就完成了，用户还可以按照自己的意愿改变它的位置和背景颜色，如图 7-47 所示。

图 7-47　最终效果

7.3 动画制作软件 Flash

Flash 是美国 Macromedia 公司所设计的一种二维动画软件,是目前最流行的矢量动画制作软件,用它制作的动画不但流畅生动、画面精美,而且简单易学,因此深受广大用户的喜爱,被广泛用于网页、游戏、广告、电视等多个领域。本节以 Adobe Flash CS4 为例主要介绍 Flash 的基础知识。

7.3.1 Flash CS4 界面组成

Flash CS4 的界面主要由以下几个部分组成,包括:菜单栏、工具箱、时间轴面板、舞台和各类面板组成,如图 7-48 所示。和以前的 Flash 界面相比,默认的布局发生很大的

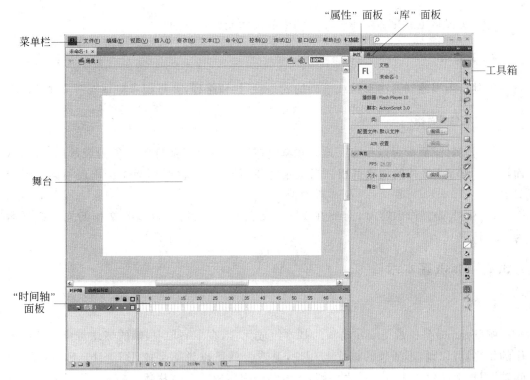

图 7-48　Flash CS4 界面组成

变化,时间轴和舞台交换了位置,工具栏和属性等面板则排在了右边,整个默认布局(基本功能)如果使用起来不习惯,可以通过界面右上方的"基本功能"选项修改布局方式,如图 7-49 所示。

1. 舞台

舞台是在回放过程中显示图形、视频、按钮等内容的位置。

图 7-49　6 种布局方式

2. "时间轴"面板

时间轴是用来管理不同场景中的图层与帧的处理,包括图层操作和帧操作两个区域。位于较高图层中的图形显示在较低图层中的图形的上方。通过"窗口"|"时间轴"命令可以打开或者关闭"时间轴"面板。

(1) 图层操作区。位于"时间轴"面板的左边,在该区域中不但可以显示个图层的名称、类型、状态、图层的放置顺序与当前图层所在的位置等,还可以对图层进行各种操作,如插入图层、删除图层、隐藏图层等。

(2) 帧操作区。位于"时间轴"面板的右侧,是 Flash 进行动画编辑的重要场所。帧操作区由时间标尺、时间轴线、影格、帧指针、工具按钮等组成。

3. "库"面板

"库"面板是 Flash 显示 Flash 文档中的媒体元素列表的位置。

4. 工具箱

工具箱用来绘制自由形状或准确的线条、形状和路径,并可用来对填充对象涂色。

5. "属性"面板

使用"属性"面板可以很容易地设置舞台或时间轴上当前选定对象的最常用属性,从而加快了 Flash 文档的创建过程。当选定对象不同时,"属性"面板中会出现不同的设置参数。

在 Flash 中创作内容时,需要在 Flash 文档文件中工作。Flash 文档的文件扩展名为 .fla(FLA)。

7.3.2　Flash 基本术语

1. 帧

帧(Frame)是构成 Flash 动画的基本组成元素,在 Flash 中,帧的概念贯穿了动画制作的始终,可以说,不懂帧的概念与用法,基本上就可以说不会使用 Flash。Flash 的"时间轴"面板上的每一小方格代表一帧,表示动画内容中的一个片断。帧有以下几种类型:

(1) 关键帧:是一个包含有内容,或对内容的改变起决定性作用的帧。当关键帧包含内容时,在影格内显示黑色实心圆点,如果帧不包括内容,在影格内显示空心圆点,如图 7-50 所示。关键帧标记了一个动作的开始或结束。

(2) 静止帧:在前后两个不关联的关键帧之间出现的帧(中间无其他关键帧),它是前一关键帧的内容在时间空间的延续,直到出现下一个关键帧。如果前关键帧含有内容,则静止帧影格显示为灰色,否则显示为白色。在一个区段内最后一个静止帧的影格上标有空心矩形。静止帧可控制动画画面显示时间的长短。

(3) 过渡帧:两个关键帧之间的部分(中间有连接线)就是过渡帧,它们是起始关键帧动作向结束关键帧动作变化的过渡部分,如图7-50所示。在进行动画制作过程中,不必理会过渡帧的问题,只要定义好关键帧以及相应的动作就行了。既然是过渡部分,那么这部分的延续时间越长,整个动作变化越流畅,动作前后的联系越自然。但是,中间的过渡部分越长,整个文件的体积就会越大。

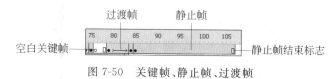

图 7-50　关键帧、静止帧、过渡帧

2. 图层

图层(Layer)是为了制作复杂动画而引入的一种手段。每个图层都有各自的时间轴,包含了一系列的帧,在各图层中所使用的帧均是独立的。图层与图层之间既相互独立,又相互影响。图层按一定的顺序重叠在一起,产生综合效果,如同将画有不同图形的玻璃重叠在一起。

3. 场景

场景(Scene)是 Flash 作品中相对独立的一段动画内容,一个 Flash 作品可以由若干个场景组成,每个场景中的图层和帧均相对独立。Flash 会自动按场景的顺序进行播放。

4. Alpha 通道

Alpha 通道是决定图像中每个像素透明度的通道,用不同的灰度值来表示图像的可见程度,共有 256 级变化。

7.3.3　Flash 基本操作

1. 新建文档

若要创建新的 Flash 文档,执行以下操作:

(1) 选择"文件"|"新建"命令,弹出"新建文档"对话框。

(2) 在"新建文档"对话框中,根据需要选择"Flash 文件(ActionScript 3.0)"或"Flash 文件(ActionScript 2.0)"。单击"确定"按钮,如图 7-51 所示。

在"属性"面板中,默认当前舞台大小设置为 550×400 像素,如需修改,单击"编辑"按钮即可。舞台"背景颜色"默认设置为白色,通过单击该样本并选择一种不同的颜色,可以更改舞台的颜色,如图 7-52 所示。

2. 箭头工具的使用

(1) 选取及移动对象。使用箭头工具可通过单击、双击、拖动选取等多种方法选取对象。单击可选取对象中的某状态,双击可选取连接在一起的矢量线或矢量块。拖动选取时将出现一个矩形选框,在矩形选框中的对象都被选中。

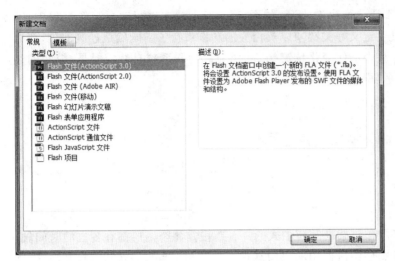

图 7-51 "新建文档"对话框   图 7-52 属性设置

例如,一个带边框的矩形,单击边框,只选取边框,单击矩形内部,只选取矩形的填充区域,而双击矩形的任意部位可选取整个矩形。

空心箭头 用于选取矢量线,只有鼠标单击的方法。

对象选取后,用鼠标拖曳即可移动对象。

(2) 改变对象的形状。当对象选取后,将鼠标指针移到对象的边缘,若鼠标指针形状变为 时,按住鼠标左键并拖动,可按圆弧形改变形状;若鼠标指针形状变为 时,拖动直线边改变形状,如图 7-53 所示。

也可使用箭头工具对应的选项按钮来改变对象的形状,如图 7-54 所示。其中, 平滑曲线, 使曲线趋于直线。

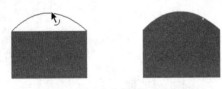

图 7-53 改变矩形的形状   图 7-54 箭头工具选项

3. 绘制椭圆或矩形

选择"椭圆"或者"矩形"工具,按住鼠标在舞台拖动,即可绘制所需图形。在绘制椭圆时,按住 Shift 键的同时在舞台上拖动,将绘制一个圆。使用矩形时,可通过选项区域设置圆角矩形。

在绘制"椭圆"或者"矩形"时,可使用图 7-55 所示颜色区域内的"笔画颜色"与"颜色填充"按钮设置所绘制的图形边界和内部颜色。单击 按钮,可控制所绘制的图形边界和内部颜色的有或无。

4. 绘制线条

选中铅笔工具 ，在图 7-56 所示区域中选中一种设置，按住鼠标在舞台内拖动即可绘制所需线段。其中，⌐使所画的线段变得平直；⌒平滑所画的线段；墨水模式则会产生手绘效果。也可使用直线工具 ＼绘制直线或用钢笔工具 ♦绘制矢量线。

图 7-55　边界和内部颜色控制　　　　图 7-56　铅笔工具选项

5. 颜色、线条设置

工具箱中的工具对象都有相应的"属性"面板，可设置绘制对象的形状、颜色、线宽等属性。选择"窗口"|"属性"命令，打开"属性"面板，如图 7-57 为铅笔工具的"属性"面板。使用墨水瓶工具 ⊘可重新设置用箭头工具所选取对象的边界线，使用油漆桶工具 ⊘可重新设置用箭头工具所选取对象的内部填充色。

6. 混色器的使用

选择"窗口"|"颜色"命令，打开"颜色"面板，如图 7-58 所示，可设置渐变颜色。

图 7-57　"铅笔工具""属性"面板

7. 文字的输入与处理

用文本工具 T输入文字时，"属性"面板如图 7-59 所示。通过"属性"面板可对文字进行格式设置。在文本状态，文字只能用单色填充。通过"修改"|"分离"命令将文字转换成矢量图形后才能填充各种颜色。

图 7-58　"颜色"面板

图 7-59　文本"属性"面板

7.3.4 5 种基本动画的制作

1. 创建逐帧动画

Flash 影片播放的基本单位叫做帧。逐帧动画(Frame By Frame)也叫帧帧动画,是最基本的动画原理。例如,小人书的每一页都是一张静止的画面,当快速的翻动书页时,就会出现连续的动画。这就是逐帧动画的原理。人眼在正常情况下有一个视觉残留,逐帧动画正是利用这一点来完成自己的动画效果。其原理是在"连续的关键帧"中分解动画动作,也就是在时间轴的每帧上逐帧绘制不同的内容,使其连续播放而形成动画,适合制作每一帧中的图像都在更改而不是简单地在舞台上移动的复杂动画。对需要进行细微改变(例如头发飘动、走路、火的燃烧等)的复杂动画是很理想的方式。逐帧动画保存每一帧上的完整数据,并且每一帧都是关键帧。

例如,这里创建小鸟飞行的逐帧动画。操作步骤如下。

(1) 新建 Flash 文档,在时间轴上单击"图层 1"使其成为活动层,然后在图层 1 中选择第 1 帧,选择"插入"|"时间轴"|"关键帧"菜单,或者右击,从弹出的快捷菜单中选择"插入关键帧"命令,或者按 F6 键,使之成为一个关键帧。

(2) 在本帧上创建图形。这里导入小鸟飞行动画序列中的第一张图片。

(3) 添加新的关键帧。单击本帧右侧的下一帧,按步骤 1 中的方式添加一个新的关键帧,其内容和第一个关键帧一样。

(4) 在舞台中改变该帧的内容。将本帧的内容删除,然后导入小鸟飞行动画序列中的第 2 张图片。

(5) 重复(3)、(4)步骤,直到完成所有的动画帧的创建,如图 7-60 所示。

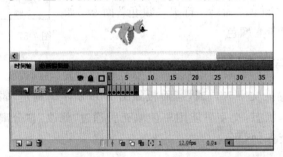

图 7-60 逐帧动画的"时间轴"面板

(6) 选择"控制"|"播放"命令,或者按 Enter 键,观察动画效果,并保存为"案例 1. fla"。

2. 创建传统补间动画

早期的动画基本采用逐帧动画的制作方法,一帧一帧地绘制完成,这样一个完整动画的完成往往需要花费相当多的人力和相当长的时间。计算机动画技术的出现,尤其是补间技术的产生,使动画的制作变得越来越容易,并且大大减少文件的存储空间。

补间(tween)是补足区间(in tween)的简称,是通过计算机计算出起始和终止两个关键帧间的动画变化,进行中间帧的填补而产生的连续的、不间断的动画。补间技术是

Flash 自带的动画制作功能,而这也正是 Flash 的迷人之处。通过补间技术,用户只要设定了起始和终止两个关键帧的状态,中间的帧就可以由 Flash 根据起始和终止两个关键帧的状态自动插入补充完整。根据动画用途,Flash 将补间分为传统补间动画和补间形状两种。

传统补间动画也称为动作补间动画,是通过对需运动的对象,设置起始和结束关键帧的不同位置,再通过补间技术来完成对象移动的动画。补间动画可以实现路径、形状、颜色和速度的变化,还可以实现旋转等效果。使用传统补间动画必须满足两个前提条件:

(1) 动画补间的操作对象是元件的实例;

(2) 起始与结束关键帧缺一不可。

利用传统补间动画技术制作小鸟飞行的动画,步骤如下。

(1) 确定元件库中已有"小鸟飞行"的影片剪辑元件,如果没有,则按上述逐帧动画制作出小鸟飞行的动画,然后按照"将动画转换为影片剪辑元件"的方法得到"小鸟飞行"的影片剪辑元件。

(2) 设置起始关键帧。在时间轴上单击"图层 1"使其成为活动层,然后在图层 1 中选择第 1 帧,选择"插入"|"时间轴"|"关键帧"命令,或者右击,从弹出的菜单中选择"插入关键帧"命令,或者按 F6 键,使之成为一个关键帧。

(3) 在"图层 1"处于选中状态时,将"小鸟飞行"影片剪辑从库中拖入到舞台的左侧区域,如图 7-61(a)所示,并保存为"案例 2.fla"。

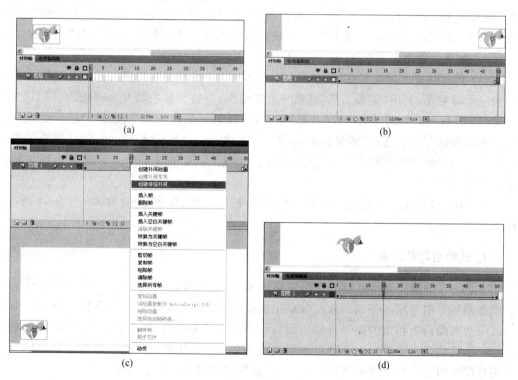

图 7-61　创建补间动画

（4）设置终止关键帧。在"图层 1"中，选择第 50 帧，按 F6 键插入一个关键帧。在第 50 帧出于选中状态时，按住 Shift 键沿着直线移动舞台上的"小鸟飞行"实例，并移至舞台的右侧位置，如图 7-61(b)所示。

（5）设定传统补间动画。在"图层 1"中，选择第 1 帧和第 49 帧之间的任何帧，右击，从弹出的快捷菜单中选择"创建传统补间"命令，如图 7-61(c)所示。这时在起始和终止两个关键帧之间的时间轴上会出现紫色底的实线箭头，如图 7-61(d)所示，表示传统补间动画创建成功。

（6）选择"控制"|"播放"命令，或者按 Enter 键，观察动画效果，并保存为"案例 3.fla"。

3. 创建补间形状动画

补间形状动画是由矢量图形产生的形状渐变动画，变化的两个形状只能是绘制或转换的封闭的矢量图形。形状补间和传统补间的主要差别在于补间形状动画不可以使用元件的实例，必须是被打散的形状图形。补间形状动画可以是形状、位置和颜色的变化，但主要还是形状的变化。

利用形状补间动画技术制作小鸟飞行的动画，步骤如下。

（1）在上述传统补间动画完成的实例基础上，添加一个新的图层，命名为"背景"，并将该图层放置到"图层 1"的下方，如图 7-62(a)所示。

（2）设置起始关键帧。单击"背景"使其成为活动层，然后在背景层中选择第 1 帧，选择"插入"|"时间轴"|"关键帧"命令，或者右击，从弹出的菜单中选择"插入关键帧"命令，或者按 F6 键，使之成为一个关键帧。在该帧对应的舞台中，利用"矩形工具"画出一个矩形框，并将其颜色填充为蓝色（♯0033FF）。

（3）设置终止关键帧。在"背景"层中，选择第 50 帧，按 F6 键插入一个关键帧。在该帧对应的舞台中，利用"矩形工具"画出一个矩形框，并将其颜色填充为橙色（♯FF6600）。

（4）设置形状补间动画。在"背景"层中，选择第 1 帧和第 49 帧之间的任何帧，右击，从弹出的快捷菜单中选择"创建补间形状"命令，如图 7-62(b)所示。这时在起始和终止两个关键帧之间的时间轴上会出现绿色底的实线箭头，如图 7-62(c)所示，表示形状补间动画创建成功。

（5）选择"控制"|"播放"命令，或者按 Enter 键，观察动画效果，并保存为"案例 4.fla"。

4. 创建引导层动画

在 Flash 中建立直线运动是件很容易的事，但是建立曲线或者沿一条特定路径运动的动画则需要引导层的帮助。在引导层中绘制运动路径（或者称为引导线），使运动渐变动画中的对象沿着指定的路径运动。而且可以将多个层链接到一个引导层，使多个对象沿同一个路线运动。设定运动路径的层就成为引导层，而被链接的层称为被引导层。一个引导层可以引导多个普通图层，而一个普通图层只能被一个引导层引导。

在上述利用形状补间动画技术制作的小鸟飞行动画基础上，创建引导层动画，使小鸟沿着曲线运动，具体步骤如下：

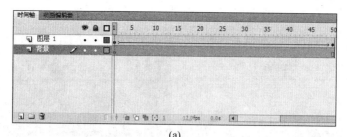

(a)

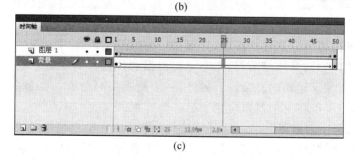

(b)

(c)

图 7-62　创建补间形状

　　（1）在上述形状补间动画完成的实例基础上，添加引导层，选中"图层 1"（被引导层），右击，从弹出的快捷菜单中选择"添加传统运动引导层"命令，则一个"引导层"自动添加到"图层 1"的上方，如图 7-63（a）所示。

　　（2）设置引导线。单击引导层，选择该图层的第一帧成为活动层，并使之成为一个关键帧。在该帧对应的舞台中，利用铅笔工具画出一条曲线作为引导线，如图 7-63（b）所示。

　　（3）起始关键帧与引导线的起点对齐。选中"小鸟"对象，在第一帧将小鸟的中心点与引导线的起始点对齐,如图 7-63(c)所示。

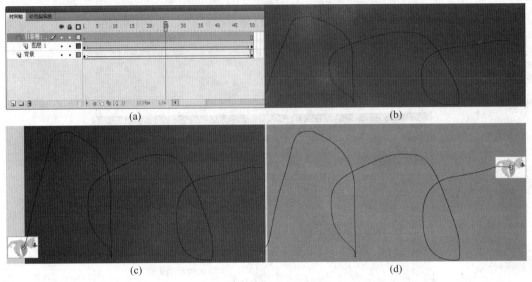

图 7-63 创建引导层动画

（4）终止关键帧与引导线的终点对齐。选中"小鸟"对象,在最后一帧,将小鸟的中心点与引导线的终点对齐,如图 7-63(d)所示。

5. 遮罩动画

遮罩动画是 Flash 中很实用且最具潜力的功能,"遮罩"顾名思义就是遮挡住下面的对象。通过"遮罩层"来达到有选择地显示位于其下方"被遮罩层"中的内容,遮罩层遮盖住的地方在动画正常播放时显示,没有遮盖的地方将不显示。

遮罩层中的内容可以是包括图形、文字、影片剪辑、实例在内的各种对象,但是 Flash 忽略了遮罩层中内容的具体细节,只关心它们占据的位置。一个遮罩层可以链接多个被遮罩层,这样就增加了运动的复杂性。另外,一个遮罩层只能有一个遮罩项目,按钮内部不能有遮罩层,也不能将一个遮罩应用于另一个遮罩。

在 Flash 动画中,"遮罩"主要有两种用途,一个是用在整个场景或某个特定区域使场景外对象或特定区域外对象不可见;另一个是用来遮罩住某元件部分从而实现一些特殊效果。

遮罩动画主要分为两大类:遮罩层动画和被遮对象动画。可以在遮罩层、被遮罩层中分别或同时使用补间形状动画、传统补间动画、引导层动画等动画手段从而使遮罩动画变成一个可以施展无限想象力的创作空间。

利用遮罩技术制作电影胶片效果,具体步骤如下。

（1）新建 Flash 文档,选中"图层 1"的第 1 帧,并且使该帧为关键帧,导入到舞台一幅图片,如图 7-64(a)所示。

（2）在"图层 1"的第 30 帧插入关键帧,制作一个图片从右向左运动的传统补间动画,如图 7-64(b)所示。

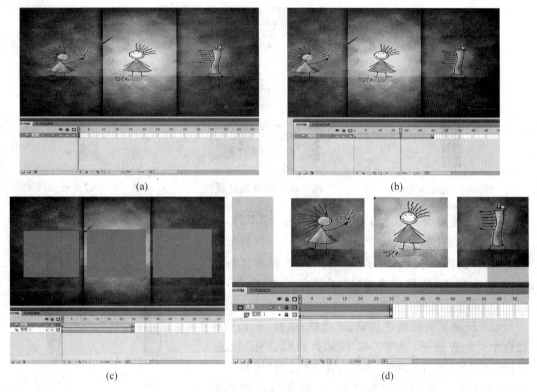

(a)　　　　　　　　　　　　　　(b)

(c)　　　　　　　　　　　　　　(d)

图 7-64　遮罩动画

（3）添加一个新的图层，并将其位于"图层 1"的上方，并将该图层命名为"遮罩"，选中该图层的第 1 帧，在该帧对应的舞台中用"矩形工具"绘制三个矩形，并在第 30 帧处插入关键帧，如图 7-64(c)所示。

（4）选择"遮罩层"，右击，从弹出的快捷菜单中选择"遮罩层"，这样就将"遮罩"层由普通图层转换为遮罩图层，并由一个蓝色的菱形图表标志。其下面的"图层 1"就变成了被遮罩层，其名称向右缩进，图标也相应地改为蓝色的图层图标，如图 7-64(d)所示。

（5）选择"控制"|"播放"命令，或者按 Enter 键，观察动画效果，并保存为"案例 6.fla"。

7.3.5　实例演练

1. 铅笔的制作

（1）建立一个新的 Flash 文档。

（2）绘制铅笔杆。选择工具箱中的"矩形"工具，然后在舞台上绘制一个矩形，如图 7-65 所示。

（3）设置笔杆的颜色。用"选择"工具选择舞台中的整个铅笔杆，然后选择"窗口"|"颜色"命令，弹出"颜色"对话框，选择"填充"颜色，将"类型"设置为"线性"，然后按照图 7-66 所示设置渐变颜色，设置好的效果如图 7-67 所示。

图 7-65　绘制笔杆

图 7-66　设置笔杆颜色

图 7-67　设置渐变效果

（4）设置笔头。单击工具箱中的"选择"工具，将鼠标放在舞台中铅笔杆的下边线中点上，当指针变成形状时，如图 7-68(a)所示，同时按 Ctrl 键和鼠标左键并向下拖动，这样就绘制出了铅笔头的形状，如图 7-68(b)所示。

（5）设置笔头的颜色。单击"选择"工具，拖动选择舞台中的笔头部分，如图 7-69 所示。然后打开"颜色"对话框，选择"填充"颜色，将"类型"设置为"线性"，然后按照图 7-70 所示设置渐变颜色，设置好的效果如图 7-71 所示。

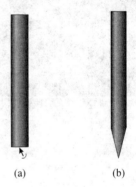

(a)　　　　(b)

图 7-68　设置笔头

图 7-69　选择笔头

图 7-70　设置渐变

图 7-71　笔头渐变效果

（6）设置笔尖。单击"选择"工具，拖动选择舞台中的笔头的部分，如图 7-72 所示。然后通过"颜色"对话框或者"属性"面板，将笔触和填充色均设置为黑色，设置好的效果如图 7-73 所示。这样一个铅笔就绘制好了。

（7）旋转铅笔。为了使铅笔效果更逼真，选中舞台中整个铅笔，单击"任意变形"工具，将铅笔旋转一定的角度，旋转后效果如图 7-74 所示。

（8）在舞台上绘制一曲线。选择"铅笔"工具，在舞台上绘制一曲线，最后的效果如图 7-75 所示。选择"文件"|"保存"命令，以"铅笔.fla"为名保存该文件。

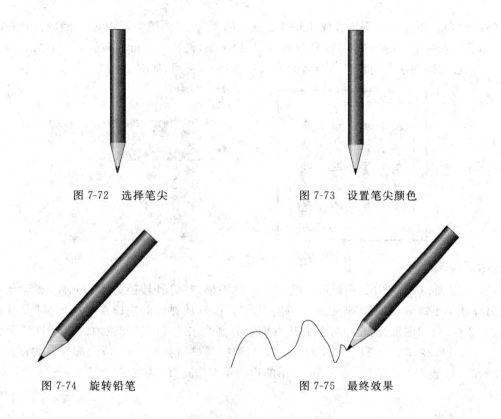

图 7-72　选择笔尖　　　　　　　　　　　图 7-73　设置笔尖颜色

图 7-74　旋转铅笔　　　　　　　　　　图 7-75　最终效果

2. 铅笔写诗

(1) 新建 Flash 文档,并通过"属性"面板将舞台颜色设置为蓝色。

(2) 画信纸。按 Ctrl+F8 键新建一个元件,命名为"paper",用矩形工具画一个白色的矩形,然后在白色矩形内再画一个红色矩形框,无填充,如图 7-76 所示。用直线工具画出三条红色的竖线作为信纸上的格子,完成信纸,选中信纸的各个部分并按 Ctrl+G 键进行群组操作,如图 7-77 所示。

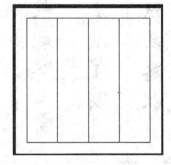

图 7-76　绘制信纸外框　　　　　　　　　图 7-77　绘制信纸格子

(3) 在信纸上添加文字。返回场景 1,并将 paper 元件拖到舞台的中心位置,将原图层的名字更改为"paper"。新建一个图层,命名为"文字",然后用文字工具打上 4 句诗文字,在"属性"面板中设文本方向为竖向。按 Ctrl+B 键,将所写文字段落打散,然后按

Ctrl+G键,将文字分别组合成4句放在信纸的4行中,如图7-78所示。然后分别右击每一句诗,在弹出快捷菜单中选择"分散到图层"命令,把每一句诗单独放在一个图层,在"图层"面板按诗句从右到左分别命名为t1,t2,t3和t4备用,如图7-79所示。

图 7-78　添加文字

图 7-79　分散文字图层

　　(4) 新建一个图层,用矩形工具画一白色矩形,并将其转换为图形元件,然后复制出另外3个小矩形,如图7-80所示。选中它们,右击,从弹出的快捷菜单中选择"分散到图层"命令。在"图层"面板中将它们从右到左分别命名为11、22、33、44。在"图层"面板中将图层11,22,33,44和它们所对应的文字图层调整为如图7-81所示顺序。将图层11、22、33、44设置为遮罩层,右击,从弹出的快捷菜单中选择"遮罩层"命令。

图 7-80　分散白色矩形

图 7-81　添加遮罩

　　(5) 在第100帧处给所有图层都按F5插入帧,选择paper层,选择第25帧,插入关键帧,将第25帧处的信纸水平拖移到画面以外,并添加传统补间动画,完成信纸进入的动画,如图 7-82 所示。

(6) 添加一个新的图层,命名为"铅笔",在第 30 帧插入关键帧,打开上述实例"铅笔.fla"Flash 文档,选择整个铅笔,右击,从弹出的快捷菜单中选择"转换为元件"命令,命名为"铅笔",类型选择"图形",这样就将铅笔矢量图转换为"图形元件",将该元件复制到新建的"铅笔"图层,并放在舞台左侧外面,如图 7-83 所示。

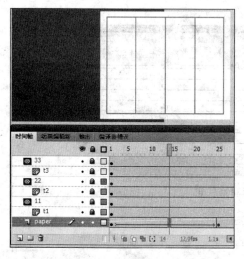

图 7-82　添加传统补间动画

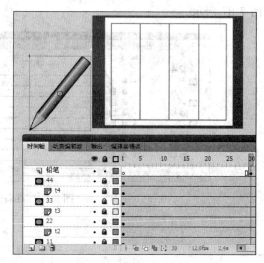

图 7-83　添加铅笔元件

(7) 在第 42 帧处插入关键帧并添加传统补间动画,将铅笔拖到如图 7-84 所示位置,完成铅笔进入的动画。

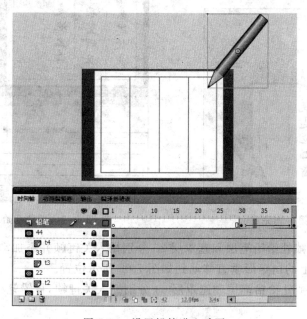

图 7-84　设置铅笔进入动画

（8）做铅笔写字的动画。在第45帧处给铅笔层插入关键帧,另外将所有的文字层及其遮罩层的第1个关键帧都设在这里。在第60帧处给铅笔层和遮罩层11分别插入关键帧并添加动画补间,如图7-85所示。并分别将铅笔和遮罩层11上的白矩形垂直移动到如下位置,如图7-86所示。

（9）在第61帧处给铅笔层和遮罩层22分别插入关键帧,将铅笔移动到如下位置,如图7-87所示。

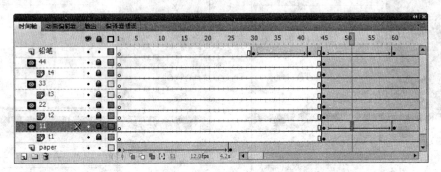

图7-85　准备开始写第一句

图7-86　第一句完成

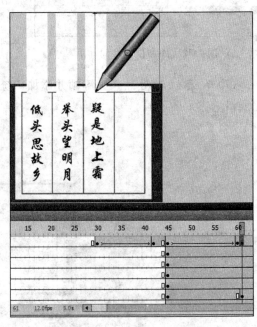

图7-87　准备开始写第二句

（10）在第75帧处给铅笔层和遮罩层22分别插入关键帧并添加动画补间,并分别将铅笔和遮罩层22上的白矩形垂直移动到如图7-88所示位置。

（11）在第76帧处给铅笔层和遮罩层33分别插入关键帧,将铅笔移动到如图7-89所示位置。

（12）在第90帧处给铅笔层和遮罩层33分别插入关键帧并添加动画补间,并分别将铅笔和遮罩层33上的白矩形垂直移动到如图7-90所示位置。

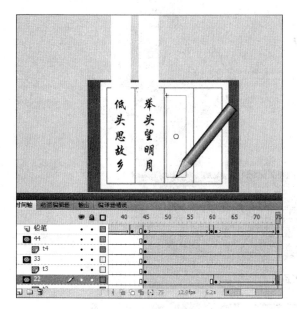

图 7-88　第二句完成

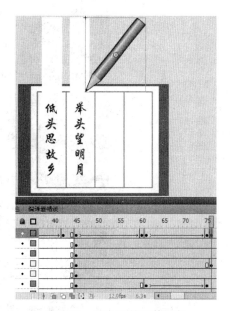

图 7-89　准备开始写第三句

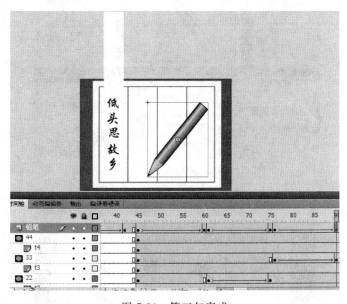

图 7-90　第三句完成

（13）在第 91 帧处给铅笔层和遮罩层 44 分别插入关键帧，将铅笔移动到如图 7-91 所示位置。

（14）在第 106 帧处给铅笔层和遮罩层 44 分别插入关键帧并添加动画补间，并分别将铅笔和遮罩层 44 上的白矩形垂直移动到如图 7-92 所示位置。完成铅笔写字的动画。按下 Ctrl＋Enter 键测试效果，如图 7-93 所示，并保存为"铅笔写字动画.fla"。

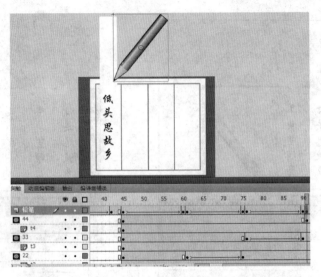

图 7-91　准备开始写第四句

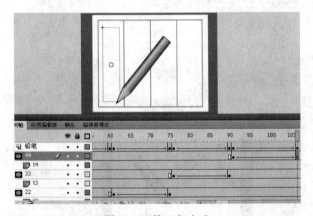

图 7-92　第四句完成

图 7-93　最终效果

阅读材料7

伊万·萨瑟兰

萨瑟兰1938年5月16日生于美国内布拉斯加州的中西部小城市黑斯廷斯（Hastings）。20世纪50年代萨瑟兰上中学时,计算机刚问世不久,是一种神秘而又令人向往的机器,吸引了许多年轻人的视线,萨瑟兰就是其中之一。他用很大的热情自己动手设计与装配过一些用继电器工作的计算装置,这些装置虽然简单而幼稚,却使萨瑟兰积累了一些最基本的计算机经验。

1959年,萨瑟兰在卡内基梅隆大学获得电气工程学士学位,第二年又在加州理工学院获得硕士学位。这两所大学在电气工程和计算机方面都有很高的水平,有一批知名的教授、学者。萨瑟兰不但在那里打下了很好的专业基础,而且一到假期,他就到IBM公司去打工,积累了相当的实践经验。后来,萨瑟兰到麻省理工学院攻读博士学位,在著名的林肯实验室的TX-2计算机上去完成导师交给他的博士论文课题——三维的交互式图形系统（当时二维的图形系统已经问世）。萨瑟兰依靠扎实的专业基础和勤奋的工作,用了3年时间终于完成了这个艰巨而复杂的任务,开发成功了著名的Sketchpad系统。

Sketchpad的工作原理简单说来是这样的,光笔在计算机屏幕表面上移动时,通过一个光栅系统（grid system）测量笔在水平和垂直两个方向上的运动,从而在屏幕上重建由光笔移动所生成的线条。一旦出现在屏幕上,线条就可以被任意处理和操纵,包括拉长、缩短、旋转任一角度等,还可以互相连接起来表示任何物体,物体也可以旋转任意角度以显示其任意方位的形态。Sketchpad中的许多创意是革命性的,它的影响一直延续到今天。

为了在论文答辩时产生最佳效果,萨瑟兰还精心制作了一部影片,名为《Sketchpad：人机图形通信系统》（*Sketchpad：A Man—Machine Graphical Communication System*）。答辩时,他边放映,边讲解,生动、活泼、形象,取得极大成功,包括信息论创始人香农、有"人工智能之父"之称的明斯基、计算机图形学的先驱考恩斯（Steven Anson Coons）等著名学者、教授组成的答辩委员会全体一致给萨瑟兰的博士论文打了"优"。萨瑟兰制作的这部影片后来还曾广为传播。Sketchpad的成功奠定了萨瑟兰作为"计算机图形学之父"的基础,并为计算机仿真、飞行模拟器、CAD/CAM、电子游戏机等重要应用的发展打开了通路。

取得博士学位以后,萨瑟兰离开麻省理工学院参加了军队,在安全部门工作,曾参与过雷达和红外跟踪系统的研制。之后,他被任命为负责高科技项目的国防部高级研究计划署DARPA的信息处理技术局（Information Processing Techniques Office,IPTO）的局长,这个局曾经组织实施了Internet的前身阿帕网（ARPANET）等一批重大的项目。萨瑟兰被任命为这个局的局长时,年仅26岁,军衔仅仅是中尉,这是空前少有的。对于萨瑟兰来说,在DARPA/IPTO的任职,既锻炼了他的领导能力,又使他有机会与美国最重要的一些企业和研究机构打交道,结识了许多知名人物,这对他今后的事业有很重要的影响。

离开DARPA以后,萨瑟兰又回到大学,但不是卡内基梅隆大学,也不是麻省理工学院,而是哈佛大学。他在哈佛大学呆了3年,继续其计算机图形学方面的研究,开发了一些有用的图形工具。1967年,对计算机图形学也有着浓厚兴趣的著名学者大卫·埃文斯(David Evans)邀请萨瑟兰一同工作,自此,他从哈佛大学转至犹他大学。在他们两人的通力合作下,犹他大学计算机系成为当时计算机图形学的研究中心,图形和动画技术更趋完善。早期的著名游戏软件Pong就是由萨瑟兰在那里的一个学生Nolan Bushnell于1972年开发出来的。Bushnell后来创办了著名的Atari公司。

1976年,萨瑟兰应母校加州理工学院之请,出任计算机科学系主任至1980年。

除了教学和研究之外,萨瑟兰也很重视将研究成果商品化,转化为现实生产力。他先后办过两个公司,一个是与埃文斯于1968年合办的Evans & Sutherland Co.,地点在盐湖城。这个公司的主要产品是飞行训练器和CAD工具,在该领域颇有声望。该公司不定期出版的 *Evans & Sutherland Newsletter* 主要刊登计算机仿真技术方面的文章。萨瑟兰从1974年起虽不再参与公司的日常运作,但仍为公司董事会成员。另一个公司是1980年在匹茨堡创办的Sutherland,Sproull & Associates,合伙人Robert Sproull是萨瑟兰在DARPA时他的一个上级的儿子。这个公司也主要从事计算机图形学方面的产品开发和市场营销。公司后来从宾夕法尼亚州迁至加州的硅谷,以求更大的发展。这个公司萨瑟兰除了图形学的课题外,还研究计算机体系结构、逻辑电路等,同样取得一些成果,有些成果还申请并取得了专利,如异步队列系统(Asynchronous queue system),于1987年7月获得美国4679213号专利。不知什么原因,萨瑟兰获得图灵奖以后,没有发表传统的图灵奖演说,但《ACM通信》杂志于1989年6月为此发表了萨瑟兰的一篇长篇论文,也是关于计算机体系结构的,题为《微流水线》(*Micropipelines*),见该刊720~738页。

除了图灵奖以外,萨瑟兰还是美国工程院兹沃里金奖的第一位得主,这个奖是为纪念现代电视技术的奠基人、1919年移居美国的俄罗斯科学家V. K. Zworykin(1889—1982)而设立的。1975年他被系统、管理与控制论学会授予"杰出成就奖"。1986年IEEE授予他皮奥尔奖(为纪念电子学著名学者Emmanuel R. Piore而设立)。

ACM除授予他图灵奖以外,1994年因Sketchpad授予他软件系统奖;ACM关于图形学的专门委员会SIGGRAPH则早在1983年为纪念计算机图形学的先驱考恩斯(S. A. Coons)而设立以他的名字命名的奖项时,就把第一个考恩斯奖授予了萨瑟兰。有趣的是,考恩斯也是萨瑟兰博士论文答辩委员会的委员。这众多荣誉充分说明了萨瑟兰的研究成果被学术界所肯定。

习题7

一、选择题

1. 下面关于多媒体技术地描述中,正确的是(　　)。

　　A. 多媒体技术只能处理声音和文字

　　B. 多媒体技术不能处理动画

　　C. 多媒体技术就是计算机综合处理声音、文本、图像等信息的技术

D. 多媒体技术就是制作视频

2. 下列各组应用，不属于多媒体技术应用的是（　　）。

    A. 计算机辅助教学　　　B. 电子邮件　　　C. 远程医疗　　　D. 视频会议

3. 多媒体技术的产生与发展正是人类社会需求与科学技术发展相结合的结果，那么多媒体技术诞生于（　　）。

    A. 20 世纪 60 年代　　　　　　　　　B. 20 世纪 70 年代

    C. 20 世纪 80 年代　　　　　　　　　D. 20 世纪 90 年代

4. 下列关于多媒体技术主要特征描述，正确的是（　　）。

    ① 多媒体技术要求各种信息媒体必须要数字化

    ② 多媒体技术要求对文本、声音、图像、视频等媒体进行集成

    ③ 多媒体技术涉及信息的多样化和信息载体的多样化

    ④ 交互性是多媒体技术的关键特征

    ⑤ 多媒体的信息结构形式是非线性的网状结构

    A. ①②③⑤　　　　　B. ①④⑤　　　　　C. ①②③　　　　　D. ①②③④⑤

5. 媒体技术能够综合处理（　　）信息。

    ① 龙卷风.mp3

    ② 荷塘月色.doc

    ③ 发黄的旧照片

    ④ 泡泡堂.exe

    ⑤ 一卷胶卷

    A. ①②④　　　　　B. ①②　　　　　C. ①②③　　　　　D. ①④

6. 静态图像压缩标准是（　　）。

    A. JPAG　　　　　B. JPBG　　　　　C. PDG　　　　　D. JPEG

7. 以下列文件格式存储的图像，在图像缩放过程中不易失真的是（　　）。

    A. BMP　　　　　B. WMF　　　　　C. JPG　　　　　D. GIF

8. 下列（　　）文件格式既可以存储静态图像，又可以存储动画。

    A. BMP　　　　　B. JPG　　　　　C. TIF　　　　　D. GIF

9. 下面文件格式不是矢量图文件格式的是（　　）。

    A. CDR　　　　　B. JPG　　　　　C. WMF　　　　　D. AI

10. 在进行素材采集的时候，要获得图形图像，下面（　　）方法获得的不是位图图像。

    A. 使用数字照相机拍得的照片

    B. 使用 PhotoShop 制作的图片

    C. 使用扫描仪扫描杂志上的照片

    D. 在 Office 中联机从网络中获得的剪贴画（WMF）文件

11. 某同学从网上下载了若干幅有关奥运会历史的老照片，需要对其进行旋转、裁切、色彩调校、滤镜调整等加工，可选择的工具是（　　）。

    A. Windows 自带的画图程序　　　　　B. Photoshop

C. Flash　　　　　　　　　　　　　　　　D. Cool 3D

12. 暑假去北京旅游时,丹丹照了一张很满意的数字相片(正面的),她想利用学过的图像图像处理技术 DIY 一套红底一寸的证件相,她的操作步骤如下,正确的是(　　)。

① 用油漆桶工具将背景颜色填充为红色

② 利用多边形套索工具将头像从背景中勾出来

③ 单击矩形选框工具,将样式设为"固定大小",并设置一寸相规格的宽度和高度

④ 利用"选择"|"反选"命令,将头像之外的背景选中并删除

⑤ 将相片裁剪为一寸相,并排版打印

⑥ 利用 Photoshop 打开数字相片

⑦ 利用"图像"|"图像大小"命令,调整图像大小略大于一寸相规格

A. ⑥①⑦②④③⑤　　　　　　　　　　B. ⑥⑦②④③①⑤

C. ⑥②④①⑦③⑤　　　　　　　　　　D. ⑥④②①③⑦⑤

13. 以下(　　)软件不是常用的图形图像处理软件。

A. Painter　　　　B. Freehand　　　　C. CorelDraw　　　　D. FrontPage

14. 以下关于图形图像的说法正确的是(　　)。

A. 位图图像的分辨率是不固定的

B. 矢量图形放大后不会产生失真

C. 位图图像是以指令的形式来描述图像的

D. 矢量图形中保存有每个像素的颜色值

15. 在 Photoshop 中,(　　)工具不能帮助抽出图像(抠图)。

A. 仿制图章　　　　B. 磁性套索　　　　C. 魔棒工具　　　　D. 抽出滤镜

16. Windows 所用的标准音频文件扩展名为(　　)。

A. WAV　　　　B. VOC　　　　C. MID　　　　D. MOD

17. 李明买了一款杂牌 MP3,想往计算机里添加一些歌曲,于是到网上下载了一些非常喜欢的歌曲,有 RM、MP3、WAV 等格式,结果有些特别喜欢的歌曲在计算机里播放的好好的。传到 MP3 中却不能播放,你认为可能的原因是(　　)。

A. 传到 MP3 前必须对音频文件进行格式转换

B. MP3 播放器不支持某些音频文件格式

C. MP3 播放器不支持除 MP3 格式外的其他音频文件

D. 以上都对

18. MPEG 是数字存储(　　)图像压缩编码和伴音编码标准。

A. 静态　　　　B. 动态　　　　C. 点阵　　　　D. 矢量

19. 小明在一本彩色杂志上看到一个很可爱的企鹅图片,他想用来做多媒体素材,但是他并不想要任何的背景元素,小明的操作步骤如下,正确的是(　　)。

① 利用多边形套索工具把企鹅从背景中勾出来,并按 Ctrl＋C 键复制到剪贴板中

② 使用扫描仪将杂志上的企鹅扫描到计算机中

③ 将新图像保存为 GIF 格式文件

④ 新建一个透明背景的图像,并按 Ctrl＋V 键粘贴过来

⑤ 启动 Photoshop,打开企鹅图片

    A. ⑤②①④③   B. ②⑤①④③   C. ②⑤③①④   D. ⑤②③①④

20. 张军同学用麦克风录制了一段 WAV 格式的音乐,由于文件容量太大,不方便携带。在正常播放音乐的前提下,要把文件容量变小,张军使用的最好办法是( )。

    A. 应用压缩软件,使音乐容量变小

    B. 应用音频工具软件将文件转换成 MP3 格式

    C. 应用音乐编辑软件剪掉其中的一部分

    D. 应用音频编辑工具将音乐的音量变小

21. 刘丽同学想多种方法获取声音文件,下面( )方法才是正确获取的。

    ① 从光盘上获取

    ② 从网上下载

    ③ 通过扫描仪扫描获取

    ④ 使用数字照相机拍摄

    ⑤ 用录音设备录制

    ⑥ 用软件制作 MIDI 文件

    A. ①②③④   B. ①②⑤⑥   C. ③④⑤⑥   D. ②③⑤⑥

22. 采用工具软件不同,计算机动画文件的存储格式也就不同。以下几种文件的格式那一种不是计算机动画格式( )。

    A. GIF 格式   B. MIDI 格式   C. SWF 格式   D. MOV 格式

23. 以下关于 Flash 遮罩动画的描述,( )是正确的。

    A. 遮罩动画中,被遮住的物体在遮罩层上

    B. 遮罩动画中,遮罩层位于被遮罩层的下面

    C. 遮罩层中有图形的部分就是透明部分

    D. 遮罩层中空白的部分就是透明部分

24. 用 Flash 制作一个小球沿弧线运动动画。操作步骤如下,正确的是( )。

    ① 新建一个"图形元件",用椭圆工具在元件的第 1 帧处画一个小球

    ② 新建一个 Flash 文件

    ③ 从库中把"小球"拖到"图层 1"的第 1 帧,并跟引导线的一端重合

    ④ 单击"增加运动引导层"按钮,在"图层 1"上新建一个引导层

    ⑤ 用铅笔工具在引导层上画一条平滑的曲线,延长到第 40 帧,并锁定

    ⑥ 测试并保存

    ⑦ 在第 40 帧处按 F6 插入关键帧,把小球拖到引导线的另一端,与其重合

    A. ②①⑤④⑦③⑥   B. ①②③⑦④⑤⑥

    C. ①②④③⑤⑦⑥   D. ②①④⑤③⑦⑥

25. 适合制作三维动画的工具软件是( )。

    A. Authorware   B. Photoshop   C. Auto CAD D. 3D MAX

26. 计算机获取视频信息的方法有( )。

    ① 截取现有的视频文件

② 通过视频采集卡采集视频信息

③ 利用软件把静态图像文件序列组合成视频文件

④ 将计算机生成的计算机动画转换成视频文件

    A. ①②③④   B. ①②③   C. ①③④   D. ②③④

27. 在网上浏览故宫博物院,如同身临其境一般感知其内部的方位和物品,这是( )技术在多媒体技术中的应用。

    A. 视频压缩   B. 虚拟现实   C. 智能化   D. 图像压缩

28. 虚拟现实是一项与多媒体密切相关的边缘技术,它结合了( )等多种技术。

    ① 人工智能

    ② 流媒体技术

    ③ 计算机图形技术

    ④ 传感技术

    ⑤ 人机接口技术

    ⑥ 计算机动画

    A. ①②③④⑤⑥   B. ①②③④⑤   C. ①③④⑤⑥   D. ①③④⑤

29. 虚拟现实系统的特点是沉浸感、交互性、和( )性。

    A. 多元   B. 真实   C. 实时   D. 多感知

30. ( )技术大大地促进了多媒体技术在网络上的应用,解决了传统多媒体手段由于数据传输量大而与现实网络传输环境发生的矛盾。

    A. 人工智能   B. 虚拟现实   C. 流媒体   D. 计算机动画

二、填空题

1. Flash 的帧有 3 种,分别是_____、_____、_____。

2. Photoshop 保存的源文件的扩展名是_____,Flash 保存的源文件的扩展名是_____。

3. "元件"是 Flash 里基本的概念,是构成影片的基本组成部分,"元件"主要有 3 种类型:_____、_____、_____。

4. Photoshop 中要对文字图层设置滤镜效果时,应先将该图层做_____操作,从而使文字变为图像。

5. 数据压缩的基本方法有两种:_____、_____。

6. 构成位图图像的最基本单位是_____。

7. 动画和视频是建立在活动帧概念的基础上,帧频率为 25 帧每秒的制式为 PAL 制式。

三、操作题

1. 请用自己的语言描述多媒体作品开发的一般过程。

2. 用 Flash 制作一个小球平抛运动动画。请给出详细的制作步骤。

第8章

数据库技术基础

　　数据库技术作为数据管理的实现技术,已成为计算机应用技术的核心,是计算机技术中发展最快、应用最广的技术之一,目前,数据库技术已成为现代计算机信息系统和应用系统开发的核心技术,随着计算机技术、通信技术、网络技术的迅速发展,建立一个行之有效的管理信息系统已成为每个企业或组织生存和发展的重要条件。因此,掌握数据库技术与应用对当今大学生是非常有必要的。

　　本章主要介绍数据库系统的相关概念。然后以 Access 数据库为例,介绍 Access 数据库的基本操作和基本功能。

8.1　数据库系统概述

8.1.1　数据库的基本概念

1. 数据和信息

　　(1)数据。数据是数据库中的基本对象。数据是描述客观事物的一组文字、数字和符号,在人们的日常生活中,数据无所不在,数字、文字、图表、图像、声音等都是数据。它是客观事物的反映和记录,人们通过数据来认识世界、交流信息。

　　数据一般分三类:一是数值型数据,即对客观事物进行定量记录的符号,如数量、年龄、价格和长度等;二是字符型数据,即对客观事物进行定性记录的符号,如姓名、籍贯、单位等;三是特殊型数据,即对客观事物进行形象特征和过程记录的符号,如声音、视频、图像等。

　　(2)信息。信息是客观事物属性的反映,它所反映的是某一客观系统中,某一事物的某一方面属性或某一时刻的表现形式。通俗地讲,信息是经过加工处理并对人类客观行为产生影响的数据表现形式。

　　信息是有价值的,是可以感知的。信息可以通过载体传递,可以通过信息处理工具进行存储、加工、传播等。

　　数据与信息既有联系,又有区别。数据是信息的具体表现形式,是信息的载体。信息是数据加工的结果,是数据有意义的表现。

例如,如果单纯地说"2kg",可能无法知道要表示的意思,但如果说"这包书的重量是2kg",这句话的意义就很清楚了。这就是数据与信息的区别。

因此,当数据以某种形式经过处理、描述或与其他数据比较时,一些意义就出现了。这就是信息的实质,即它有意义,而数据没有。

2. 数据处理

所谓数据处理是指对各种形式的数据进行收集、存储、分类、加工和传播的一系列操作的总和。数据处理也称为信息处理。目的是从大量的原始数据中抽取对人类有价值的信息,以作为行动和决策的依据。

3. 数据管理

数据管理指对数据的分类、组织、编码、检索和维护等。数据处理的核心问题就是数据管理,数据管理需要一个通用、高效的管理软件,这就是数据库技术。

8.1.2 数据库技术的发展

数据库技术是由数据管理任务的需要而产生的。当计算机应用于财务管理、图书馆管理、人事管理、档案管理、银行信贷系统、交通运输与售票系统等领域时,它所面对的各种数据是庞大的。为了更有效地管理和使用这些数据,数据库管理技术应运而生。

数据库技术从诞生到现在,形成了坚实的理论基础、成熟的商业产品和广泛的应用领域,数据库的诞生和发展给计算机信息管理带来了一场巨大的革命。国内外已经开发建设了成千上万个数据库,它已成为企业、部门乃至个人日常工作、生产和生活的基础设施。同时,随着应用的扩展与深入,数据库的数量和规模越来越大,数据库的研究领域也已经大大地拓广和深化了。30年间数据库领域获得了三次计算机图灵奖,更加充分地说明了数据库是一个充满活力和创新精神的领域。

从数据的存储结构和处理方式的角度而言,计算机数据管理技术发展大致经过以下4个阶段:人工管理阶段、文件系统管理阶段、数据库系统管理阶段和高级数据库阶段。

1. 人工管理阶段

20世纪50年代中期以前,计算机主要用于科学计算。计算机硬件只有纸带、卡片、磁带等,软件方面没有操作系统和进行数据管理的软件,计算机只能通过大量的分类、比较等运行数百万穿孔卡片来进行数据的处理,其处理过程是一组程序对应一组数据,一个程序中的数据不能被其他程序调用,而且程序之间数据不能共享。因此使得程序之间存在大量的重复数据。

这一阶段数据管理的主要特点是数据不能共享,冗余度大,数据依赖于特定的应用程序,不具有独立性。

2. 文件系统管理阶段

20世纪60年代中期,计算机的应用范围逐步扩大,不仅用于科学计算,还大量用于信息管理。计算机有了磁盘、磁鼓等能直接存储数据的存储设备,软件方面出现了高级语言和操作系统。操作系统中有了专门的数据管理软件,称为文件系统。

文件系统按一定的规则将数据组织成一个保存在外存上的数据文件,实现程序和数据分离,用户的应用程序与数据文件可分别存放在外存储器上,不同应用程序可以共享一组数据,实现了以文件为单位的数据共享。文件管理系统解决了应用程序和数据之间的公共接口问题,应用程序通过文件系统对文件中的数据进行存取操作,提高了数据使用效率。

但该阶段的程序和数据相互依赖,数据仍然不能完全独立,同一数据项只对应于一个或几个应用程序,造成数据冗余,而且应用程序依赖于文件的存储结构,文件结构不易修改与扩充,不能集中管理。在进行更新操作时,很可能造成同样的数据在不同的文件中的不一致性。

3. 数据库系统管理阶段

到了 20 世纪 60 年代后期,数据处理的规模越来越大,计算机开始广泛地应用于数据管理,传统的文件系统已经不能满足人们的需要。为了解决数据的独立性问题,实现数据的统一管理,达到数据共享的目的,能够统一管理和共享数据的数据库管理系统(DBMS)应运而生。

数据库系统采用复杂的数据模型,将数据集中到数据库中,并以多种数据模型方式描述数据库数据结构,由数据库管理系统实现转换或映射,使得数据具有较高的数据物理独立性和逻辑独立性,达到最小冗余度,用户以简单的逻辑结构操作数据而无须考虑数据的物理结构,而且允许多个用户同时操作数据库数据,实现数据的共享。数据库系统为用户提供方便的用户接口,用户在数据库管理系统的支持下,可通过命令等方式操作数据库,实现数据统一规划,集中管理。与文件系统相比,数据库系统提供了对数据更高级更有效的管理,数据库系统管理阶段应用程序与数据之间的对应关系如图 8-1 所示。

图 8-1　数据库系统管理阶段应用程序与数据之间的对应关系

数据库系统管理阶段的特点:
(1) 以数据为中心组织,形成综合性的数据库为各应用共享。
(2) 采用一定的数据模型。
(3) 数据冗余小,易修改,易扩充。
(4) 程序和数据有较高的独立性。
(5) 具有良好的用户接口,用户可方便地开发和使用数据库。
(6) 对数据进行统一管理和控制,提供了数据的安全性和完整性。

总之,数据库系统能实现有组织地、动态地存储大量有关联的数据,提供给多个用户、多个应用系统共享使用。

4. 高级数据库阶段

20 世纪 80 年代以来关系数据库理论日趋完善,逐步取代网状和层次数据库占领了市场,并向更高阶段发展。目前数据库技术已成为计算机领域中最重要的技术之一,它是软件科学中的一个独立分支,正在朝分布式数据库、数据库机、知识库系统、多媒体数据库方向发展。特别是现在的数据仓库和数据挖掘技术的发展,大大推动了数据库向智能化和大容量化的发展趋势,充分发挥了数据库的作用。

这一阶段主要有分布式数据库系统、面向对象数据库、智能数据库系统等。

8.1.3 数据库系统

数据库系统是指引进数据库技术后的计算机系统。他实质上是由有组织地、动态地存储的有密切联系的数据集合,以及对其进行统一管理的计算机软件和硬件资源所组成的系统。

1. 数据库系统的组成

一个完整的数据库系统一般由数据库、数据库管理系统、硬件系统、应用程序和数据库系统相关人员等构成,如图 8-2 所示。

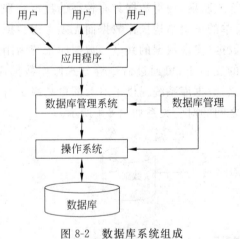

图 8-2　数据库系统组成

（1）数据库（Database,DB）。数据库,顾名思义,就是数据存放的仓库,是指按照一定的数据模型组织并存放在外存上的一组相关的可共享的数据集合。它是数据库管理的对象和为用户提供数据的信息源,是数据库系统的核心。

（2）数据库管理系统（Database Management System,DBMS）。数据库管理系统是对数据库进行管理的软件系统,是数据库系统的核心组成部分,数据库的一切操作和控制都是通过数据库管理系统进行的。

数据库管理系统介于应用程序和操作系统之间,借助于操作系统实现对数据的存储和管理,为各种不同的用户提供共享数据。

数据库管理系统的主要功能包括数据定义、数据操纵、数据库的运行管理以及数据库的建立和维护等。

（3）软件和硬件支持系统。硬件系统是数据库系统的物理支持,主要是指计算机。数据库系统除数据库管理系统外,还需要一个软件平台。如 OS、网络软件、应用系统开发工具等。

（4）数据库系统相关人员。数据库系统相关人员包括数据库管理员（DBA）、系统分析员、应用程序员和用户。不同人员涉及不同级别的数据。用户是指数据库的最终使用者,他们通过应用程序的操作界面使用数据库,完成日常数据处理工作。

2. 数据库系统的特点

数据库系统的特点是数据不再只针对某一个特定的应用,而是面向全组织的,具有整体结构性的数据统一控制。

(1) 数据的共享性高,易扩充。数据库系统从整体角度描述数据,因此可以被多个用户、多个应用共享使用。用户可以各自使用数据库中不同的数据,也可以调用相同的数据,大大减少数据冗余,提高了信息的利用率。并且在数据库的基础上可以很容易地增加新的应用,使系统弹性大,易于扩充。

(2) 数据独立性较高。在数据库系统中,数据库管理系统把数据与应用程序隔离开来,使数据独立于应用程序,由"数据依赖于程序"转变为"以数据为中心"。当数据的存储方式和逻辑结构发生变化时,并不需要改变用户的应用程序。数据与程序的独立性,简化了应用程序的编制,大大减少了应用程序的维护和修改。

(3) 数据由 DBMS 统一管理和控制。数据库的共享是并发的,即多个用户可以同时存取数据库中的数据,甚至可以同时存取数据库中的同一个数据,为避免可能造成数据更新失控及数据可靠性降低等问题,数据库系统需要提供相应的控制功能,包括数据的安全性保护、数据的完整性检查、并发控制、数据库恢复等。

(4) 实现了整体数据的结构化。数据库系统不仅描述了数据本身,而且能够描述数据之间的关系。在数据库系统中,数据不再针对某一应用,而是面向全组织,具有整体结构化。不仅数据是结构化的,而且存取数据的方式也很灵活,可以存取数据库中的某一个数据项、一组数据项、一个记录或一组记录。

8.1.4 数据模型

数据模型是数据库系统的核心和基础。在用计算机处理现实世界的信息时,必须抽取局部范围的主要特征,模拟和抽象出一个能反映局部世界中实体和实体之间联系的模型,即数据模型。也就是说,数据模型是抽象描述现实世界的一种工具和方法,是表示实体及实体之间联系的形式。

1. 数据模型的概念

(1) 模型(Model):是对研究对象抽象化形式的一种描述,是对现实世界的抽象。

(2) 数据模型(Data Model):数据模型是指数据库中数据的存储方式,是以数据的方式对客观事物及其联系的描述。详细说明组织数据项及建立数据项之间的联系方法,它决定了数据库中数据之间联系的表达方式。数据库系统所支持的数据模型有以下 3 种。

① 层次模型(树)。用树状结构表示实体与实体之间的联系,是数据库系统最早使用的一种数据模型。

② 网状模型(图)。用网状结构表示实体与实体之间的联系,其本质与层次模型是一样的。

③ 关系模型（表）。用二维表的形式表示实体与实体之间的联系。是数据库中最重要的模型。

在数据库中数据的组织结构采用什么数据模型，就会构成什么数据库，即每一种数据库管理系统都是基于某一数据模型的。如 Access、SQL Server、Oracle、Sybase、DB2 等都是基于关系模型的数据库管理系统，在建立数据库之前需首先确定所要采用的数据模型。

在这 3 种数据模型中，前两种已经很少用到，目前数据库产品中使用最广泛，技术最成熟的是关系模型。

2. 关系模型与关系数据库

关系模型是以数学理论为基础的，1970 年，IBM 的 E. F. Codd 发表了一篇名为《大型共享数据库的关系模型》(*A Relational Model of Data for Large Shared Data Banks*) 的论文，提出了关系模型的概念，奠定了关系模型的理论基础。

(1) 关系模型。关系模型实际上是用二维表的形式表示实体与实体之间联系的数据模型，如表 8-1 所示。这种二维表在数学上也称为关系。

表 8-1　关系模型

学号	姓名	性别	出生日期	籍贯	系别	专业
2009001	张志卿	男	03/12/1990	湖南	计算机系	软件工程
2009002	王好	女	05/06/1991	河北	计算机系	软件工程
2009003	李请情	男	11/07/1990	山东	计算机系	网络工程
2009004	王新	男	09/12/1990	河南	计算机系	信息安全
2009005	赵丽	女	08/26/1991	海南	计算机系	信息安全

下面介绍关系模型中的主要术语。

关系：一个关系对应一张二维表，是具有相同性质的元组（或记录）的集合。如表 8-1 中的学生信息表对应一个关系。

元组：表中的一行称为一个元组或一条记录。如表 8-1 中有 5 条记录。

属性：表中的一列称为属性，属性也称为字段，每一个属性都有一个名称，称为字段名。如上表中的学号、姓名等均为字段名。

关键字：关键字是指一个关系中具有唯一标识的属性或属性的组合。它可以唯一确定一条记录。如上表中的学号可以唯一确定一个学生。因此学号可以作为关键字。

主关键字：一个表中可能有多个关键字，但实际上只能选择一个，选定的关键字就成为主关键字。

值域：属性的取值范围。例如性别的取值范围只能是"男"或"女"。

分量：元组中的一个属性值。

人们称一个"关系"（一张二维表）为一个数据表文件（简称数据表）。一个数据表又由若干个元组或记录组成，而每一个记录则由若干个以字段属性加以分类的数据项组成。

关系模型有以下特点。

① 关系中每一分量是不可再分的基本的数据单位。

② 每一列的分量是同属性的,具有相同的数据类型。

③ 行和列的排列次序是任意的。

④ 关系中的任意两个元组不能完全相同。

⑤ 每一行可由多个属性构成,且各行的顺序可以是任意的。

（2）关系数据库。关系数据库是采用关系模型作为数据的组织方式的数据库。关系数据库是若干个依照关系模型设计的若干关系的集合。也就是说,关系数据库是由若干个二维表组成的。

关系数据库的特点。

① 数据冗余度小,支持复杂的数据结构。

② 数据和程序相对独立。

③ 数据库中的数据具有共享性,能为多个用户服务。

④ 允许多个用户访问数据库中的数据,同时提供控制功能,保证数据的安全性和完整性。

（3）关系运算。对表的操作通常有按照某些条件查询相应行或列的内容,或者通过表之间的联系获取两个表或多个表相应的行、列的内容。这就需要对表进行一定的运算。关系运算常用的操作有:选择、投影和连接。

① 选择。选择操作是指在关系中选择满足某些条件的元组或记录。如在学生信息表中,查找"软件工程"专业的学生信息。得到满足条件的结果关系如表 8-2 所示。

表 8-2 选择运算

学号	姓名	性别	出生日期	籍贯	系别	专业
2009001	张志卿	男	03/12/1990	湖南	计算机系	软件工程
2009002	王好	女	05/06/1991	河北	计算机系	软件工程

由此可见,得到的结果关系中关系模型不变,但其中的元组是原关系中元组的子集。这就是选择操作。

② 投影。投影操作是在关系中选择某些属性列组成新的关系。如在学生信息表中,查找学生的学号、姓名、系别和专业,其结果关系如表 8-3 所示。

表 8-3 投影运算

学 号	姓 名	系 别	专 业
2009001	张志卿	计算机系	软件工程
2009002	王好	计算机系	软件工程
2009003	李请情	计算机系	网络工程
2009004	王新	计算机系	信息安全
2009005	赵丽	计算机系	信息安全

由此可见,投影是从列的角度进行运算,相当于对关系进行垂直分解,同样经过投影操作可得到一个新的关系。

③ 连接。连接操作是将两个关系根据给定的连接条件,从两个关系中选取满足连接条件(属性间)的若干个元组组成新的关系。

8.1.5 常见的数据库开发平台与数据库系统

数据库系统(信息管理系统)开发工具很多,目前数据库开发平台有 Delphi、PowerBuilder、Access、Java、Visual C++、SQL Server、.NET 等。

1. Delphi 开发平台

Delphi 是一个综合性的开发语言,具有很强的开发能力,但本身并不十分完善。

2. PowerBuilder 开发平台

PowerBuilder 是一个综合性的开发平台,能开发各种应用程序,但最大的优势就是具有强大的数据库开发功能。

3. Java 开发平台

Java 是目前最热门的开发语言之一,是一种真正的面向对象的,优秀的网络开发语言。其最大优势在于网络开发方面。

4. Visual C++ 开发平台

Visual C++ 可以说是目前业界使用比较广泛的开发平台。主要用于网络程序开发、图像处理应用,数据库开发以及各种工程中。

不足:对开发者要求较高;开发效率不高。

5. Microsoft Access 开发平台

Access 是在 Windows 环境下非常流行的桌面型数据库管理系统,是微软 Office 套件的重要组成部分,特点是方便、易学、快捷。适用于中、小型数据库应用系统。

6. NET 开发平台

.NET 是目前用的较多的一个词汇,目前用的较多的开发平台包括 Visual Basic .NET、Visual C++ .NET、C♯ 等。

特点:执行速度快,有强大的集成开发环境。

7. Microsoft SQL Server

Microsoft SQL Server 是一种典型的关系型数据库管理系统,可以在许多操作系统上运行,适用于中、大型数据库应用系统。

8.2 Access 数据库基础

Access 是 Microsoft Office 系列应用软件的一个重要组成部分,是目前比较普及的关系数据库管理系统软件之一,它可以有效地组织、管理和共享数据库信息,把数据库信息与 Web 结合起来,为在局域网和互联网共享数据库的信息奠定了基础。Access 概念清晰,简单易学,功能完备,特别适于数据库技术的初学者使用,而且目前也越来越广泛地运用到了各类管理软件的开发过程中。下面重点介绍关系型数据库 Access 的基础知识和应用。

8.2.1 Access 数据库概述

Access 提供了表、查询、窗体、报表、页、宏、模块 7 种用来建立数据库系统的对象;提供了多种向导、生成器、模板,把数据存储、数据查询、界面设计、报表生成等操作规范化;为建立功能完善的数据库管理系统提供了方便,也使得普通用户不必编写代码,就可以完成大部分数据管理的任务。

Access 的工作界面风格与 Office 中其他组件基本一致,包含标题栏、菜单栏、工具栏、数据库窗口、状态栏等部分。

1. Access 的启动与退出

(1)常用的启动方式有下面几种。

① 从"开始"菜单启动 Access。选择"开始"|"程序"|Microsoft Access 命令,启动 Access,如图 8-3 所示。

图 8-3　Access 的系统主界面

② 双击预先在桌面上创建的 Access 快捷图标。

③ 用"运行"命令启动 Access。选择"开始"|"运行"命令,在"运行"对话框中输入命令:msaccess,按"确定"按钮即可。

(2) Access 的退出,可以使用以下几种方法退出 Access 运行窗口。

① 单击 Access 运行窗口右上角的"关闭"按钮。

② 选择"文件"|"退出"命令。

2. 数据库的组成

Access 数据库由 7 种对象组成,它们是表、查询、窗体、报表、页、宏和模块。

(1) 表(Table)。表是数据库的基本对象,是创建其他 5 种对象的基础。是整个数据库系统的数据源,表用来存储数据库中的数据,故又称数据表。

一个数据库中往往会有多个相互有关系的表,表之间可以通过相关的字段建立关联。从而完成有关操作。

(2) 查询(Query)。查询就是从一个或多个表(或查询)中选择一部分数据,将它们集中起来,形成一个或多个表的相关信息的"视图"。同时也可作为数据库其他数据库对象的数据源。查询可以从表中查询,也可以从另一个查询的结果中再查询。

(3) 窗体(Form)。窗体是用户与数据库交互的界面,它提供了一种方便的浏览、输入及更改数据的窗口。还可以创建子窗体显示相关联的表的内容。窗体也称表单。

(4) 报表(Report)。报表是数据库的数据输出形式之一,其功能是将数据库中的数据分类汇总,并将处理结果通过打印机输出。和窗体一样报表的数据源可以使一个或多个表,也可以是查询。

此外,在建立报表时还可以在报表中进行计算,如求平均值、求和等。

(5) 宏(Macro)。宏是一个或多个操作命令的集合。其中的每个操作能够自动地实现特定的功能。

(6) 模块(Module)。模块是由 Visual Basic 程序设计语言编写的程序集合或一个函数过程。可以与报表、窗体等对象结合使用建立完整的应用程序。

(7) 页(Web)。页是数据库中的一个特殊的数据库对象,用户通过创建页,把数据库中的数据向 Internet 上发布,以实现快速的数据库共享。

上述对象除了页单独保存在 HTML 文件中外,其余对象均保存在数据库文件(.mdb)中。

8.2.2 数据库的建立

开发 Access 数据库应用系统的首要工作就是建立 Access 数据库,数据库是以.mdb 为扩展名的文件形式存储在存储器中的。在创建一个数据库之前,首先要明确建立数据库的目的,确定在数据库中要建立哪些表,以及表中的字段,确定表中的主关键字以及表之间的关系等。要尽可能降低数据冗余,使数据库既能满足数据查询的需要,又能节省存储空间。

1. 建立数据库的方法

Access 提供了 3 种创建数据库文件的方法,即创建空数据库文件、使用向导创建数据库文件和根据现有的数据库文件建立新数据库文件。3 种方法各有利弊,可视不同情况而定。

下面以创建一个空数据库文件的方法为例,说明建立数据库文件的操作方法。

所谓空数据库,就是建立包含数据库对象但是没有数据的数据库。方法是先创建一个空数据库,然后根据实际需要,添加所需要的表、窗体、查询、报表等对象。这种方法比较灵活,可以创建出所需要的各种数据库。

方法:

① 选择"文件"|"新建"命令,或者单击工具栏中的"新建"按钮。

② 在"新建文件"任务窗格中,单击"空数据库"选项,打开"文件新建数据库"对话框。

③ 在该对话框中的"保存位置"列表框中,指定文件的保存位置;在"文件名"列表框中,输入数据库文件名,保存类型默认,单击"创建"按钮。新建数据库窗口如图 8-4 所示。

图 8-4　新建空数据库窗口

2. 确定表的结构

在 Access 中,表是数据库的其他对象的操作依据,也制约着其他数据库对象的设计及使用,所以设计一个数据库系统好坏的关键集中体现在表的合理性和完整性上。

表是由表的结构和表中的记录组成的,要建立一个表,首先必须先确定表的结构,即确定表中各字段的名称、类型、属性等。

(1) 字段名称。字段名称是用来标识字段的,字段名称可以是大写、小写、大小写混合的英文名称,也可以是中文名称。字段名命名要遵守一定得规则。

(2) 字段数据类型。数据类型即对数据的允许取值及取值范围的说明。不同的数据类型有不同的取值范围、特点、存储方式、使用方式。数据类型一旦确定,其存储方式和使用方式也就随之确定。

Access 支持的数据类型有 10 种。

① 文本型(Text)：用来存储由文字字符,以及不具有计算能力的数字字符组成的数据。如电话号码、邮编等都可设置为文本型。系统默认的文本型字段长度为 50 个字符,最多可存储 255 个字符。

② 备注型(Memo)：用于存放较长的长文本及数字,例如备注或说明。最多可以存储 6.4 万个字符。

③ 数字型(Number)：用来存储要进行算术计算的数值数据。

由于数字类型数据表现形式和存储形式的不同,数字型字段又分为整型、长整型、单精度型、双精度型等类型,其长度由系统分别设置为 1,2,4,8 个字节。

④ 日期/时间型(Date/Time)：用来存储表示日期和时间的数据。字段宽度默认为 8 个字节。

⑤ 货币型(Currency)：用来存储货币值。字段宽度默认为 8 个字节。

⑥ 自动编号型(Auto Number)：用来存储递增数据和随机数据。主要用于对数据表中的记录进行编号,每增加一个新记录时,系统将自动编号型字段的数据自动加 1 或随机编号。字段宽度默认为 4 个字节。

⑦ 是/否(Yes/No)型：用来存储逻辑型数据(例如 Yes/No,或 True/False)。常用来表示逻辑判断结果。字段默认宽度为 1 个字节。

⑧ OLE 对象(OLE Object)：用于链接或嵌入在其他程序中使用 OLE 协议创建的对象(例如 Microsoft Word 文档、Microsoft Excel 电子表格、图像、声音或其他二进制数据),OLE 对象只能在窗体或报表中使用对象框显示。字段默认宽度最大为 1GB。

另外还有超级链接型和查阅向导型字段类型,不再详述。

(3) 字段属性。字段属性用来指定字段在表中的存储方式,不同类型的字段具有不同的属性,常用属性包括"字段大小"、"格式"、"输入掩码"、"有效性规则"等。

① 字段大小：是指定存储在文本型字段中信息的最大长度或数字型字段的取值范围,只有文本型和数字型字段具有该属性。

② 格式：格式设置对输入数据本身没有影响,只是改变数据输出的样式。可用于设置自动编号、数字、货币、日期/时间和是/否等字段。

③ 输入法模式：用来设置是否自动打开输入法,常用的有三种模式："随意"、"输入法开启"和"输入法关闭"。"随意"为保持原来的输入状态。

④ 输入掩码：用来设置字段中的数据输入格式,可以控制用户按指定格式在文本框中输入数据,输入掩码主要用于文本型和时间/日期型字段,也可以用于数字型和货币型字段。

⑤ 标题：用于在窗体或报表中取代字段的名称,即它在表、查询、窗体或报表等对象中显示时的标题文字。

⑥ 默认值：用于指定在输入新记录时系统自动输入到字段中的值。默认值可以是常量、函数或表达式。类型为自动编号和 OLE 对象的字段不可设置默认值。

⑦ 有效性规则：用于检查字段中输入的值是否符合要求。例如,性别字段的有效性规则可以设置为："男"OR "女"。将其值限定在"男"或"女"。

⑧ 有效性文本：当输入的值超出有效性规则时所显示的提示信息。例如，性别字段的有效性文本可设置为："性别只能取'男'或'女'"。

⑨ 必填字段：此属性值为"是"或"否"项。设置"是"时，表示此字段的值必须输入，设置为"否"时，可以不填写本字段数据，允许此字段值为空。

⑩ 索引：用来确定某字段是否作为索引，索引有利于对字段的查询、分组和排序，此属性用于设置单一字段索引。

（4）设置主关键字。设置主关键字的目的：一是当一个表与数据库中的其他表建立联系时，必须要定义主关键字，二是保证实体的完整性，即主关键字的值不允许是重复值或空值。

（5）数据表的建立。Access 提供了多种创建数据表的方法，常用的有 3 种。即"使用设计器创建表"、"使用向导创建表"、"通过输入数据创建表"。

下面以建立"学生信息表"为例，介绍"使用设计器创建表"的方法。

① 确定表的结构，如表 8-4 所示。

表 8-4　学生信息表的结构

字段名称	字段类型	字段宽度	字段名称	字段类型	字段宽度
学号	文本	8	党员	是/否	1
姓名	文本	8	专业	文本	20
性别	文本	2	简历	备注	——
出生日期	日期/时间	8	照片	OLE 对象	——

② 建立一个"空数据库"；输入文件名：学生信息.mdb。出现如图 8-5 所示的数据库窗口。

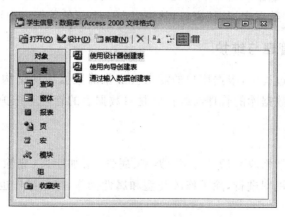

图 8-5　新建数据库窗口

③ 在"数据库"窗口，按"新建"按钮，打开"新建表"对话框。

④ 在"新建表"对话框中，选择"设计视图"，单击"确定"按钮，弹出设计表结构窗口。

⑤ 在表结构窗口,依次输入字段名称、数据类型、字段宽度、字段属性等相关内容,如图 8-6 所示。

图 8-6　设计表结构窗口

⑥ 设置主关键字。为使数据表中的每条记录可唯一识别,将"学号"字段设置为主关键字。方法是用鼠标右键单击"学号"字段,从弹出的快捷菜单中选择"主键"命令。

⑦ 保存表结构。单击"退出"按钮,在"另存为"对话框输入表的名称,单击"确定"按钮。

至此,学生信息表结构建立完成。其他建立表结构的方法不再赘述。

(6) 表中数据的输入。表结构建好后就可以向表中输入数据了。输入数据的方法有多种,常用的方法是在数据库窗口中,双击要打开的表或单击要打开表的图标,然后单击"打开"按钮。进入到"数据表视图"窗口,就可以向一个新的数据表中输入数据了。

8.2.3　数据库的管理与维护

数据库在使用的过程中,根据用户的需求会经常对数据表的结构和表中数据进行修改和编辑。实质上对数据库的管理与维护就是对数据表的管理与维护。

1. 表结构的修改

表结构的修改包括修改字段的名称、类型、属性、增加字段、删除字段、移动字段等。这些操作可通过设计视图进行,除了修改类型和属性操作,其他操作也可在数据表视图中完成。

(1) 修改字段名。打开数据库,在"数据库"窗口,选定"表",单击"设计"按钮,打开设计视图。选定要修改的字段,输入新字段名。单击"保存"按钮即可。

(2) 插入字段。选定插入字段的位置,在设计视图中选择"插入行"命令,或在数据表视图中选择"插入列"命令,均可插入新的字段。

（3）删除字段。选定要删除的字段,在设计视图中选择"删除行"命令,或在数据表视图中选择"删除列"命令,均可删除指定字段。

注意:

① 在修改数据表结构之前,需先关闭已打开的表或正在使用的表。

② 修改与其他表有关联的字段时,必须先取消关联,同时修改互相关联的字段后,再重新设置关联。

2. 数据表中记录的编辑

表中记录的编辑包括:修改记录、追加记录、删除记录、查找记录等操作。

① 修改记录:打开数据表视图,确定要修改的记录后,单击并定位到要修改记录的相应字段,即可直接修改。

② 追加记录:在数据表视图中,直接在数据表的末尾追加记录,或选择"插入"菜单下的"新记录"命令均可追加记录。

③ 删除记录:在数据表视图中,单击要删除记录的任何一个字段值,然后选择"编辑"菜单的"删除记录"命令。

④ 查找和替换:在数据表视图中,选择"编辑"菜单的"查找"和"替换"命令,完成查找和替换功能,查找的范围可以指定在一个字段内或整个数据表。

3. 数据表的使用

数据表的使用包括对数据的排序、记录筛选、记录定位等操作。

（1）记录排序

为了加快数据表记录的检索、显示、查询和打印速度,需要对数据表进行重新组织,即按某个字段值的升序或降序重新排列记录的顺序。

在数据表视图下,选择要排序的关键字,单击工具栏上的"升序"按钮或"降序"按钮,也可使用菜单栏的"记录"|"排序"选择升序或降序进行排序。

（2）记录筛选

记录筛选是指将满足给定条件的记录显示在屏幕上,如在学生信息表中,筛选出"软件工程"专业的学生信息。可按选定内容筛选,操作方法如下:

选定"学生信息表"中"专业"字段为"软件工程"的内容后,单击常用工具栏的"按选定内容筛选"按钮,或选择"记录"|"筛选"|"按选定内容筛选"命令,即可显示出筛选结果。

4. 表的导出和导入

表的导出和导入可以实现不同数据库间的数据共享。表的导出可以将表中的数据以另一种文件格式(如.txt、.xls、.htm 格式等)保存在磁盘上。表的导入是将数据库外的其他格式的文件或表文件导入当前数据库中。

【例 8.1】 将学生信息表中的数据导出并以文本文件(.txt)格式存放在的 D:\中。

操作步骤如下:

① 打开学生信息表。

② 选择"文件"|"导出"命令。

③ 在导出对话框,输入存放导出文件的路径、名称和文件类型后,单击"导出"按钮。

表的导入可通过"文件"|"获取外部数据"|"导入"命令完成。

8.2.4 表达式

表达式是由运算符和运算对象按一定的规则组合的完成特定功能的式子。不同的运算符会构造成不同的表达式。

Access 中常用的运算符有 4 种:算术运算符、逻辑运算符、关系运算符、字符串运算符,如表 8-5 所示。

表 8-5　常用运算符

类　　型	运　算　符
算数运算符	＋、－、＊、/、^(乘方)、\(整除)、MOD(取余数)
关系运算符	＝、＜＞(不等于)、＜、＞、＞＝(大于等于)、＜＝(小于等于)、Between、In
逻辑运算符	And(与)、Or(或)、Not(非)
字符串运算符	&
通配符	＊、?、like

说明:

(1) 在表达式中,字符型数据要用单引号''或双引号""括起来,日期型数据用"♯"括起来。

(2) And、Or 运算符的使用格式为:＜关系表达式＞And＜关系表达式＞或＜关系表达式＞Or＜关系表达式＞,其结果为一逻辑值 True 或 False。例:查找计算机科学与技术专业的女生,表达式为:专业＝"计算机科学与技术"and 性别＝"女"。

(3) Between 运算符的使用格式为:

＜表达式 1＞Between ＜表达式 2＞And ＜表达式 3＞

其功能是检测＜表达式 1＞的值是否介于＜表达式 2＞ 和＜表达式 3＞之间,结果为逻辑值 True 或 False。

例,查找出生日期在 1989 年 1 月 1 日至 1991 年 12 月 31 日的学生(可以用♯MM/DD/YYYY♯的形式表示日期)。

表达式为:出生日期 Between ♯1/1/1989♯ And ♯12/31/1991♯。

(4) & 字符串连接运算符。例,"中国"&"北京"的结果是"中国北京"。

8.3　数据查询

数据查询是数据库的核心操作,利用查询可以对数据库中的数据进行浏览、排序、检索、统计及加工等操作,也可以从若干个数据表中提取有用的综合信息,还可以为其他数据库对象提供数据来源。

8.3.1 查询的类型

在 Access 中,查询主要有选择查询、参数查询、交叉表查询、操作查询和 SQL 查询,其中操作查询是在选择查询的基础上创建的。

操作查询分为 4 种类型。

① 删除查询:从一个或多个数据表中删除一组记录。

② 更新查询:对一个或多个表中的一组记录做全局的的更改。

③ 追加查询:将查询产生的结果追加到一个表或多个表的尾部。

④ 生成表查询:从一个或多个表中的全部或部分数据中创建一张新表。

Access 提供了两种创建查询的方法,即使用向导创建查询和在设计视图中创建查询。"使用向导创建查询",可按系统提供的提示过程设计查询的结果,常用的查询方式是在"设计视图中创建查询",它可以在一个或多个表中,按照指定的条件进行查询。

8.3.2 创建选择查询

所谓选择查询,就是在已建立的"表"或"查询"数据源中查找出符合给定条件的记录,或对数据源中的字段进行有选择的查询。

操作步骤如下。

(1) 打开数据库。

(2) 在"数据库"窗口,确定"查询"为操作对象。

(3) 在"数据库"窗口,单击"新建"按钮,打开"新建查询"对话框,如图 8-7 所示。

(4) 在"新建查询"对话框,选择"设计视图"选项,进入"选择查询"窗口,同时弹出"显示表"对话框。

(5) 在"显示表"对话框,选择查询所用的表或查询,单击"添加"按钮,将其添加到"选择查询"窗口,关闭"显示表"对话框,如图 8-8 所示。

图 8-7 "新建查询"对话框

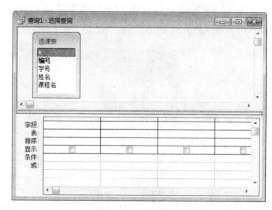

图 8-8 添加查询

(6) 在查询的"设计视图"中,提供了选择查询、交叉表查询、参数查询和 SQL 查询等,可以单击"查询"菜单或单击"查询类型"按钮选择查询类型。默认状态为"选择查询"。

(7) 在"选择查询"窗口下方,打开"字段"下拉列表框,选择所需字段,或者将数据源中的字段直接拖到字段列表内,以决定查询中的字段个数,每一行的标题则指出了该字段的各个属性。字段的其他属性设置如下。

① 表。表示该字段所在的数据表或查询。

② 排序。指定是否按某一字段值排序或排序的升降顺序。

③ 显示。指定被选择的字段是否在查询结果中显示。

④ 条件。指定对该字段的查询条件，若输入了查询条件，则查询结果中只显示满足条件的记录。

⑤ 或。可以指定其他的查询条件。

查询条件可以是一个关系表达式或逻辑表达式。表达式之间可以用关系运算符或逻辑运算符连接。右击"条件"，选择"生成器"命令，打开"表达式生成器"对话框，可以完成复杂的表达式设计。

（8）执行查询。设计好查询条件后，可单击工具栏上的"运行"按钮，即可在屏幕上显示查询结果。

（9）保存查询。当关闭查询运行窗口或关闭"查询视图"窗口时，会打开"另存为"对话框，输入查询名称后，单击"确定"按钮，可将建立的查询保存到数据库中。

【例 8.2】 利用"学生信息表"，建立一个能够了解计算机科学与技术专业的学生党员的基本信息。

操作步骤如下：

（1）打开查询的"设计视图"。在数据库窗口，选择"查询"对象，双击"在设计视图中创建查询"选项，或单击数据库工具栏的"新建"按钮，在"新建查询"对话框，双击"设计视图"，均可打开"显示表"对话框。

（2）选择表。在"显示表"对话框中，选择"学生信息"表，将其添加到"选择查询"窗口。关闭"显示表"对话框，返回"选择查询"窗口。

（3）选择字段。在"选择查询窗口"，将学号、姓名、专业、党员字段从"学生信息"表中拖曳到字段列表框内。

（4）设置查询条件。在"选择查询"窗口的"准则"文本框中"专业"对应的条件处输入条件"计算机科学与技术"，在"党员"对应的条件处输入条件 yes，如图 8-9 所示。

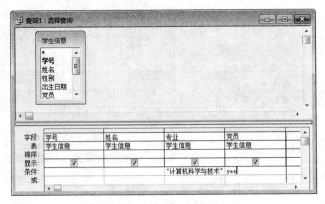

图 8-9　选择查询的设计视图出窗口

（5）运行查询结果。单击工具栏中的"运行"按钮，显示查询结果如图 8-10 所示。

（6）保存查询。单击工具栏上的"保存"按钮，打开"另存为"对话框，在对话框中输入查询名称"学生信息",单击"确定"按钮。

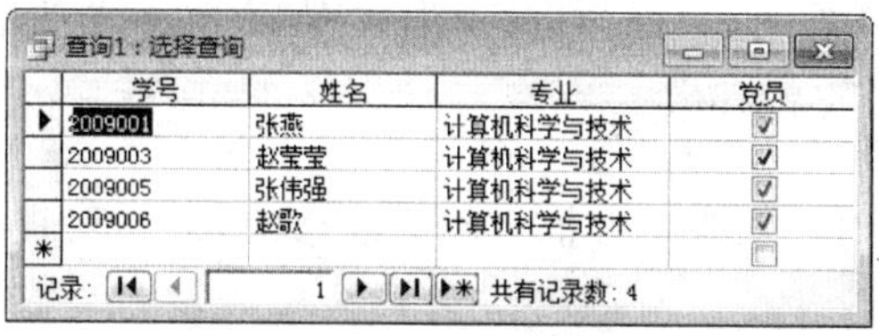

图 8-10　查询结果

【例 8.3】　利用"学生信息表",建立一个统计各专业人数的查询。

操作步骤如下:

(1) 打开查询的"设计视图"。在数据库窗口,选择"查询"对象,双击"在设计视图中创建查询"选项,或单击数据库工具栏的"新建"按钮,在"新建查询"对话框,双击"设计视图",均可打开"显示表"对话框。

(2) 选择表。在"显示表"对话框中,选择"学生信息表",将其添加到"选择查询"窗口。关闭"显示表"对话框,返回"选择查询"窗口。

(3) 选择字段。在"选择查询窗口",将学号、专业字段从"学生信息表"中拖曳到字段列表框内。

(4) 设置查询条件。在"选择查询"窗口,单击工具栏上的"总计"按钮,在"学号"对应的"总计"框的下拉列表中选择"计数"选项,在"专业"对应的"总计"下拉列表中选择"分组",如图 8-11 所示。

(5) 执行查询。单击工具栏上的"运行"按钮,可显示查询的结果,如图 8-12 所示。

图 8-11　各专业人数统计查询的设计视图窗口

图 8-12　各专业人数统计查询结果

(6) 命名并保存查询。单击工具栏上的"保存"按钮,打开"另存为"对话框,在对话框中输入查询名称,单击"确定"按钮。

8.3.3　创建操作查询

前面介绍的选择查询,一般是按照用户的需求,根据查询条件,从已有的数据库中选择满足给定条件的记录,其查询结果并不能改变数据源中原有的数据,若在查询的过程中需要对数据源中的数据进行更新、追加、删除等操作时,可通过操作查询来实现这些功能。

操作查询的建立,大部分是以选择查询作为基础的。

操作查询包括:更新查询、删除查询、追加查询、生成表查询等。

1. 创建更新查询

更新查询可以完成对数据库中大批量数据的修改,从而可提高修改数据的效率和数据的准确性。

【例 8.4】 将"选课表"中课程名为"C 语言程序设计"的课程修改为"C++ 程序设计"。"选课表"结构如图 8-13 所示。

图 8-13 "选课表"视图

操作步骤如下:

(1) 打开或创建一个选择查询。

(2) 在"选择查询"窗口,打开"查询"菜单,选择"更新查询"命令,弹出更新查询的设计视图,并在字段列表框中增加一个"更新到"列表行。

(3) 在字段列表框的"更新到"行中输入要更新的数据"C++ 程序设计",在"条件"行中输入更新的限定条件,如图 8-14 所示。保存查询。

(4) 执行查询。单击工具栏上的"运行"按钮,即可开始数据的更新。

(5) 打开"选课表",可看到已将"C 语言"更新为"C++ 程序设计"。更新结果如图 8-15 所示。

图 8-14 "更新查询"窗口

图 8-15 更新后的数据表

2. 创建删除查询

为保证数据库中数据的有效性。常常需要对数据库中一些无用数据进行清除,使用删除查询可以将满足特定条件的一条记录或一批记录进行删除。

【例 8.5】 从"选课表"中删除成绩小于 60 分的记录。

操作步骤如下：

（1）打开或创建一个选择查询。

（2）在"选择查询"窗口，打开"查询"菜单，选择"删除查询"命令，弹出删除查询设计视图，并在字段列表框中增加一个"删除"列表行。

（3）在字段列表框的"条件"行中输入要删除记录的的条件，即在"成绩"字段的"条件"处输入"<60"，如图 8-16 所示。保存查询。

（4）执行查询。单击工具栏上的"运行"按钮，即可开始数据的删除。

（5）打开"选课表"，可看到成绩小于 60 分的记录已被删除。

图 8-16　"删除查询"窗口

3. 创建追加查询

当需要向数据库中追加大量数据时，可使用追加查询，追加查询是指将一个表中符合条件的记录追加到另一个表的末尾。

【例 8.6】 设建立有"专业表"，字段包括（学号，姓名，院系、专业）。现将"专业表"中"计算机科学与技术"专业的记录添加到"学生信息表"中。

操作步骤如下：

（1）打开"专业表"数据库窗口，单击"对象"列表中的"查询"选项，双击"在设计视图中创建查询"项。

（2）在弹出的"显示表"对话框，选择"专业表"，单击"添加"按钮将此表添加到"选择查询"窗口。

（3）在"选择查询"窗口，打开"查询"菜单，选择"追加查询"命令，弹出"追加"对话框。

（4）在"追加"对话框中，输入待追加数据的表名"学生信息表"，如图 8-17 所示。

（5）在"追加窗口"，在字段列表框中增加一个"追加到"的列表行，在该行中显示与其对应的字段名。在"专业"字段的条件行输入"计算机科学与技术"，如图 8-18 所示。目的是将"计算机科学与技术"专业的记录追加到"学生信息表"中。

图 8-17　"追加"对话框

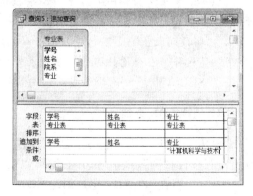

图 8-18　"追加查询"窗口

（6）执行查询。单击工具栏上的"运行"按钮。可看到"专业表"中"专业"为"计算机科学与技术"的记录已追加到目标表中。

8.3.4　SQL 查询

结构化查询语言 SQL 是关系数据库的标准语言,在 SQL 中,常用的语句有两类:一类是数据查询命令 SELECT,二是数据更新命令,这些命令都非常重要。

SQL 语句最主要的功能就是查询功能,SQL 语句提供了 SELECT 语句用于查询一个或多个数据库表中的数据。实际上对于大多数的查询,Access 都会在后台构造等效的 SELECT 语句,执行查询实质上就是执行了相应的 SELECT 语句。

1. SELECT 语句

SQL 语句的一般格式:

Select [All/Distinct] <字段列表>From <表列表>
[Where <条件表达式>]
[Group By <分组条件>]
[Having <组选条件>]
[Order By <排序条件>[Asc] [Desc]]

基本功能:从指定的表或视图中,查找满足给定条件的记录。

命令中各子句使用说明:

（1）ALL:查询结果是表的全部记录,包括重复记录。

（2）Distinct:查询结果中不包含重复的记录。

（3）From <表列表>:查询的数据源,可以是多个表或视图。

（4）Where <条件表达式>:指定要查询的数据需满足的条件。

（5）Group By <分组条件>:对查询结果按条件进行分组,把字段值相同的记录合并产生一条记录。

（6）Order By <排序条件>:对查询结果根据排序条件按升序或降序进行排序。

说明:

① SELECT 命令的基本结构是:

Select 字段名 1,字段名 2 …,字段名 n From 表。它包含输出字段、数据来源。Select 和 From 是最基本的和不可缺少的,其余子句均可省略。

② 字段列表:字段名 1,字段名 2 …,字段名 n 表示要输出的字段,当输出所有字段时可用" * "代替。当查询数据来自多个表时,字段名前要加上前缀,格式为:表名.字段名。

③ SELECT 语句是数据查询语句,不会改变数据表中的数据。

2. 创建 SQL 查询

SQL 查询基本操作包括:创建 SQL 查询和维护 SQL 查询。创建 SQL 查询可以使用查询"设计视图",维护 SQL 查询可以使用"SQL 视图"。

（1）使用查询"设计视图"创建 SQL 查询。

操作步骤如下:

① 打开数据库。

② 在"数据库"窗口,选择"查询"对象,单击"新建"按钮,打开"新建"对话框。

③ 在"新建"对话框,选择"设计视图",打开"选择查询"窗口和"显示表"对话框。直接关闭"显示表"窗口。

④ 在"选择查询"窗口,打开"查询"菜单,选择"SQL 特定查询"选项,再选择 "联合"。弹出 SQL 语句编辑窗口。

⑤ 在编辑窗口输入 SQL 语句,保存查询。

⑥ 运行 SQL 查询,单击工具栏上的"运行"按钮或选择"查询"菜单下的"运行"命令运行查询结果。

(2) 使用"SQL 视图"查看或维护 SQL 查询。

操作步骤如下:

① 在"数据库"窗口,确定"查询"对象,选择要查看或维护的查询,单击"设计"按钮,打开"选择查询"窗口。

② 在"选择查询"窗口,打开"视图"菜单,选择"SQL 视图"命令,在"SQL 语言编辑"窗口,可对 SQL 语句进行修改。

(3) SQL 应用举例。

【例 8.7】 查询"选课表"中所有选修"人工智能"课程学生的学号,姓名,课程名和成绩,并按成绩从高到低排序。

操作步骤:

①~④ 同上。

⑤ 在编辑窗口输入下列 SQL 语句。

Select 学号,姓名,课程名,成绩 From "选课表" Where 课程名="人工智能" Order By 成绩 Desc

实际操作窗口如图 8-19 所示。

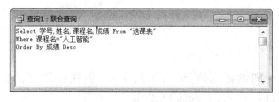

图 8-19 SQL 选择查询窗口

⑥ 运行 SQL 查询,单击工具栏上的"运行"按钮,或选择"查询"菜单下的"运行"命令均可查看 SQL 查询结果。

【例 8.8】 利用"学生信息表"和"选课表"查询选修课成绩在 80 分以上的学生的基本情况。

操作步骤如下:

操作步骤 ①~④同上例。

⑤ 在 SQL 语言编辑窗口输入下列 SQL 语句,如图 8-20 所示。

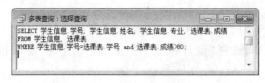

图 8-20　SQL 选择查询窗口

⑥ 在"数据库"窗口,选择"查询"对象,单击"打开"按钮,查询结果如图 8-21 所示。

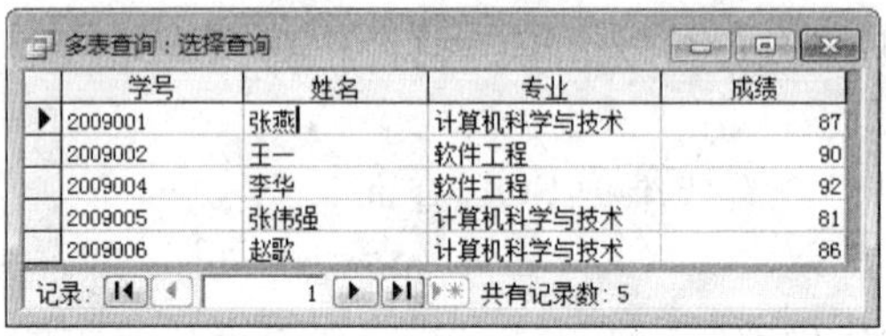

学号	姓名	专业	成绩
2009001	张燕	计算机科学与技术	87
2009002	王一	软件工程	90
2009004	李华	软件工程	92
2009005	张伟强	计算机科学与技术	81
2009006	赵歌	计算机科学与技术	86

图 8-21　SQL 查询结果

8.4　窗体与报表的创建

窗体和报表都是 Access 数据库中的重要对象,窗体是数据库和用户之间的接口,是数据库中数据输入,输出的常用界面,在窗体上可以放置按钮、标签、文本框等各种各样的控件。窗体最基本的功能就是显示与编辑数据。

报表是专门为打印而设计的特殊窗体,主要用来把表、查询中的数据生成报表,以在显示器或打印机上输出。

8.4.1　创建窗体

在 Access 中,创建窗体的方法有两种:一是"使用向导创建窗体",二是"在设计视图中创建窗体"。

1. 使用向导创建窗体

使用向导能够快速的创建窗体,适合于初学者,但往往创建的窗体格式不是很合理,需再使用窗体设计器进行修改,在此不再详述。

2. 在设计视图中创建窗体

使用窗体设计视图,既可以创建窗体也可以修改窗体。用户可不受系统的约束,根据需要自行设计窗体的布局和控件。在窗体的设计过程中,常见的操作包括调整控件的大小和位置、添加控件、删除控件等。

操作步骤如下。

(1) 打开数据库。

(2) 在"数据库"窗口,单击"窗体"对象,单击"新建"按钮。弹出"新建窗体"对话框。

（3）在"新建窗体"对话框，选择"设计视图"，弹出"窗体"窗口。

（4）在"窗体"窗口，打开"视图"菜单，选择"属性"命令，确定窗体的属性。

（5）在"窗体"窗口，选择"数据"选项卡确定数据来源，或为窗体添加控件，设计窗体的布局。

（6）在"窗体"窗口编写对象的事件与方法。

（7）保存窗体。

【例 8.9】 创建如图 8-22 所示的"学生信息管理系统"窗体，用于浏览学生信息表中的数据信息。

图 8-22 数据浏览窗体

操作步骤如下：

（1）～（4）与上述创建窗体的步骤相同。

（5）在"窗体"窗口，选择"数据"选项卡，确定创建窗体的数据源"学生信息表"。从系统自动弹出字段列表中把所需的字段逐一拖到窗体的主体中，调整窗体布局，定义控件属性，如图 8-23 所示。

图 8-23 学生信息管理系统窗体

（6）在"窗体"窗口，每个文本框控件的属性都是通过属性窗口定义的，如"姓名"文本框的属性如图 8-24 所示。

（7）在窗体中添加一个"标签"控件用于显示标题。单击工具箱中的"标签"按钮，在窗体上单击要放置"标签"的位置,然后在"标签"上输入"学生信息管理系统"标题。

(8) 修改标签的属性,标签建好后往往需要对其字体、大小、颜色、特殊效果等属性进行修改,右击标题文字,从弹出的快捷菜单中选择"属性"命令,在弹出的"标签"属性对话框修改相应的属性。如将"特殊效果"改为"凸起",字体大小改为 16 等。"标签"属性如图 8-25 所示。

图 8-24　文本框控件属性

图 8-25　"标签"属性窗口

(9) 保存窗体。单击工具栏上的"保存"按钮,结束窗体创建。

8.4.2　创建报表

在 Access 中,主要有两种方法用于创建报表:一是使用向导创建报表,二是在设计视图中创建报表。

下面通过例子介绍使用向导创建报表的方法和过程。

【例 8.10】　根据学生信息表创建如图 8-26 所示的报表。

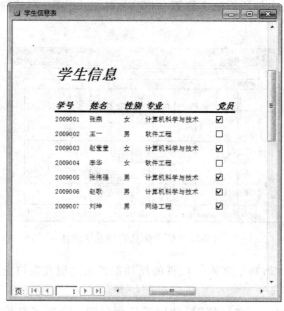

图 8-26　学生信息报表

操作步骤如下：

（1）打开数据库。

（2）在"数据库"窗口，选择"报表"对象，单击"新建"按钮。弹出"新建报表"对话框。

（3）在"新建报表"对话框，选择创建报表所需的数据源"学生信息表"，再选择"报表向导"，打开"报表向导"对话框。

（4）在"报表向导"对话框，选择报表所需的字段。如学号、姓名、性别等。

（5）选择报表的分组级别，这里选择不分组。若选择分组，需选定分组的字段。

（6）选择数据的排列顺序。选择按"学号"以升序方式排序。

（7）选择报表的布局和方向。布局方式选择"表格"，方向选择"纵向"。

（8）选择报表样式。报表样式有大胆、正式、紧凑、组织等，选择"组织"样式。

（9）输入报表标题"学生信息表"。单击"完成"按钮，创建报表完成后，可看到如图 8-26 所示的报表。如果创建的报表不符合要求，可在视图中进行修改。报表可预览也可打印。

阅读材料 8

埃德加·考特

在数据库技术发展的历史上，1970 年是发生伟大转折的一年。这一年的 6 月，IBM圣约瑟研究实验室的高级研究员埃德加·考特（Edgar Frank Codd）在 *Communications of ACM* 上发表了《大型共享数据库数据的关系模型》一文。美国计算机协会（Association for Computing Machinery，ACM）后来在 1983 年把这篇论文列为从 1958 年以来的 25 年中最具里程碑意义的 25 篇论文之一，因为它首次明确而清晰地为数据库系统提出了一种崭新的模型，即关系模型。"关系"（relation）是数学中的一个基本概念，由集合中的任意元素所组成的若干有序偶对表示，用以反映客观事物间的一定关系。例如数之间的大小关系，人之间的亲属关系，商品流通中的购销关系，等等。在自然界和社会中，关系无处不在；在计算机科学中，关系的概念也具有十分重要的意义。计算机的逻辑设计、编译程序设计、算法分析与程序结构、信息检索等都应用了关系的概念。而用关系的概念来建立数据模型，用以描述、设计与操纵数据库，考特是第一人。

由于关系模型既简单、又有坚实的数学基础，所以一经提出，立即引起学术界和产业界的广泛重视，从理论与实践两方面对数据库技术产生了强烈的冲击。在关系模型提出之后，以前的基于层次模型和网状模型的数据库产品很快走向衰败以致消亡，一大批商品化关系数据库系统很快被开发出来并迅速占领了市场。其交替速度之快、除旧布新之彻底是软件史上所罕见的。基于 20 世纪 70 年代后期到 80 年代初期这一十分引人注目的现象，1981 年的图灵奖很自然地授予了这位"关系数据库之父"。在接受图灵奖时，他做了题为《关系数据库：提高生产率的实际基础》的演说。

考特原是英国人，1923 年 8 月 19 日生于英格兰中部的港口城市波特兰。第二次世界大战爆发以后，年轻的考特应征入伍在皇家空军服役，1942—1945 年期间任机长，参与了许多重大空战，为反法西斯战争立下了汗马功劳。"二战"结束以后，考特在牛津大学学习数学，于 1948 年取得学士学位以后到美国谋求发展。他先后在美国和加拿大工作，参加了 IBM 第一台科学计算机 701 以及第一台大型晶体管计算机 STRETCH 的逻辑设计,主持了第一个有多道程序设计能力的操作系统的开发。他自觉硬件知识缺乏,于是在 20 世纪 60 年代初,到密歇根大学进修计算机与通信专业(当时他已年近 40),并于 1963 年获得硕士学位,1965 年取得博士学位。这使他的理论基础更加扎实,专业知识更加丰富。加上他在此之前十几年实践经验的积累,终于在 1970 年迸发出智慧的闪光,为数据库技术开辟了一个新时代。

由于数据库是计算机各种应用的基础,所以关系模型的提出不仅为数据库技术的发展奠定了基础,同时也成为促进计算机普及应用的极大推动力。在考特提出关系模型以后,IBM 投巨资开展关系数据库管理系统的研究,其 SystemR 项目的研究成果极大地推动了关系数据库技术的发展,在此基础上推出的 DB2 和 SQL 等产品成为 IBM 的主流产品。SystemR 本身作为原型并未问世,但鉴于其影响,ACM 还是把 1988 年的"软件系统奖"授予了 SystemR 开发小组(获奖的 6 个人中就包括 1998 年图灵奖得主 J. Gray)。这一年的软件系统奖还破例同时授给两个软件,另一个得奖软件也是关系数据库管理系统,即著名的 INGRES。

1970 年以后,考特继续致力于完善与发展关系理论。1972 年,他提出了关系代数和关系演算的概念,定义了关系的并、交、投影、选择、连接等各种基本运算,为日后成为标准的结构化查询语言(SQL)奠定了基础。

考特还创办了一个研究所(关系研究所)和一家公司(Codd & Associations),他本人是美国国内和国外许多企业的数据库技术顾问。1990 年,他编写出版了专著《数据库管理的关系模型(第 2 版)》,全面总结了他几十年的理论探索和实践经验。

习题 8

一、选择题

1. 数据库系统的核心是(　　)。
   A. 数据库　　　　　　　　　　　　B. 数据库管理员
   C. 数据库管理系统　　　　　　　　D. 数据库文件系统

2. 关系数据库系统能够实现的 3 种基本关系运算是(　　)。
   A. 选择、投影和修改　　　　　　　B. 选择、投影和删除
   C. 选择、投影和联接　　　　　　　D. 选择、投影和插入

3. 关系型数据库中所谓的"关系"是指(　　)。
   A. 各个记录中的数据彼此间有一定的关联关系
   B. 数据模型符合满足一定条件的二维表格式
   C. 某两个数据库文件之间有一定的关系
   D. 表中的两个字段有一定的关系

4. 在 SQL 查询中使用 WHILE 子句指出的是(　　)。
   A. 查询目标　　　　B. 查询结果　　　　C. 查询视图　　　　D. 查询条件

5. 以下关于查询的叙述正确的是(　　)。

    A. 只能根据数据表创建查询　　　　　　B. 只能根据已建查询创建查询

    C. 可以根据数据表和已建查询创建查询　D. 不能根据已建查询创建查询

6. 用 SQL 语言描述"在学生信息表中查找软件工程专业的所有男生的全部信息"，以下描述正确的是(　　)。

    A. Select From 学生信息表 If 性别＝'男' And 专业＝"软件工程"

    B. Select ＊ From 学生信息表 Where 专业＝"软件工程" And 性别＝"男"

    C. Select ＊ From 学生信息表 Where 性别＝"男" Or 专业＝"软件工程"

    D. Select From 学生信息表 Where 专业＝"软件工程" And 性别＝"男"

7. 在 SQL 语言中，Select 语句的执行结果是(　　)。

    A. 表　　　　　　B. 元组　　　　　　C. 属性　　　　　　D. 数据库

8. 在 Access 的 5 个最主要的查询中，能从一个或多个表中检索数据，在一定的限制条件下，还可以通过此查询方式来更改相关表中记录的是(　　)。

    A. 选择查询　　　　B. 参数查询　　　　C. 操作查询　　　　D. SQL 查询

9. 窗体是 Access 数据库中的一种对象，以下(　　)不是窗体具备的功能。

    A. 输入数据　　　　　　　　　　　　B. 编辑数据

    C. 存储数据　　　　　　　　　　　　D. 显示和查询表中的数据

10. Access 数据库中(　　)数据库对象是其他数据库对象的基础。

    A. 报表　　　　　　B. 查询　　　　　　C. 表　　　　　　D. 模块

二、操作题

假定有一数据库：学生信息.mdb，包含有学生信息表(学号，姓名，性别，出生日期，专业 爱好)和选课表(学号，姓名，课程名，成绩)。

设计 SQL 语句实现下列功能：

(1) 用 Insert 语句插入一条新纪录。

200804006　章明明　女　19　90/09/26　信息安全　钢琴

(2) 用 Delete 语句删除专业为"信息安全"且性别是"女"的记录。

(3) 查询学生的学号、姓名和爱好。

(4) 查询学生的人数和一门课的平均成绩。

(5) 查询 1990 年以后出生的所有学生的姓名和学号。

(6) 查询所有女生的学号、姓名，并且按年龄从小到大排列。

参 考 文 献

[1] 姜永生.大学计算机基础[M].北京：高等教育出版社,2012.

[2] 龚沛曾,杨志强.大学计算机基础 [M].5 版.北京：高等教育出版社,2009.

[3] 甘勇,尚展垒,等.大学计算机基础[M].2 版.北京：人民邮电出版社,2012.

[4] 贾学明.大学计算机基础(Windows 7＋Office 2010)[M].北京：中国水利水电出版社,2012.

[5] 聂建萍,徐力惟.大学计算机基础(Windows 7＋Office 2007)[M].北京：清华大学出版社,2012.

[6] 陈明,王锁柱.大学计算机基础 [M].北京：机械工业出版社,2013.

[7] 刘勇.大学计算机基础 [M].北京：清华大学出版社,2011.

[8] 李莉.大学计算机基础教程 [M].北京：科学出版社,2012.

[9] 吴华,兰星.Office 2010 办公软件应用标准教程[M].北京：清华大学出版社,2012.

[10] 卞诚君,等.完全掌握 Office 2010 超级手册[M].北京：机械工业出版社,2013.

[11] W Z 科普联盟.非常简单：Office 2010 高效办公三合一[M].北京：中国青年出版社,2013.

[12] 神龙工作室.Office 2010 办公应用从入门到精通[M].北京：人民邮电出版社,2013.

[13] 沃肯巴赫,等.中文版 Office 2010 宝典[M].郭纯一,刘伟丽,译.北京：清华大学出版社,2012.

[14] 郑晓霞,方悦,李少勇.中文版 Office 2010 三合一标准教程[M].北京：中国铁道出版社,2012.

[15] 涂山炼,李利健,等.Office 2010 高效办公[M].北京：电子工业出版社,2012.

[16] 前沿文化.Windows 7 完全学习手册[M].北京：科学出版社,2011.

[17] 辛宇,王崇秀.Windows 7 操作系统完全学习手册[M].北京：科学出版社,2012.

[18] 何新起.网站建设与网页设计从入门到精通 Dreamweaver＋Flash＋Photoshop＋HTML＋CSS＋JavaScript[M].北京：人民邮电出版社,2013.

[19] 戴顿,吉莱斯皮.Photoshop CS3/CS4 Wow! Book[M].李静,贺倩,李华,译.北京：中国青年出版社,2011.

[20] 李东博.Dreamweaver＋Flash＋Photoshop 网页设计从入门到精通[M].北京：清华大学出版社,2013.

[21] 胡国钰.Flash 经典课堂——动画、游戏与多媒体制作案例教程[M].北京：清华大学出版社,2013.

[22] 杨颖,张永雄.中文版 Dreamweaver＋Flash＋Photoshop 网页制作从入门到精通(CS4 版)[M].北京：清华大学出版社,2010.

[23] 杰克逊.Flash 动画电影制作技巧——教你如何加强动画镜头和互动讲述[M].王馨,译.上海：上海人民美术出版社,2013.

[24] Adobe 公司.Adobe Dreamweaver CS5 中文版经典教程[M].北京：人民邮电出版社,2011.

[25] 齐晖,潘惠勇.Access 数据库技术及应用(2010 版)[M].北京：人民邮电出版社,2014.

[26] 科教工作室.Access 2010 数据库应用[M].2 版.北京：清华大学出版社,2011.